江苏省高等学校重点教材

编号：2021-1-125

全媒体制播技术

第二版　　段永良　宋燕燕　周洪萍　董丽花　编著

QUANMEITI
ZHIBO JISHU

中国广播影视出版社

图书在版编目（CIP）数据

全媒体制播技术 / 段永良等编著 . -- 2 版 . -- 北京：
中国广播影视出版社 , 2025. 1. -- ISBN 978-7-5043
-9316-6

Ⅰ. TP37

中国国家版本馆 CIP 数据核字第 2025YJ8549 号

全媒体制播技术（第二版）

段永良　宋燕燕　周洪萍　董丽花　编著

责任编辑	谭修齐
封面设计	嘉信一丁
责任校对	龚　晨

出版发行	中国广播影视出版社
电　话	010-86093580　　010-86093583
社　址	北京市西城区真武庙二条 9 号
邮　编	100045
网　址	www.crtp.com.cn
电子信箱	crtp8@sina.com

经　销	全国各地新华书店
印　刷	涿州市京南印刷厂

开　本	787 毫米 ×1092 毫米　1/16
字　数	420（千）字
印　张	21.75
版　次	2025 年 1 月第 2 版　2025 年 1 月第 1 次印刷

书　号	ISBN 978-7-5043-9316-6
定　价	69.00 元

目 录

第1章　数字电视演播室规范

演播室是电视节目制作的源头，为了保证电视节目的质量，需对演播室电视信号的信源格式、编码参数、编码原理、编码标准及信号接口等做出规范。因此，数字电视演播室规范是现代电视制播技术中最重要的组成部分。

数字电视演播室有标清电视演播室、高清电视演播室、超高清电视演播室，本章介绍相关数字电视演播室编码参数和信号接口。

第1节　标清电视演播室规范

国际标准有 CCIR 601、ITU-R BT.601-5，后者是在前者多次修正扩展而成，包含 4∶3 和 16∶9 两种宽高比。

我国标准有《演播室数字电视编码参数规范》（GB/T14857-1993），等同采用 601 标准。

一、演播室编码参数

取样格式采用 4∶2∶2 格式，主要参数如表 1-1 所示。

表 1-1　标清电视演播室编码参数

参数	625/50 扫描格式	525/59.94 扫描格式
编码信号	Y, C_r, C_b	

参数	625/50 扫描格式	525/59.94 扫描格式
取样结构	正交，行和帧扫描位置重复，每行中 C_r，和 C_b 的取样点和 Y 的奇数（1，3，5…）取样点同位	
取样频率：亮度信号（Y） 每个色差信号（C_r，C_b）	13.5MHz 6.75MHz	
每个数字有效行的取样数亮度信号（Y） 每个色差信号（C_r，C_b）	720 360	
每一整行的取样数 亮度信号（Y） 每个色差信号（C_r，C_b）	864 432	858 429
编码方式	线性 PCM，8，10 比特量化	
视频信号电平与量化级之间的对应关系量化级范围： 亮度信号 每个色差信号	（以 8 比特量化为例） 0—255 共 220 量化级，消隐电平对应于量化级 16 　　　　　　峰值白电平对应于量化级 235 共 224 量化级，零电平对应于第 128 级 　　　　　　最大正电平对应于第 240 级 　　　　　　最大负电平对应于第 16 级	
O_H	模拟行同步前沿 1/2 幅值处基准点	

二、数字视频信号量化电平分配

601 建议书中给出了视频信号电平与量化级的对应关系，量化比特数分 8bit 和 10bit 两种。

亮度信号为单极性信号，动态范围为 0—700mv，量化后的码电平分配如图 1-1 所示。

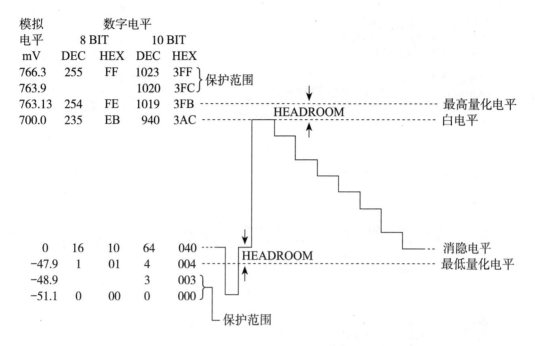

图 1-1　亮度信号量化后的码电平分配

8bit 量化时，共分为 256 个等间隔的量化级，其二进制的范围是 00000000—11111111，相应的十进制范围为 0—255。亮度信号动态范围共有 220 级量化级，亮度信号峰值白电平对应码电平 235 级，消隐电平对应码电平 16 级。为了预防信号变动造成过载，上端留 20 级，下端留 16 级，作为信号超过动态范围的保护带。其中，码电平 0 和 255 为保护电平，不允许出现在视频数据流中，码字 00 和 FF 用于传送同步信息。

10bit 量化时，亮度信号动态范围共有 877 级量化级，亮度信号峰值白电平对应码电平 940 级，消隐电平对应码电平 64 级。为了预防信号变动造成过载，上端留 80 级，下端留 61 级，作为信号超过动态范围的保护带。其中，码电平 0—3 和 1020—1023 的范围为保护电平，不允许出现在视频数据流中，码字 000 和 3FF 用于传送同步信息。

8bit 数字信号可以在 10bit 数字设备和通道中传输，输入时在 8bit 数字信号最低位后面加两位 0，输出时去掉最低位两位 0，还原成 8bit 数字信号。

色差信号为双极性信号，动态范围为 ±350mv，量化后的码电平分配如图 1-2 所示。

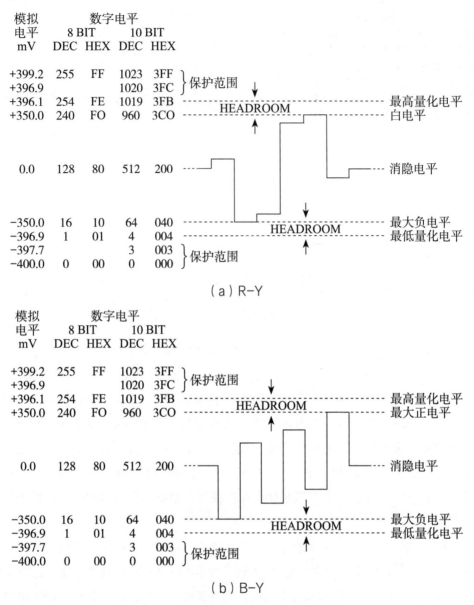

图 1-2　色差信号量化后的码电平分配

8bit量化时，色差信号经过两次归一化处理后，Ecr和Ecb的动态范围为 -0.5—0.5，让色差零电平对应码电平 256÷2=128。色差信号动态范围共有 225 级量化级，色差信号正峰值电平对应码电平 240 级，0 电平对应码电平 128 级，负峰值电平对应码电平 16 级。为了预防信号变动造成过载，上端留 15 级，下端留 16 级，作为信号超过动态范围的保护带。

10bit量化时，色差信号动态范围共有 897 级量化级，色差信号正峰值电平对应码电平 960 级，0 电平对应码电平 512 级，负峰值电平对应码电平 16 级。为了预防信号变动造成过载，上端留 60 级，下端留 61 级，作为信号超过动态范围的保护带。

亮度信号和色差信号量化后取最邻近的整数作为码电平值，其数学表达式为：

$$D_Y = INT \left[(219Y+16) \times 2^{n-8} \right]$$

$$D_{Cr} = INT \left[(219Cr+128) \times 2^{n-8} \right]$$

$$D_{Cb} = INT \left[(219Cb+128) \times 2^{n-8} \right]$$

式中，D_Y、D_{Cr}、D_{Cb} 为量化后的数字信号值，INT [ ] 表示对 [ ] 内的小数取整，Y、Cr、Cb 为归一化的模拟信号值，n 为量化比特数。

三、信号接口

数字电视演播室内视频设备采用电缆进行连接，有两种接口：一是并行接口，将 8bit 或 10bit 的视频数据字通过多芯电缆内各芯线同时传输的接口，通常使用 25 芯电缆；二是串行接口，将视频数据字的各个比特以及相继的数据字通过单芯电缆顺序传输的接口，通常使用 75 欧姆同轴电缆。

两种接口的机械特性和数字信号电特性要求符合国际标准 ITU-R BT.656 号建议书。

（一）数字分量信号的时分复用

4∶2∶2 数字分量信号的时分复用传输如图 1-3 所示。

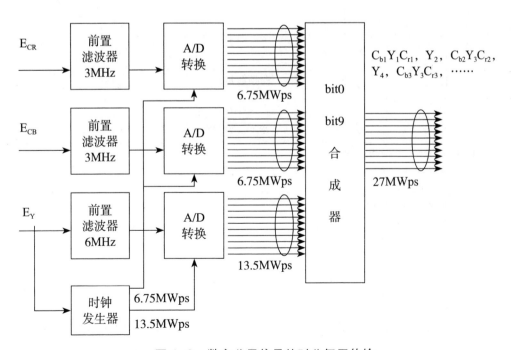

图 1-3　数字分量信号的时分复用传输

前置滤波器滤除视频中的高频成分，防止频谱混叠。A/D 转换后各比特（10bit，也可以是 8bit）并行输出，三路并行数字信号在合成器内进行时分复用，合成一路并行数字信号，每一行的数据输出次序为 $C_{b1}Y_1C_{r1}$，Y_2，$C_{b2}Y_3C_{r2}$，Y_4，……，$C_{b360}Y_{719}C_{r360}$，Y_{720}，直至 576 行。合成器输入信号速率为亮度 13.5MWps、色差各为 6.75MWps，合成器输出信号速率为 27MWps，包括行、场消隐期间的辅助数据。

（二）视频数据与模拟行同步间的定时关系

数字分量视频信号是由模拟分量视频信号经过 A/D 转换得到的，数字有效行与模拟行之间应该有明确的定时关系。

如果是全数字系统，在接收端不是 PAL 接收机而是数字接收机，其扫描同步电路也是数字扫描电路，则不必探究数字视频信号与模拟视频信号 O_H 的定时关系，可以只关注数字流的构成。

625/50 格式的视频数据与模拟行同步的定时关系如图 1-4 所示。

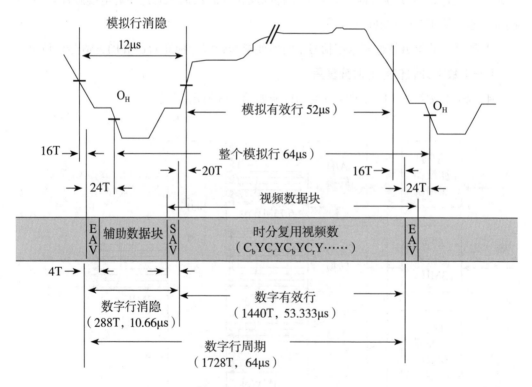

图 1-4 视频数据与模拟行同步的定时关系

图中，T 为时钟周期，是时钟频率（27MHz）的倒数，T＝1/27MHz＝37ns。以模拟行同步前沿 O_H 为基础，每一数字行起始于 O_H 前 24T 处，每行 64μs，共有 864 个亮度取样周期，864×2＝1728 个时钟周期。数字有效行起始于 O_H 后 264T 处，共有 720 个亮度取样周期，占用 1440 个时钟周期。数字行消隐占 288 个时钟周期，左端有 4 个时钟周期的定时基准码 EAV，代表有效视频结束，右端有 4 个时钟周期的定时基准码 SAV，代表有效视频开始。

在数字标准清晰度电视（SDTV）中，扫描参数仍然为 625/50/2∶1，即垂直扫描为隔行扫描，扫描需要区分行、场正程期和行场消隐期。在模拟电视中这些同步关系由复合同步脉冲表示，而在数字电视码流中则依靠 EAV 和 SAV 来标注。EAV 和 SAV 又称为定时基准信号，SAV 在每一视频数据块的起始处，EAV 在每一视频数据块的终止处。

每个定时基准信号由 4 个字组成，每个字为 8bit 或 10bit。4 个 8bit 字用 16 进制表示为 FF 00 00 XY，4 个 10bit 字用 16 进制表示为 3FF 000 000 XYZ，FF 00 00、3FF 000 000 是固定前缀，供定时基准信号用，XY、XYZ 定义了奇数场、偶数场、行场消隐期和行场正程期等信息以及校验位。

定时基准信号组成如图 1-5 所示。

码流中视频信号的开始和结束由特殊码字 SAV（Start of Active Video）和 EAV（End of Active Video）标记。

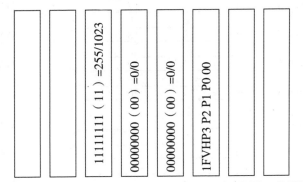

11111111（11）=255/1023　00000000（00）=0/0　00000000（00）=0/0　1FVHP3 P2 P1 P0 00

TRS Timing Reference Sequence 4 code words（SAV or EAV）

图 1-5　视频码流中的定时基准信号组成

图中，F＝0 表示第一场，F＝1 表示第二场，V＝0 表示场正程，V＝1 表示场逆程，H＝0 表示 SAV，H＝1 表示 EAV，P0P1P2P3 是保护位（汉明码）。

下面是数字电视和模拟电视扫描行数的对比。

1. 模拟电视

在模拟电视中，奇数场自第 1 行起至第 312.5 行止；场消隐起始于第 622.5 行结束于第 22.5 行，共占 25 行；场正程起始于第 22.5 行，结束于第 310 行，共占 287.5 行。偶数场自第 312.5 行起至第 625 行止；场消隐起始于第 311 行结束于第 335 行，共占 25 行；场正程起始于第 336 行，结束于第 622.5 行，共占 287.5 行。一帧的正程中有效行为 287.5+287.5=575 行。

2. 数字电视

以 625 行 /50 场格式为例，在数字电视中，奇数场（第一场）为 312 行，场消隐占 24 行，正程占 288 行；偶数场（第二场）为 313 行；场消隐占 25 行，正程占 288 行。一帧的正程中有效行为 288+288=576 行，它比模拟信号多一行。

（三）并行接口和串行接口

并行接口连接的 25 芯电缆由 12 对双绞线和一层屏蔽网组成，如图 1-6 所示。

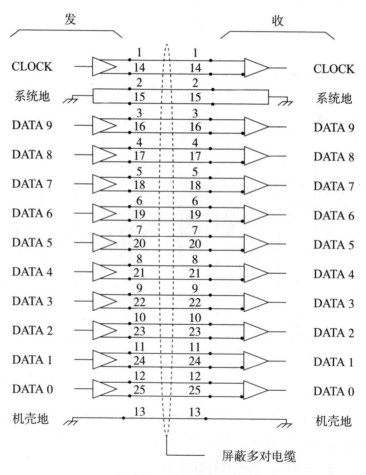

图 1-6　25 芯电缆组成

25 芯接头如图 1-7 所示。

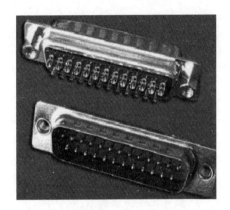

图 1-7　25 芯接头

每帧的数字视频以 $C_{b1}Y_1C_{r1}$，Y_2，$C_{b2}Y_3C_{r2}$，Y_4，……，$C_{b360}Y_{719}C_{r360}$，Y_{720} 的顺序进行传输。

时钟与数据的定时关系如图 1-8 所示。

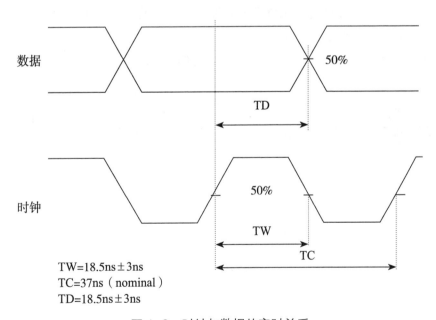

TW=18.5ns±3ns
TC=37ns（nominal）
TD=18.5ns±3ns

图 1-8　时钟与数据的定时关系

图中，时钟信号为 27MHz 方波，周期为 37ns，时钟信号高低电平的过渡时刻为定时基准，由低电平变为高电平（正跳变）时，出现在两次数据跳变的中间。

收发线路驱动器特性如图 1-9 所示。

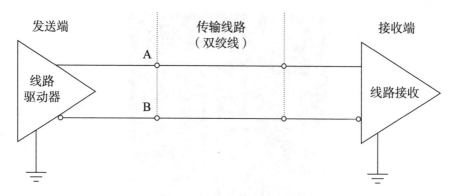

图 1-9　收发线路驱动器

每位数据采用一对平衡双绞线传输，双绞线的特性阻抗为 110 欧姆，发送端输出的信号幅度为 0.8—2.0Vpp，接收端最大输入信号为 2.0Vpp、最小输入信号为 185mVpp。

在双绞线上传输 27MHz 的数据，电缆的幅频特性限制了使用的电缆长度。电缆的长度为 50—200m，50m 以内不用电缆均衡器，50m 以上要用电缆均衡器，并行接口仅限于演播室内设备与设备之间短距离传输。

串行接口常用串行数字分量接口（SDI），如图 1-10 所示。

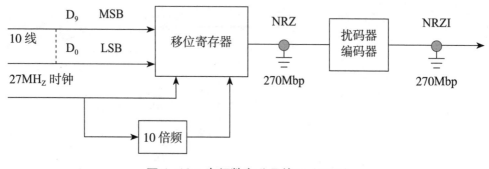

图 1-10　串行数字分量接口（SDI）

图中，移位寄存器将 10bit 并行数据变成串行数据，码率从 27MWps 变成 270Mbps，时钟信号从 27MHz 变成 270MHz，传输码型为不归零码（NRZ），规定先传最低有效位。由于接收端解码时需要恢复时钟信号，而串行接口不能像并行接口那样使用单独的数据线传输时钟信号，时钟恢复只能利用数据信号本身的跳变信息，称为自时钟方式。但是，在数据流中免不了有长串的连"0"和连"1"，会导致信号跳变少，缺少时钟信息。采用扰码能解决这个问题，用一个伪随机二进制序列（PRBS）与原数据序列进行模 2 加，数据流中只有很短的连"0"和连"1"了，从而信号跳变增多，时钟信息也多了。编码器将 NRZ 变成 NRZI（倒相不归零码），使接收端容易解码和提取时钟信息。

在数字比特串行接口中用特性阻抗 75Ω 的单芯同轴电缆传输信号，连接头为 BNC 型（俗称 Q9），如图 1-11 所示。

图 1-11　BNC 型连接头

对于 4 : 2 : 2 格式，亮度信号的取样频率为 13.5MHz，色差信号的取样频率为 6.75MHz，设 10bit 量化，则 SDI 信号的码率为：（13.5+6.75×2）×10=270Mbps。

第 2 节　高清电视演播室规范

根据人眼视觉特性和心理效应实验，对 HDTV 的基本参数提出了如下的要求。

提高图像的空间分解力。亮度分解力决定了重现图像细节的清晰程度，HDTV 在水平方向和垂直方向上的空间分解力应是标准清晰度电视的两倍。

提高场频或帧频，应确保高亮度下图像不闪烁。

提高图像的宽高比，画面宽高比为 16 : 9 更符合人眼的视觉特性，视野宽，临场感强。

展宽色域，提高电视色彩的感染力。

HDTV 应有高质量的环绕立体声，至少有 4 路数字伴音通道，伴音带宽应达 20kHz。

我国标准有《高清晰度电视节目制作及交换用视频参数值》（GY／T155—2000）。

一、演播室编码参数

视频中最基本的参数是扫描格式和图像格式，包括隔行比、场频／帧频、行频、每行的像素数和图像宽高比等。

（一）场频

高清晰度电视标准中仍存在 50Hz 和 60Hz 两种场频。实验表明，在 HDTV 系统中，如果要在接收端消除大面积闪烁现象，场频必须高于 70Hz。但是如果将 HDTV 电视的场频改为 70 Hz—80Hz，将占用较高的视频带宽，也是不现实的。因此，目前国际上各国的数字高清晰度电视仍采用 50Hz 和 60Hz 两种场频。

（二）扫描方式

电视系统的扫描方式有逐行扫描（Progressive Scanning）方式和隔行扫描（Interlaced Scanning）方式两种。隔行扫描是将一帧图像分成两场扫描，在每帧扫描行数及图像换幅频率一定的情况下，可使视频信号带宽降低为逐行扫描时的一半。

逐行扫描没有隔行扫描的缺陷，逐行扫描也是计算机显示采用的扫描方式，有利于在电视与计算机之间实现互操作性。

（三）图像的宽高比和纵横像素数

图像的宽高比如表 1-2 所示。

表 1-2 图像的宽高比

类　　型	图像的宽高比
电影	1 .333 到宽影幕的 2.35
标准清晰度电视	1.333（4：3）
高清晰度电视	1.777（16：9）

图像的纵横像素数如表 1-3 所示。

表 1-3 图像的纵横像素数

格式	纵横像素数
625/50	720×576

格式	纵横像素数
525/60	720×487
1125/50，60/P，I	1920×1280
750/50，60/I	1280×720

（四）像素宽高比

标准清晰度数字电视中的 720×576 图像格式不是方型像素，其像素宽高比为：

$$\frac{4}{720} : \frac{3}{576} = 1.0667$$

高清晰度数字电视中的 1920×1080 图像格式是方型像素，其像素宽高比为：

$$\frac{16}{1920} : \frac{9}{1080} = 1$$

（五）数字高清晰度电视信源参数

两种扫描方式、不同帧频的信源参数如表 1-4 所示。

表 1-4　信源参数

扫描方式	帧频（Hz）	每行有效样点数	每帧有效行数	每行总样点数	每帧总行数	取样频率（MHz）	有效比特率（4：2：2，10bit）
2：1 隔行扫描	30（场60Hz）	1920	1080	2200	1125	74.25	1244.16Mbit/s
	25（场30Hz）	1920	1080	2640	1125	74.25	1036.8Mbit/s
1：1 逐行扫描	60	1920	1080	2200	1125	148.5	2488.32Mbit/s
		1280	720	1650	750	74.25	1105.92Mbit/s
	50	1920	1080	2640	1125	148.5	2073.6Mbit/s
		1280	720	1980	750	74.25	921.6Mbit/s
	30	1920	1080	2200	1125	74.25	1244.16Mbit/s
		1280	720	3300	750	74.25	552.96Mbit/s

扫描方式	帧频（Hz）	每行有效样点数	每帧有效行数	每行总样点数	每帧总行数	取样频率（MHz）	有效比特率（4：2：2，10bit）
1：1逐行扫描	25	1920	1080	2640	1125	74.25	1036.8Mbit/s
		1280	720	3960	750	74.25	46.08Mbit/s
	24	1920	1080	2750	1125	74.25	995.328Mbit/s
		1280	720	4125	750	74.25	442.368Mbit/s

（六）编码参数

采用4：2：2格式，主要参数有数字参数和扫描特性，如表1-5所示。

表1-5　高清电视演播室编码参数

（1）数字参数

	参数	数值	
1	编码信号	R、G、B 或 Y、C_B、C_R	
2	R、G、B、Y 取样结构	正交，取样位置逐行逐帧重复	
3	C_B、C_R 取样结构	正交，取样位置逐行逐帧重复 取样点相互重合，与亮度取样点隔点重合[1]	
4	每行有效取样点数 R、G、B、Y C_B、C_R	1920 960	
5	编码格式	线性，10 或 8 比特/分量样值[2]	
6	量化电平 R、G、B、Y 黑电平 C_B、C_R 消色电平 R、G、B、Y 标称峰值电平 C_B、C_R 标称峰值电平	10 比特编码 64 512 940 64 和 960	8 比特编码 16 128 235 16 和 240
7	量化电平分配 视频数据 同步基准	10 比特编码 4—1019 0—3 和 1020—1023	8 比特编码 1—254 0 和 255

续表

	参数	数值
注： 1）每行每帧第一个有效色差样点与第一个有效亮度样点重合。 2）节目制作优选 10 比特编码。 滤波器模板作为指导。		

（2）扫描特性

	参数　　　　　（单位）	数值	
1	图像扫描顺序	从左到右，从上到下。 隔行时，第一场的第一行在第二场的第一行上	
2	帧总行数	1125	
3	隔行比	2：1（隔行）	1：1（逐行）
4	帧频（Hz）	25	24
5	行频（Hz）	28125.000±0.001%	27000.000±0.001%
6	每行有效取样点数 R、G、B、Y C_B、C_R	2640 1320	2750 1375
7	模拟信号标称带宽（MHz）	30	
8	R、G、B、Y 取样频率（MHz）	74.25	
9	C_B、C_R 取样频率（MHz）	37.125	

表中，规定了两种格式：1080／50i、1080／24P。1080 为有效扫描行数，50 为场频，i 为 2：1 隔行扫描，一帧总扫描行数为 1125 行，帧频为 25Hz，行频为 28125Hz。24 为帧频，P 为逐行扫描，行频为 27000Hz，这是电影格式，可以使 HDTV 节目和电影素材更好地进行转换，有利于对电影素材进行后期编辑。

二、编码方程

HDTV 的标准白为 D65 白，亮度方程为：$Y = 0.2126R + 0.7152G + 0.0722B$，按此方程经过编码后的彩条信号参数如表 1-6 所示。

表1-6　高清彩条信号参数

彩条	R	G	B	Y	R−Y	B−Y
白	1	1	1	1.00	0	0
黄	1	1	0	0.9278	0.0722	−0.9278
青	0	1	1	0.7874	−0.7874	0.2126
绿	0	1	0	0.7152	−0.7152	−0.7152
紫	1	0	1	0.2848	0.7152	0.7152
红	1	0	0	0.2126	0.7874	−0.2126
蓝	0	0	1	0.0722	−0.0722	0.9278
黑	0	0	0	0	0	0

表中，R−Y 和 B−Y 的动态范围超过 1V，需要归一化到 ±0.5V：

$E_{Cr} = 1/1.5748\,(E_R - E_Y)$，$E_{Cb} = 1/1.8556\,(E_B - E_Y)$。

三、信号接口

高清演播室的数据信号也是二进制编码，包括视频数据（8bit 字或 10bit 字）、定时基准码（8bit 字或 10bit 字）、辅助数据等。数字设备向外输出每帧内的像素数据时，按次序时分复用。每个 20bit 数据字对应一个色差样值和一个亮度样值，时分复用次序为：$(C_{b1}Y_1)(C_{r1}Y_2)(C_{b2}Y_3)(C_{r2}Y_4)\cdots(C_{b960}Y_{1919})(C_{r960}Y_{1920})$。

由于色差信号取样频率是亮度信号取样频率的一半，因此色差取样的序号仅取奇数值，这些数据字时分复用串行传输。

数字视频信号与模拟信号波形要满足定时关系，分为行定时关系和场定时关系。

行定时关系参数与数值如表1-7所示。

表1-7　行周期定时规范

参数	数值（1125/50）
隔行比	2：1
取样频率（MHz）	74.25
模拟行消隐	9.697μs
模拟行正程	25.859μs

续表

参数	数值（1125/50）
模拟全行	35.556μs
EAV 始点与模拟同步基准点 O$_H$ 的间隔	528T
模拟同步基准点 O$_H$ 与 SAV 终点的间隔	192T
视频数据块	1928T
EAV 持续期	4T
SAV 持续期	4T
数字行消隐	720T
数字有效行	1920T
数字全行	2640T

1080/50i 格式的视频数据与模拟行同步的定时关系如图 1-12 所示。

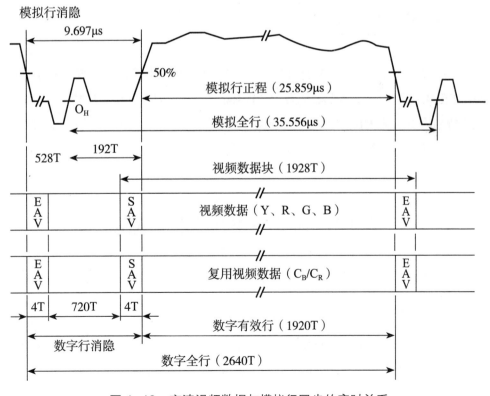

图 1-12　高清视频数据与模拟行同步的定时关系

图中，同步信号为三电平（-300mv，0，+300mv），T表示亮度信号取样周期，T=1/74.25MHz=13.468ns。每行35.556μs内有2640个T，数字行开始于模拟行同步的基准点 O_H 前528T处，数字有效行开始于模拟行同步的基准点 O_H 后192T处，占1920T，数字行消隐起始于模拟行同步前沿 O_H 前528T处，占728T，数字行消隐左端有4T的定时基准码EAV，代表有效视频结束、右端有4T的定时基准码SAV，代表有效视频开始。

场定时关系参数与数值如表1-8所示。

表1-8 隔行扫描系统场周期定时规范

定 义	数字行号
第一场的起始行	1
第一场数字场消隐共22行	1124—20
第一场有效视频共540行	21—560
第二场的第一行	564
第二场数字场消隐共23行	561—583
第二场有效视频共540行	584—1123

并行接口为25芯接口，串行接口为HDSDI，近距离用电缆，远距离用光缆。对于4：2：2格式，亮度信号取样频率为74.25MHz，色差信号取样频率为37.125MHz，设量化比特数为10，则HDSDI信号码率为：

（74.25MHz+2×37.125MHz）×10=1485Mbps。

第3节 超高清电视演播室规范

超高清晰度电视（UHDTV）简称超高清电视，包括4K（3840×2160）和8K（7680×4320）。

我国标准有《超高清晰度电视系统节目制作和交换参数值》（GB/T 41809-2022），规定了超高清晰度电视系统节目制作和交换中涉及的基本参数值，包括图像空间特性、图像时间特性、色彩系统、信号格式、数字表达方式。

图像空间特性如表1-9所示。

表 1-9　图像空间特性

序号	参数	数值	
1	幅型比	16：9	
2	有效像素数（水平 X 垂直）	7680×4320	3840×2160
3	取样结构	正交	
4	像素宽高比	1：1（方形）	
5	像素排列顺序	从左到右、从上到下	

图像时间特性如表 1-10 所示。

表 1-10　图像时间特性

序号	参数	数值
1	帧率（Hz）	120，120 / 1.001，100，60，60 / 1.001，50
2	扫描模式	逐行

色彩系统如表 1-11 所示。

表 1-11　色彩系统

序号	参数	数值		
1	非线性预校正前的光电转换特性	设定线性 [a]		
2	基色和基准白 [b]	色坐标（CIE，1931）	x	y
		基色红（R）	0.708	0.292
		基色绿（G）	0.170	0.797
		基色蓝（B）	0.131	0.046
		基准白（D65）	0.3127	0.3290

[a] 图像信息可用 0 至 1 范围内的 RGB 三基色值线性表示。
[b] 图像的彩色体系由 RGB 三基色和基准白坐标确定。

信号格式如表 1-12 所示。

表1-12 信号格式

序号	参数	数值	
		R'G'B'[a]	
1	信号格式	恒定亮度 $Y'_C C'_{BC} C'_{RC}$[b]	非恒定亮度 $Y'_C C'_B C'_R$[c]
2	非线性转换 函数[d]	$$E' = \begin{cases} 4.5E, & 0 \leq E \leq \beta \\ \alpha E^{0.15} - (\alpha-1), & \beta \leq E \leq 1 \end{cases}$$ 式中：E'——计算得到的非线性信号值；E——参照基准白电平归一化后的电压并与基准摄像机 R，G，B 彩色通道所检测到的光强度成正比； α 和 β 为以下联立方程的解： $$E' = \begin{cases} 4.5\beta = \alpha\beta^{0.45} - \alpha + 1 \\ 4.5 = 0.45\alpha\beta^{-0.55} \end{cases}$$ 该联立方程提供了两个曲线段平滑连接的条件，得出： $\alpha = 1.09929682680944\cdots$ 和 $\beta = 0.018053968510807\cdots$ 在实际应用中，可使用以下数值： $\alpha = 1.099$ 和 $\beta = 0.018$，用于 10 比特系统 $\alpha = 1.0993$ 和 $\beta = 0.0181$，用于 12 比特系统	
3	亮度信号 Y'_C 和 Y' 的导出式	$Y'_C = (0.2627R + 0.6780G + 0.0593B)'$	$Y' = 0.2627R' + 0.6780G' + 0.0593B'$
4	色差信号的 导出式	$$C'_{BC} = \begin{cases} \dfrac{B'-Y'_C}{-2N_B}, & N_B \leq B'-Y'_C \leq 0 \\ \dfrac{B'-Y'_C}{2P_B}, & 0 < B'-Y'_C \leq P_B \end{cases}$$ $$C'_{RC} = \begin{cases} \dfrac{R'-Y'_C}{-2N_R}, & N_R \leq R'-Y'_C \leq 0 \\ \dfrac{R'-Y'_C}{2P_R}, & 0 < R'-Y'_C \leq P_R \end{cases}$$ 其中： $P_B = a(1 - 0.0593^{0.45}) = 0.7909854\cdots$ $N_B = a(1 - 0.9407^{0.45}) - 1 = -0.9701716\cdots$ $P_R = a(1 - 0.2627^{0.45}) = 0.4969147\cdots$ $N_R = a(1 - 0.7373^{0.45}) - 1 = -0.8591209\cdots$ 在实际应用中，可采用以下数值： $P_B = 0.7910$，$N_B = -0.9702$ $P_R = 0.4969$，$N_R = -0.8591$	$C'_B = \dfrac{B'-Y'_C}{1.8814}$ $C'_R = \dfrac{R'-Y'_C}{1.4746}$

续表

序号	参数	数值
		a 当考虑的要点是最高质量节目制作时，节目交换信号格式可采用 R'G'B'。 b 当考虑的要点是需要精确保留亮度信息或改进编码效率时，可使用恒定亮度的 $Y'_C C'_{BC} C'_{RC}$（见 ITU-R BT.2246-7）。 c 当考虑的要点是整个广播链路要与标准清晰度电视（SDTV）和高清晰度电视（HDTV）环境有相同的操作实践时，可以使用非恒定亮度 $Y'C'_B C'_R$（见 ITU-R BT.2246-7）。 d 在典型的制作实践中，应在 ITU-R BT.2035 推荐的观看环境下，使用符合 ITU-R BT.1886 推荐解码功能的显示器，通过调整图像源的编码函数，达到最终图像的理想展现。

数字表达方式如表 1-13 所示。

表 1-13　数字表达方式

序号	参数	数值		
1	编码信号	R', G', B', 或 Y', C'_B, C'_R 或 Y'_C, C'_{BC}, C'_{RC}		
2	取样结构 R', G', B', Y', Y'_C	正交，取样位置逐行逐帧重复		
3	取样结构 C'_B, C'_R, C'_{BC}, C'_{RC}	正交，取样位置逐行逐帧重复，取样点相互重合 第一个（左上）取样与第一个 Y' 取样重合		
		4：4：4 系统	4：2：2 系统	4：2：0 系统
		每个分量水平取样均与 Y'（Y'_C）分量相同	每个分量水平亚取样为 Y'（Y'_C）分量的一半	每个分量水平和垂直亚取样均为 Y'（Y'_C）分量的一半
4	编码格式	每分量 10 比特或 12 比特		
5	亮度信号及色差信号的量化表达式	$DR' = INT[(219 \times R' + 16) \times 2^{n-8}]$ $DG' = INT[(219 \times G' + 16) \times 2^{n-8}]$ $DB' = INT[(219 \times B' + 16) \times 2^{n-8}]$ $DY'(DY'_C) = INT[(219 \times Y'(Y'_C) + 16) \times 2^{n-8}]$ $DC'_B(DC'_{BC}) = INT[(224 \times C'_B(C'_{BC}) + 128) \times 2^{n-8}]$ $DC'_R(DC'_{RC}) = INT[(224 \times C'_R(C'_{RC}) + 128) \times 2^{n-8}]$		

序号	参数	数值	
6	量化电平： a）黑电平 DR'，DG'，DB'， DY'，DY'_C（DY'ᶜ） b）消色电平 DC'_B，DC'_R，DC'_{BC}， DC'_{RC} c）标称峰值电平 DR'，DG'，DB'， DY'，DY'_C DC'_B，DC'_R，DC'_{BC}， DC'_{RC}	10 比特编码	12 比特编码
		64	256
		512	2048
		940 64 和 960	3760 256 和 3840
7	量化电平分配 a）视频数据 b）同步基准	10 比特编码	12 比特编码
		4—1019 0—3 和 1020—1023	16—4079 0—15 和 4080—4095

第 4 节 4K 超高清电视技术应用

为推进 4K 超高清电视发展，指导电视台和有线电视、卫星电视、IPTV、互联网电视等规范开展 4K 超高清电视直播和点播业务，保障 4K 超高清电视制播、传输、接收及显示质量，国家广播电视总局印发了《4K 超高清电视技术应用实施指南（2023 版）》（简称《实施指南》）。

《实施指南》适用于电视台 4K 超高清电视节目制作和播出系统，以及现阶段有线电视、卫星电视、IPTV 和互联网电视中 4K 超高清电视直播和点播业务系统。适用于 3840×2160 分辨率、50 帧／秒帧率、10 比特量化精度、BT.2020 色域、高动态范围（HDR）的 4K 超高清电视节目制作、播出、编码、传输系统与终端的适配。

《实施指南》4K 超高清音视频主要技术参数：

①视频关键技术参数

视频关键技术参数应符合 GB/T 41809-2022 和 GB/T 41808-2022，如表 1-14 所示。

表 1–14　视频关键技术参数

参数	数值
分辨率	3840×2160
帧率	50 帧 / 秒
扫描模式	逐行
量化精度	10 比特
色域	参见 GB/T 41809–2022 表 3（BT.2020）
转换曲线	参见 GB/T 41808–2022 表 4（PQ 曲线）、表 5（HLG 曲线）
显示峰值亮度	1000cd/m^2

②音频技术要求

4K 超高清电视节目播出应支持立体声或 5.1 环绕声，有条件的可支持三维声。立体声和 5.1 环绕声音频制作播出格式应与标清电视和高清电视音频制作播出格式一致。三维声音频制作播出格式推荐采用 GY/T 364–2023 附录 A 规定。

③视频编码

视频编码采用 AVS2 标准，支持基准 10 位类、8.0.60 级以上的编码方式，1 路视频压缩码率不低于 36Mbps。视频编码可采用 AVS3 标准，支持加强 10 位类、8.0.60 级及以上的编码方式，1 路视频压缩码率不低于 18Mbps。AVS2 和 AVS3 编码的视频质量应符合 ITU–RBT.1122–3。

④音频编码

音频编码应支持立体声或 5.1 环绕声编码，有条件的可支持三维声编码。三维声编码采用 Audio Vivid 标准，立体声和环绕声也可采用 Audio Vivid 标准。立体声和 5.1 环绕声压缩码率不低于 256Kbps，三维声压缩码率不低于 384Kbps。

▶▶▶ **思考与练习**

1. 演播室的编码信号是什么信号？

2. 演播室的取样结构是什么结构？这种结构有什么特点？

3. 演播室的取样格式是什么格式？

4. 标清电视的亮度和每个色差信号的取样频率分别是多少？

5. 高清电视的亮度和每个色差信号的取样频率分别是多少？

6. 标清电视和高清电视的量化比特数是多少 bit？

7. 什么是 SAV？什么是 EAV？

8. 什么是 4K 电视？什么是 8K 电视？

9. 我国 4K 电视的视频编码和音频编码分别采用什么标准？

第 2 章　摄像机与录像机

摄像机是电视中心及节目制作部门最重要的视频信号源设备，它的功能是将外界的光学景物变成符合标准的电视信号。录像机是以磁带或硬盘为存储媒体对视频信号进行记录和重放的设备，其功能是将摄像机等视频设备输出的视频信号记录在磁带上或其他存储介质中，或将记录的信号播放出来。

第 1 节　摄像机

摄像机分为模拟摄像机和数字摄像机，虽然种类繁多，外观差异也很大，但它们的基本构成及工作原理都大致相同。从机械结构上说，镜头、机身和寻像器（VF）是构成摄像机的三个主要单元，如图 2-1 所示。

图 2-1　摄像机基本结构

除此之外，便携式摄像机还需配备话筒、电池、背包录像机、连接电缆等附件，演播室座机通常还配备有摄像机遥控器（CCU）、座机支架、长距离多芯电缆或光缆、变焦和调焦遥控杆、对讲耳机等附属设备和器件。

一、镜头

镜头可分为定焦距镜头和变焦距（变焦）镜头。

镜头部分由20—30片不同曲率的透镜和多个伺服电机（镜头伺服器）组成。镜头最基本的作用是将外界景物的光学影像经过选择后投射到摄像器件的感光面上成像。摄像机都采用变焦距镜头，这种镜头除了能改变光圈的大小和聚焦的远近，还能方便地连续调节镜头焦距的长短。摄像机的镜头部分也常被称为外光学系统。

变焦镜头是在一定范围内可以变换焦距，从而得到不同宽窄的视场角、不同大小的影像和不同景物范围的照相机镜头。变焦镜头在不改变拍摄距离的情况下，可以通过变动焦距来改变拍摄范围，因此非常有利于画面构图。

（一）分类

摄像机镜头可按结构、视场、接口分类。

1. 按结构分

固定光圈定焦镜头：镜头只有一个可以手动调整的对焦调整环，左右旋转该环可使成像在CCD靶面上的图像最清晰。没有光圈调整环，光圈不能调整，进入镜头的光通量不能改变，只能通过改变视场的光照度来调整。结构简单，价格便宜。

手动光圈定焦镜头：比固定光圈定焦镜头增加了光圈调整环，光圈范围一般从F1.2或F1.4到全关闭，能方便地适应被摄现场的光照度，光圈调整是通过手动人为进行的。光照度比较均匀，价格较便宜。

自动光圈定焦镜头：在手动光圈定焦镜头的光圈调整环上增加一个齿轮传动的微型电机，并从驱动电路引出3或4芯屏蔽线，接到摄像机自动光圈接口座上。当进入镜头的光通量变化时，摄像机CCD靶面产生的电荷发生相应的变化，从而使视频信号电平发生变化，产生一个控制信号，传给自动光圈镜头，从而使镜头内的电机做相应的正向或反向转动，完成调整光圈大小的任务。

手动光圈手动变焦镜头：有一个焦距调整环，可以在一定范围内调整镜头的焦距，其可变比一般为2—3倍，焦距一般为3.6—8mm。在实际应用中，可通过手动调节镜头的变焦环，方便地选择视场角。但是当摄像机安装位置固定以后，再频繁地手动调整变焦很不方便。因此，工程完工后，手动变焦镜头的焦距一般很少调整。仅起定焦镜头的作用。

自动光圈电动变焦镜头：与自动光圈定焦镜头相比增加了两个微型电机，其中一个电机与镜头的变焦环咬合，当其转动时可以控制镜头的焦距；另一电机与镜头的对焦环咬合，当其受控转动时可完成镜头的对焦。但是，由于增加了两个电机且镜片组数增多，镜头的体积也相应增大。

2. 按视场大小分

摄像机镜头可分为小视场镜头、普通镜头（约 50 度）、广角镜头和特广角镜头（100—120 度）等。

标准镜头：视角约 50 度，也是人的单眼在头和眼不转动的情况下所能看到的视角，所以又称为标准镜头。35mm 相机标准镜头的焦距多为 40mm、50mm 或 55mm。120 相机标准镜头的焦距多为 80mm 或 75mm。CCD 芯片越大则标准镜头的焦距越长。

广角镜头：视角 90 度以上，适用于拍摄距离近且范围大的景物，又能刻意夸大前景表现强烈远近感即透视。35mm 相机的典型广角镜头焦距是 28mm、视角为 72 度。120 相机的 50mm、40mm 的镜头便相当于 35mm 相机的 35mm、28mm 的镜头。

长焦距镜头：适于拍摄距离远的景物，景深小容易使背景模糊、主体突出，但体积笨重且对动态主体对焦不易。35mm 相机长焦距镜头通常分为三级，135mm 以下称中焦距，135—500mm 称长焦距，500mm 以上称超长焦距。120 相机的 150mm 的镜头相当于 35mm 相机的 105mm 镜头。由于长焦距的镜头过于笨重，所以有望远镜头的设计，即在镜头后面加一副透镜，把镜头的主平面前移，便可用较短的镜体获得长焦距的效果。

反射式望远镜头：是另一种超望远镜头的设计，利用反射镜面来构成影像，但因设计的关系无法装设光圈，仅能以快门来调整曝光。

微距镜头（marco lens）：除用作极近距离的微距摄影以外，也可远摄。

3. 按接口类型分

C 型镜头：镜头基准面到焦平面（也就是 CCD 靶面）的距离为 17.526mm 或 0.690in，称为法兰焦距。法兰焦距是指法兰到入射镜头的平行光的汇聚点之间的距离。

CS 型镜头：镜头基准面到焦平面（也就是 CCD 靶面）的距离为 12.5mm。

U 型镜头：一种可变焦距的镜头，其法兰焦距为 47.526mm 或 1.7913in。

特殊镜头：如显微放大系统。

要特别注意 CS 和 C 的差别，不同类型的 Camera 和不同类型的 Len 连接时，要定制转接环。C 型安装的摄像机可用 CS 型镜头，但必须加装 5mm 厚的接圈；CS 安装的摄像机不能使用 C 型镜头，如图 2-2 所示。

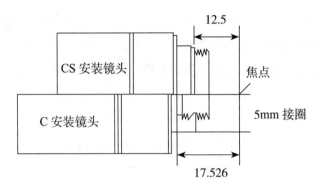

图 2-2　C 接口与 CS 接口

（二）参数

1. 焦距

焦距是镜头的一个基本特性，它可以决定影像的放大倍数和镜头所摄取的水平视场的大小。焦距是通过测量从镜头的光学中心到光线汇聚在镜头后面可产生清晰影像的那个点的距离来确定的。就电视摄像机而言，这个点就是 CCD 的靶面。焦距越短，水平视场就越开阔，于是影像也就越小，水平视场随着焦距的增加而变窄，而被摄体则随之增大。

焦距是镜头最常用的参数，有 3.5mm、4mm、6mm、8mm、12mm 等多种规格（1/3" CCD 的标准镜头为 8mm）。

变焦距镜头的日常操作是调光圈和变、聚焦，变焦的目的是实现画面推拉或景物的变换，聚焦的目的是使被拍摄景物的图像最清晰。

光学变焦就是通过移动镜头内部镜片来改变焦点的位置，改变镜头焦距的长短，并改变镜头的视角大小，从而实现影像的放大与缩小，如图 2-3 所示。

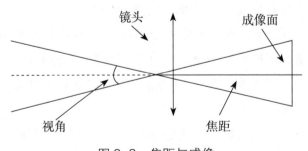

图 2-3　焦距与成像

图 2-3 中，镜头到成像面的距离就是焦距。当改变焦点的位置时，焦距也会发生

变化。例如将焦点向成像面反方向移动，则焦距会变长，图中的视角也会变小。这样，视角范围内的景物在成像面上会变得更大。

2. 光圈

光圈是一个用来控制光线透过镜头、进入机身内 CCD 感光面的光通量的装置。

光圈是摄像机光学系统中专门设计的一个可以改变其中央通光孔径大小的孔径光阑。调节镜头光圈调节环，可以改变通光孔直径的大小，从而达到控制镜头光通量的目的。

F 值一般称为光圈系数，它被标注在镜头的光圈调节环上，主要有 1.4、2、2.8、4、5.6、8、11、16 和 22 等序列值。注意：每两个相邻数值中，后一数值是前一数值的 2 倍。由于像面亮度与光圈系数的平方成反比，所以光圈每变化一档，像面亮度就变化一倍。F 值越小，表示光圈越大，透光能力越强，到达 CCD 芯片的光通量就越大。

例如 f8 调整到 f5.6，进光量多一倍。

f 值与进光量的关系如图 2-4 所示。

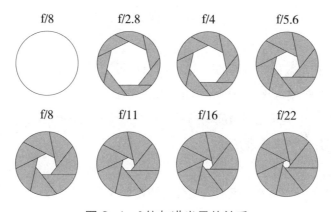

图 2-4　f 值与进光量的关系

每当镜头为一个被摄物调好焦点后，在该被摄物前后一段范围内的所有物体也是清晰的。这个调焦清晰的范围就叫作景深，它作为镜头的一种重要的光学特性可作为艺术创作的工具。当主被摄物体连同周围所有被摄物体都能聚焦清晰的空间很大时，就说这个镜头的景深大；如果该主被摄物体周围的这种空间不大，则称这个镜头的景深小。无论是从艺术还是从技术的角度出发，景深都是很重要的。从艺术上说，景深在创作镜头的整个透视效果方面起着重要的作用；从技术上说，一个景深大的镜头，跟拍比较容易，如果景深小，那就要随着摄像机或被摄物体的移动而不断地调焦。

决定一个镜头的景深的三个要素是焦距、光圈和摄像机与被摄物的距离。镜头焦距越短景深越大，景深随焦距的增加而减小。镜头的光圈越小，景深就越大。被摄物与摄像机之间的距离越大，景深就越大。

光圈与景深的关系如图2-5所示。

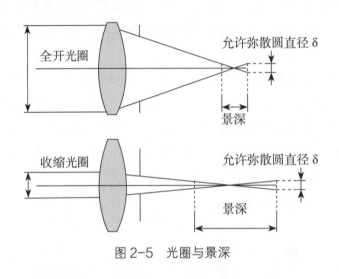

图2-5　光圈与景深

此外，景深在主被摄物后面的距离大于前面的距离，也就是说，位于主被摄物后面的那些被摄物体的清晰聚焦范围大于其前面的范围。

为保证摄像机在不同光照强度下拍摄，景物图像达到正确曝光，应正确设置摄像机光圈装置，以控制镜头的进光量。

3. 分辨率

分辨率是指在像平面处1毫米内能分辨清楚的黑白相间的线条对数，单位是"线对/毫米"。CCD芯片的分辨率越高，要求镜头的分辨率也越高。

4. 变形率

变形率的定义：用两张底片比较，一张是该镜头拍的底片（底片1），另一张是无变形的标准底片（底片2），两张底片的取景相同，中心严格一致，先在底片1上确定一点到底片中心点的距离（距离1），然后在底片2上找到对应的该点，并度量该点到中心点的距离（距离2），则（距离1—距离2）/距离2×100%=变形率。

所有的镜头都存在变形现象，一般情况下，焦距越短的镜头，变形率越大。

（三）组成

变焦距镜头一般是由若干片透镜组成，主要由调焦组、变焦组、补偿组、光圈、移像组（又称固定组）等单元构成，如图2-6所示。

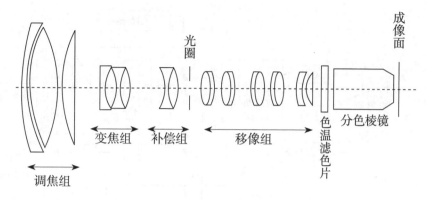

图 2-6 变焦镜头结构

每组透镜由多个不同曲率、不同材料的透镜组成，以校正镜头系统中的像差和色差。在设计变焦镜头时，通常把调焦组透镜固定，变焦组位置可变，便于改变两组透镜之间的距离，使焦距发生变化，但是成像面的位置也相应地有所变化。补偿组的作用是确保成像面位置不变，它随变焦组一起移动，以保证成像的清晰度不变。移像组是固定的，它可以将镜头的成像面后移一段距离，这段距离称为后焦距或后截距，以便在镜头和 CCD 之间安装色温滤色片和分色棱镜等。

二、寻像器

寻像器又称取景器，是摄像师聚焦和选景构图不可缺少的部件，其功能与照相机的取景器类似，只不过照相机的取景器一般是纯光学器件，而寻像器却是一只小小的电视监视器。另外，寻像器还可用来检查摄像机的工作状态和图像质量，以进行正确的调整和操作。便携式摄像机的寻像器显示屏对角线尺寸大多为 1.5 英寸，演播室摄像机采用的寻像器较大，一般有 3 英寸、5 英寸、7 英寸等几种。

三、机身

机身是摄像机的主体部分，机身内部包括滤色片、分光系统（也称内光学系统）、光电转换器件、视频处理放大器、同步信号发生器、编码器以及各种自动调整和控制电路等。典型的三片 CCD 摄像机的基本组成方框图如图 2-7 所示。

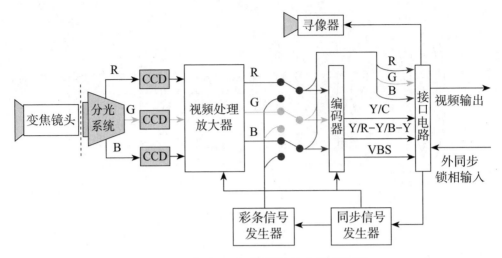

图2-7 三片CCD摄像机基本组成框图

三片摄像机的基本工作过程可概括为：被摄景物的光像通过变焦镜头进入分光系统，在这里被分解成红、绿、蓝三个基色光像，并分别成像在三个摄像器件的感光面上。三个摄像器件同时进行光电转换，分别输出相应的红、绿、蓝三基色电信号，它们经过放大处理后一起送入编码器，最终从编码器输出彩色全电视信号。

四、滤色片

滤色片包括中性滤色片、色温滤色片。

中性滤色片（ND）的作用：减少进入镜头的光通量，使强光下拍摄的图像具有丰富的层次和细节并能得到一定的艺术效果。中性滤色片只削弱光强而不改变色彩。

色温滤色片的作用：使摄像机适应多种色温的光源。利用色温滤色片的光谱响应特性，能补偿光源色温使其校正到接近演播室标准灯光的色温（3200K）。

彩色摄像机在不同的光照条件下拍摄同一景物时，屏幕上重现的图像色彩会有所不同。为了适应不同的照明条件，正确重现景物的色彩，必须对光源的色温进行校正。色温校正具体方法就是在变焦镜头和分色棱镜之间加入色温滤色片，利用它的光谱特性，补偿色温不同所引起的重现色彩失真，把不同色温的光源转换成摄像机内部的标准色温。通常摄像机上的分色装置是以3200K演播室卤钨灯光源为基准进行设计的。

五、分光系统

由于光线色彩不同，波长差异较大，对专业级摄像机来说，为保证电路处理的效果，一般要用分光系统将入射光线分解成红、绿、蓝三种单色光。在摄像机的光学系统中常用的分光系统有双向分色镜系统和分色棱镜系统两种。

分色棱镜是一种常用的分光系统，其结构如图 2-8 所示。

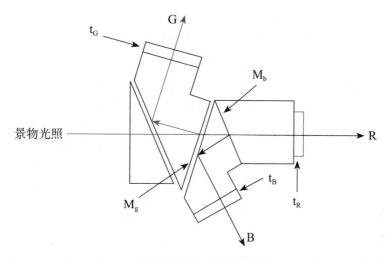

图 2-8　分色棱镜的结构

分光棱镜通常由三块或四块楔状多棱镜黏合而成，棱镜 1 和 2 的表面分别镀有多层干涉膜 Mg 和 Mb，使第一分色面和第二分色面形成双向分色镜。利用光波干涉原理可使进入棱镜的绿光在第一个薄膜 Mg 表面反射出来，而红光和蓝光则透射过去；同理，第二个薄膜 Mb 表面使蓝光反射出来，红光透射过去。这样，就可将进入棱镜的光分解成红、绿、蓝三基色光。由于两个干涉膜的分光特性不可能完全符合设计要求，因此在分光棱镜的三个出口处各自固定了一个滤色片。分色棱镜系统体积小、结构紧凑、安装方便，广泛应用于摄像机中。

六、视频处理放大器

由于镜头、分光系统及摄像器件的特性都不是理想的，所以经过光电转换产生的三基色电信号不仅很弱，而且还存在很多缺陷，如图像细节信号弱、黑色不均匀、彩色不自然等，因此需要用专门的电路对三基色电信号进行放大并进行必要的校正和补偿，视频处理放大器就是为此而设立的，这部分电路的设计、调节以及稳定性对图像质量的影响很大。CCD 输出的图像信号需经过一系列处理，包括预放、黑斑校正、增益提升、自动黑 / 白平衡、白斑校正、杂散光校正、黑电平建立、白压缩和 γ 预校正（或者预弯曲）、轮廓校正、彩色校正、γ 校正等。

　　数字摄像机实际上指的是数字信号处理摄像机，也就是说，由光电转换器件得到的三基色电信号仍然为模拟信号，只不过在后续的处理中将其转换成数字信号，并进行一系列的数字处理技术，如图2-9所示。

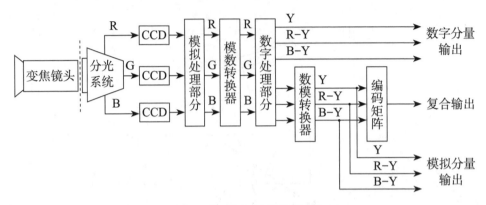

图 2-9　数字摄像机组成

　　与模拟摄像机不同的是，数字摄像机的视频处理放大器分为两大部分，即模拟处理部分和数字处理部分，如图2-10所示。

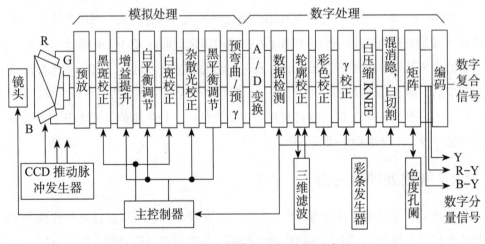

图 2-10　数字摄像机视频处理放大器

　　模拟处理部分主要包括预放器、黑斑校正、增益提升、白平衡调节、白斑校正、杂散光校正、黑平衡调节、预弯曲等。经过上述处理的模拟三基色信号再经过模数转换之后变为10bit或12bit的数字信号。

数字处理部分主要有 A/D 变换、数据检测、轮廓校正、彩色校正、γ 校正、白压缩、混消隐、白切割等。经数字处理之后可输出数字分量信号 Y/R-Y/B-Y，直接供数字分量设备使用，也可经数模转换之后输出模拟分量信号和复合全电视信号。

数字摄像机的构成及工作原理与模拟摄像机基本相同。不过，数字摄像机具有一些模拟摄像机所不具备的优点，如具有较高的稳定性和可靠性、可进行精确调整等。更重要的是，由于采用了数字处理技术，很多在模拟摄像机中无法完成的工作得以实现，这大大提高了摄像机的整机性能，同时也在很大程度上改善了图像质量。

下面介绍视频处理放大器中的数字处理功能。

（一）预弯曲

在数字视频处理放大器中，预弯曲可用公式运算来实现，以保证高亮度压缩部分重现自然彩色。在 600% 电平内用 12bit 量化时，也增加了 100% 电平内的量化级数，最后可输出 10bit 信号。

（二）A/D 变换

在 ITU-R601 建议中对信号数字编码规定，模 / 数转换采用 8bit 或 10bit 量化，数字摄像机输出的信号应满足这一规定要求。事实证明，用 8bit 量化，经模 / 数转换后，再恢复模拟信号其信噪比会下降 0.9dB 左右，用 10bit 量化信噪比会下降 0.3dB，用 12bit 量化信噪比会下降 0.05dB，因此，摄像机的量化应在 10bit 以上。现在 12bitA/D 转换器已经成为当今主流，14bitA/D 转换器也出现在数字摄像机中。

（三）数据检测

数据检测电路的输入信号有两路：一路是 A/D 转换器输出的信号，另一路是主控制器中 CPU 发送的信号。数字检测电路检测出的差值、平均值和峰值送回 CPU，进行存储运算，并送回到相应的调整电路，进行参数值高速控制。数据检测电路的输出信号经过 CPU 接口送入控制系统，CPU 接口的另外三个控制信号是：REN——读使能、WEN——写使能、ALP——地址锁存脉冲。如黑斑校正时，在 CPU 接口送来的指令控制下，数据检测电路检测出黑斑信号，并送到黑斑地址发生器，由场推动脉冲 VD 和行推动脉冲 HD 控制产生地址数据送到控制系统，从 RAM 中读出数据，经过 D/A 变换送到校正电路。白斑校正时，白斑地址也在黑斑地址发生器中产生。

（四）轮廓校正

数字轮廓校正电路包括行轮廓校正电路和场轮廓校正电路。

（五）γ 校正

在数字摄像机中的数字处理中通过计算得出 γ 校正的输出电平，并将结果存入存储器中，生成 γ 表，在工作中用输入信号作为地址，用查表方法读出存储的数值。

（六）白压缩

一种数字白压缩电路如图 2-11 所示。

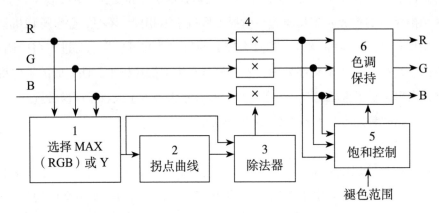

图 2-11　数字白压缩电路

在图 2-11 的框 1 中形成亮度信号 Y，其输出可选择 Y 信号，也可选择 R、G、B 中电平最高的一路——MAX（R，G，B）。选出的信号在框 2 中进行压缩，拐点可调。在框 3 中计算出压缩信号与未压缩信号之比值并输入框 4 中与 R、G、B 信号相乘。若框 1 输出 Y，则 Y 的压缩特性同框 2 的特性曲线；若框 1 输出 MAX（R，G，B），则亮度信号的拐点是框 2 的拐点乘以 Y/MAX（R，G，B），Y 的压缩将与输入信号的彩色相关。由于 Y 的压缩比 MAX（R，G，B）的压缩量小，因此压缩后的图像饱和度降低是必然的。框 6 可在选定范围内使色调保持不变，其保持范围大小通过选择褪色电平决定。

（七）宽高比变换

数字摄像机都能提供 16∶9 和 4∶3 两种宽高比图像，数字摄像机中的 CCD 多数为 16∶9 格式，总像素约为 60 万或 74 万，可输出 4∶3 图像。

七、编码器

编码器的作用是将红、绿、蓝三基色信号编码成一个亮度信号和两个色差信号，并把它们按某一电视标准组合成一个彩色全电视信号输出。

摄像机中的编码器和彩色电视接收机中的解码器对信号的处理过程正好相反。PAL 制电视的编码过程如图 2-12 所示。

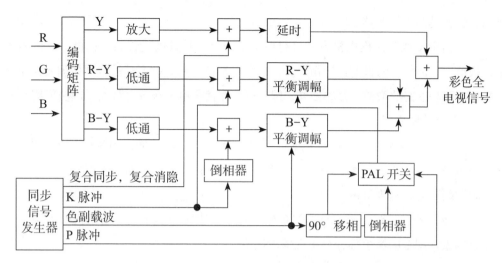

图 2-12 PAL 制编码器框图

经过视频处理和放大的三基色电信号 R、G、B 首先进入编码矩阵，在这里编码成亮度信号 Y 和色差信号 R-Y、B-Y。R-Y 和 B-Y 信号通过低通滤波器进行频带压缩，然后进行正交平衡调幅。调幅之后的两个色差信号加在一起，并与延时后的亮度信号及复合同步信号相加，形成彩色全电视信号。

八、自动控制系统

摄像机的自动控制系统以单片机微处理器为基础，通过预先固化在微处理器内的控制程序实现对摄像机工作状态的自动控制、调整、显示、告警等功能。

自动控制系统的主要工作有自动白平衡、自动黑平衡、自动黑电平、自动光圈控制、自动聚焦、自动电池告警、自动低亮度指示等。在自动化程度高的摄像机中，视频处理放大器中各部分电路的工作状态都可以自动调节，甚至可以全自动拍摄。下面只对几个主要功能进行介绍。

（一）自动白平衡

白平衡：根据亮度方程，当摄像机拍摄白色物体时，输出的三个基色电压必须相等，这样在屏幕上才能重现出标准白，这种条件就称为摄像机的白平衡。

白平衡调整的原因：摄像机输出的三个基色电平不仅与摄像机本身的光谱响应特性有关，还与照射物体的光源的光谱功率分布有关，即与光源的色温有关。同一白色物体在白炽灯照明下，拍摄出的图像偏红，而在荧光灯照明下拍摄出的图像就可能偏蓝。为了消除光源色温变化所引起的重现图像偏色现象，可在电路系统中精确调整红、绿、蓝三路信号的相对增益，使输出三基色电压相等，从而使重现图像的颜色恢复标准白，这就是白平衡调整。

自动白平衡调整：摄像机自动进行白平衡调整。其具体过程为：拍摄一白色物体后，扳动一下面板上的自动白平衡开关，这时自动控制系统就会通过视频处理放大器分别控制红路和蓝路的增益，最终使红、绿、蓝三路信号电平相等，从而实现白平衡。

（二）自动黑平衡

黑电平：没有光进入摄像机镜头时，红、绿、蓝三路的输出电平称为黑色电平，简称黑电平。一般将黑电平调节在白电平的2%—5%上，这个电平送到显示器上，可使屏幕刚刚不亮，呈现黑色。

黑平衡：若红、绿、蓝三路的黑色电平相等，则称为黑平衡。若拍摄时不满足黑平衡，则重现图像的黑色部分会出现偏色现象。

黑平衡调整的原因：摄像机红、绿、蓝三路放大器的直流输出电平不同，造成三路信号黑电平不同；三路摄像器件的暗电流不同也会造成三路信号黑电平不同。因此，需要进行黑平衡调整。

自动黑平衡调整：在盖上镜头盖或关闭光圈的情况下，先调节好绿路的黑电平，然后调节红路与蓝路的黑电平，使它们与绿路的黑电平相等，这样就实现了黑平衡。在实际操作中，只要扳动一下面板上的自动黑平衡开关，光圈就会自动关闭，三路信号在自动控制系统的控制下依次完成黑电平的调整，最后使三路黑电平相等，实现黑平衡。

（三）自动光圈控制

自动控制系统能根据所拍摄景物的光照情况自动调整光圈的大小，称为自动光圈控制。自动光圈控制的基本工作原理是：由视频处理放大器输出的三基色信号获得图像亮度信息，用此信息产生控制电压，用以控制光圈电机的转动，从而调节光圈大小，使摄像机输出的图像信号峰峰值电平保持在0.7VPP，如图2-13所示。

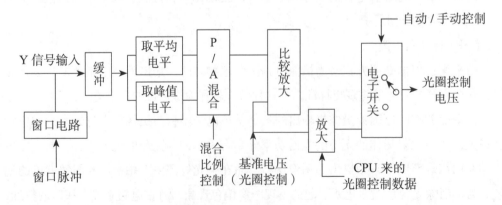

图2-13　自动光圈控制电路

在图 2-13 中，为了保证图像中心部分的景物亮度合适，加入窗口脉冲。窗口一般定在图像中心的圆形、方形或椭圆形区域内，在窗口脉冲作用下，只有窗口内的图像信号才能进入控制电压产生电路，输出光圈控制电压。P/A 混合中，P 是峰值电平，A 是平均电平。电子开关接通比较放大器输出端为自动控制，接通 CPU 来的光圈控制数据（CCU 送来）放大器输出端为手动控制，即由 CCU 面板进行手动控制。

九、同步信号发生器

同步信号发生器（即同步机）的作用是产生行推动（HD）脉冲、场推动（VD）脉冲、场识别（FLD）脉冲、复合消隐（BLK）脉冲、复合同步（S）脉冲、K 脉冲、P 脉冲、色副载波等定时和基准信号，用来供视频处理放大器、编码器以及光电转换器件使用。

十、3D 摄像机

3D 摄像机模仿人的双眼产生具有左右视差的两幅图像。

3D 摄像机主要分为单机双镜头摄像机和双机双镜头摄像机。其中单机双镜头摄像机的间距不能变动，可用于拍摄有限纵深范围的节目。双机双镜头摄像机可使用水平式或垂直式支架固定，拍摄范围灵活可变，是当前电视节目制作中主要使用的设备。3D 电视摄像机立体支架按形态一般分为水平（并列）式、垂直（分光镜）式两种。

双机一体化方式 3D 摄像机如图 2-14 所示。

图 2-14　双机一体化方式 3D 摄像机

并排支架方式 3D 拍摄系统如图 2-15 所示。

图 2-15　并排支架方式 3D 拍摄系统

第 2 节　录像机

录像机经历了从磁带到硬盘、从模拟到数字的发展过程。

一、分类

录像机种类很多，可按不同角度对其进行分类。

（一）按质量高低进行分类

广播级录像机：主要用于电视节目制作及播出，属于最高档的录像机，其录放质量及其他各方面性能指标都很高。

业务级录像机：主要用于非广播领域，如电化教学、工业生产、医疗卫生等，这类录像机的质量及性能指标都要低于广播级录像机，价格也较为便宜。

家用录像机：主要用于家庭娱乐，其质量比前两种录像机都低。但家用录像机具有体积小、重量轻、操作方便、价格低廉的特点，适合家庭使用。

（二）按磁带宽度分类

1. 2 英寸录像机

这种录像机使用 51 毫米（2 英寸）宽磁带，磁头鼓直径 52.5mm，上面装有 4 个相隔 90 度的视频磁头，以 280 转 / 秒高速旋转方向与磁带方向垂直，扫描磁迹在磁带上呈横向，因而称为四磁头横向磁迹录像机。

2. 1 英寸录像机

这种录像机又称为 C 型录像机，使用 25 毫米（1 英寸）标准盘式磁带，采用 Ω 形绕带方式，不分段螺旋扫描和 1.5 磁头系统。此标准是 1978 年世界电影和电视工程协会审议通过的。

还有一种 B 型录像机，也采用 1 英寸标准盘式磁带，Ω 缠绕，在直径为 50.3mm 的磁头鼓上安装两个视频磁头。当磁鼓以 150 转 / 秒旋转时，两磁头交替在磁带扫描，形成视频磁迹，一场信号由 6 条磁迹组成，每条磁迹包含 52.5 行，这种记录格式称为分段记录格式。

3. 3/4 英寸录像机

这种录像机又称为 U 型录像机，全称是螺扫非分段两磁头卷绕 3/4 英寸专业录像机。磁鼓上装有两个相隔 180 度的视频录放磁头，每旋转一周两个磁头各记录一场信号，磁头鼓的旋转频率为 25Hz。由于磁鼓直径比较大，记录速度较高，视频磁迹较宽，相邻迹间有空白保护区，无邻迹串扰现象。音频磁迹共有两条，控制磁迹为一条，记录控制脉冲（CTL）信号。

4. 1/2 英寸录像机

这种录像机又称为 Betacam 型录像机，使用 1/2 英寸磁带，Ω 缠绕，包角稍大于 180 度。它采用分量记录，两对磁头同时而又独立地在磁带上分别记录亮度信号和色度信号。色度信号采用时分压缩复用制（CTDM）与 M 格式相同。其中亮度和色度信号之间的定时脉冲与 M 格式不同，它是由 Y 信号和色差信号中的 Y/C 定时基准脉冲沿来保证的，而不是脉冲串。这样定时精度没有 M 格式高，另外在消隐期没有插入副载波控制信号，因此，Y/C 重合较困难。

与 Betacam 兼容的 Betacam-SP 格式录像机，是在前者基础上发展的，前者使用氧化带，后者使用金属带，其图像质量与 C、B 型录像机不相上下。

还有一种 M Ⅱ 格式分量录像机，也采用 1/2 英寸金属盒带，采用时间分割——时间压缩法（CTDM）记录视频信号。磁带上图像磁迹的记录有两条：一条记录的是亮度调频信号；另一条记录的是（R-Y）、（B-Y）经压缩的调频信号。为了减少分量信号之间的抖动，采用 3.375MHz 的脉冲串作为 Y/C 定时脉冲，并在场消隐期插入副载波控制信号来进一步改善图像质量。

5. 8mm 录像机

1985 年，索尼公司推出了第一台商品化的家用 8 毫米摄录机。虽然在家用录像机领域，VHS 格式的录像机一统天下，但在摄录机领域，8mm 机型占领了半壁江山。8mm 摄录机的图像记录方式与 VHS 摄录机相同，即先分解为亮度信号和色度信号，亮度信号进行频率调制，色度信号进行降频变换，然后两者叠加，记录在磁带上。它的体积只有 VHS 的 1/5。

VHS 格式是 JVC 公司 1976 年推出的，推出之后便迅速占领了家用录像机的市场。我国家庭中使用的录像机绝大多数是这种格式。

还有一种 Hi8 型录像机，是 8mm 机的高带方式。1988 年由索尼、松下、日立、佳能等 10 个公司联合制定格式标准，与标准 8mm 录像机相比，它的亮度信号载波由原来的 5MHz 提高到 7MHz，白色峰值从 5.4MHz 展宽到 7.7MHz，使水平清晰度提高到 400 线以上。

6. 1/4 英寸录像机

（三）按信号处理方式分类

可分为模拟分量录像机、模拟复合录像机、数字分量录像机、数字复合录像机。其中，前两种录像机录放的是模拟信号，后两种录像机录放的是数字信号。分量录像机与复合录像机的区别是：分量录像机中亮度信号和色度信号分别在各自的通道中进行处理，并分别用各自的磁头进行录放，而复合录像机中亮度信号与色度信号最终要复合在一起，用一个磁头进行录放。在电视台，使用较为广泛的录像机是模拟分量录像机和数字分量录像机。

几种录像机的外观如图 2-16 所示。

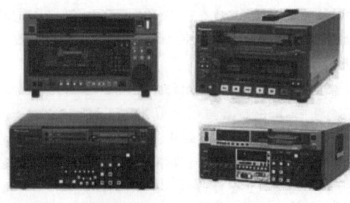

图 2-16　录像机的外观

二、构成

磁带录像机主要由以下五个部分构成。

视频录放系统：包括视频记录与重放电路、旋转变压器及视频录放磁头。记录时，视频记录电路按照面板输入选择键的指令，从线路、复制等几路输入中选出一路信号进行处理，然后形成标准的记录信号经旋转变压器送至视频录放磁头进行记录；重放时，视频录放磁头从磁带上拾取的微弱信号经旋转变压器送至视频重放电路，由视频重放电路进行放大、处理，恢复成原始的视频信号后输出。

声音录放系统：录像机中有三种声音信号记录方式，即纵向录音、调频录音（AFM）以及脉码调制（PCM）录音。对于只有纵向录音功能的录像机来说，其声音录放系统与盒式录音机相似，由声音录放电路、消磁电路、声音录放磁头及消磁头组成，高档录像机还包括杜比降噪电路。记录时，消磁电路产生消磁信号送给总消磁头和声音消磁头，消去磁带上原有的图像、声音等所有剩磁信号。与此同时，声音记录电路按照输入选择的指令从线路、话筒等输入信号中选出一路信号进行放大和记录均衡，并加入偏磁信号，然后送至声音录放磁头进行记录。重放时，声音重放电路将声音录放磁头拾取的微弱信号进行放大，经重放均衡处理后输出。

对于具有 AFM 和 PCM 录音功能的录像机来说，有专门的电路完成对声音信号的处理，处理之后的声音信号由专用的旋转磁头录放，或通过频分、时分方式与视频待录信号相加后由视频录放磁头录放。

机械与控制系统：机械系统由穿带机构、带盘机构、磁鼓组件、走带系统等主要部分构成。穿带机构的作用是从带盒中勾出磁带，建立走带路径。带盘机构完成快进、倒带和录放时的收带及停止时的刹车等任务，另外，它还负责控制磁带运行过程中的张力，使其不致过大或过小。磁鼓组件的主要作用是驱动视频磁头高速旋转。走带系统负责为磁带运行提供牵引力。控制系统通常由微机或几个单片机构成，主要作用是根据录像机面板或遥控器的指令以及机械系统的监测信息，对机械系统的执行元件（电机、电磁铁等）和录放电路进行控制，完成机械动作和电路状态的转换。

伺服系统：主要包括磁鼓伺服、主导伺服和带盘伺服三部分。磁鼓伺服的作用是控制录放状态下磁鼓的旋转速度和相位；主导伺服的作用是控制走带速度以及重放时磁带的纵向位置；带盘伺服用来控制录放状态下磁带所受的张力。

磁带录像机的构成框图如图 2-17 所示。

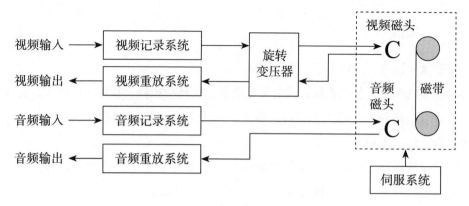

图 2-17　磁带录像机的构成框图

三、视频信号的特点

磁带录像机的磁性录放原理与磁带录音机完全相同，都是利用磁头和磁带之间的相对运动，完成电信号与磁信号的相互转换，即在记录时将电信号通过磁头缝隙以剩磁的形式记录在磁带上，重放时将磁带上的剩磁信号通过磁头缝隙变成电信号。不过，由于视频信号不同于音频信号，所以在录放过程中要采取一些措施。

从磁性录放角度考虑，视频信号与音频信号之间有三个明显区别。

（一）视频信号的上限频率远高于音频信号的上限频率

视频信号的上限频率达 6MHz，而音频信号的上限频率只有 20kHz。

（二）视频信号的带宽比音频信号要宽得多

视频信号的频带范围为 0Hz—6MHz，音频信号为 20Hz—20kHz。可见，不论是绝对带宽（上、下限频率之差）还是相对带宽（上、下限频率之比），视频信号都远大于音频信号。如果用倍频程来表示相对带宽，则视频信号有 18 个倍频程，而音频信号只有 10 个倍频程（对相对带宽取以 2 为底的对数即为倍频程数）。

（三）视频信号对相位失真要比音频信号敏感得多

人的听觉对声音信号的相位失真极不敏感，而视觉对图像信号的相位失真却非常敏感。在电视信号中如果色度副载波相对于色同步有 40 度（约 30ns）的相位失真，则一般的观众都会觉察出重现画面有色调失真。

四、录放视频信号所采取的措施

针对视频信号的上述特点，在磁带录像机中采取以下几项主要措施。

（一）采用调频方式压缩记录信号的相对带宽，解决低频端信杂比过低的问题

在磁性录放中，将不同频率的信号记录在磁带上，然后分别测量其重放电压，所得到的特性称为电磁转换特性或磁带传输特性。

视频信号带宽为 0Hz—6MHz，这一频带正好处于电磁转换特性曲线中的上升区域，上升速度为每倍频程 6dB。如果将视频信号直接送至磁头去记录，并将电磁转换特性的最大输出设计在 1MHz，则 25Hz（代表低频信号）的重放输出就会比最大输出低约 90dB。此时，若要保证 1MHz 附近的信号不过载，低频端的信号必然会远小于磁带杂波；如果使低频端有合适的重放电平，以确保良好的信杂比，则高频端信号会过高而导致磁头过载。

为了解决低频端信杂比过低的问题，可利用调制来压缩信号的相对带宽。虽然调制方式有很多种，但录像机采用了调频方式。原因主要有三点：调频波抗幅度性干扰的能力强；视频信号经过调频后，可以不加偏磁信号而直接记录；调频波的幅度可以加大到峰值让磁带饱和磁化的程度，从而能确保重放时有足够的信号强度。

（二）采用旋转磁头，以提高录放的上限频率

视频信号调频以后，相对带宽减小了，但由于频谱上移，信号的最高频率提高了。这就要求录像机磁带系统能录放更高频率的信号。根据磁性录放原理，磁带系统能录放的上限频率为：

$$f 上限 = V_0/2g$$

其中，V_0 为磁带相对速度，g 为磁头缝隙宽度。由上式可见，要想提高录放的上限频率，必须设法提高磁带相对速度或减小缝隙宽度。目前，视频磁头缝隙宽度已经做到 1 微米以下，再进一步减小的可能性很小。为此，只能通过提高磁带相对速度的办法提高录放的上限频率，而提高磁带相对速度的一个有效方法是采用旋转磁头。所谓旋转磁头，是指将磁头安装在旋转的磁鼓上，当磁鼓在电机的驱动下高速旋转时，就会带动磁头一起旋转。磁鼓的结构如图 2-18 所示。

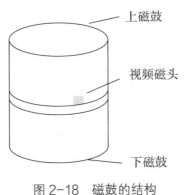

图 2-18　磁鼓的结构

磁鼓由形如圆柱体的上磁鼓和下磁鼓构成，下磁鼓固定不动，上磁鼓由电机带动旋转，磁头安装在上磁鼓底面圆周边缘。记录和重放时，磁带以螺旋状缠绕在圆柱体上，包角约190度，如图2-19所示。

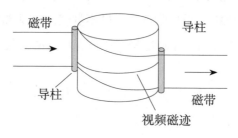

图 2-19　磁带与磁鼓

磁头在上磁鼓的带动下高速旋转，而磁带则在主导轴的牵引下以较慢的速度运行，于是就在磁带上留下了一条条倾斜的视频磁迹，如图2-20所示。这就是所谓的螺旋扫描方式。

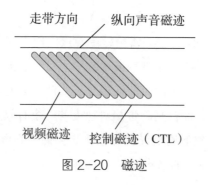

图 2-20　磁迹

模拟录像机一般采用两磁头方式，即在上磁鼓上相隔180度对称安装两个视频磁头。为保证场不分段记录（即一条磁迹记录一场视频信号），磁鼓的转速应为25转/秒。

（三）采用伺服系统稳定视频磁头的旋转速度和走带速度，减小视频信号在录放过程中产生的相位失真

视频信号的录放过程是靠磁头与磁带之间的相对运动完成的。记录时利用它们的相对运动把随时间变化的电信号变成随空间分布的剩磁信号，重放时也是利用它们的相对运动把在空间分布的剩磁信号变成随时间变化的电信号。

如果录放状态磁头磁带的相对速度不能做到完全一致，或者磁带延伸率（即磁迹长度）有所变化，那么单位时间内的信号经过录放之后就不能在单位时间内恢复，出现时间轴压缩或扩张现象，即相对于原信号来说，产生了相位失真。在录像机中，这种相位失真称为时基误差。由于人眼对相位失真非常敏感，所以必须设法减小或消除录放过程中产生的时基误差。为此，在录像机中设置了伺服系统，用来以稳定录放状态下的磁带相对速度，减小时基误差。当然，由于伺服精度有限，时基误差不可能完全消除。要想完全消除时基误差，需采用专门的时基误差校正器。

五、视频记录系统

这里以模拟分量录像机为例介绍其记录系统，其系统构成如图 2-21 所示。

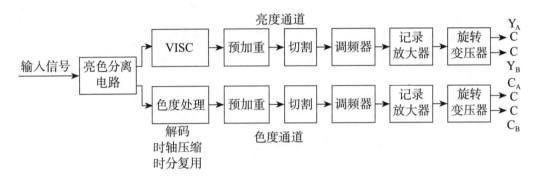

图 2-21　模拟分量录像机视频记录系统框图

输入信号经亮色分离电路后分别进入亮度通道和色度通道。

亮度通道中，亮度信号首先要在场消隐期加入 VISC（场消隐副载波）信号，然后进行预加重、切割、调频、记录放大，最后通过旋转变压器送往两个亮度磁头 YA 和 YB 进行记录。加入 VISC 是为了提高重放图像的清晰度并减小噪波；预加重电路的任务是在信号调频之前人为地提升信号中的高频部分，这样做可以减小调频通路的杂波对解调信号的影响，提高重放信号的信杂比；白切割电路的作用是切除信号中超过白电平的峰值部分，防止调频器出现过调制；调频器负责对亮度信号进行调频；记录放大器的作用是将信号电流放大到最佳记录电流。

色度通道中，色度信号首先进入色度处理部分，包括色度解码、时间轴压缩和时分复用。解码的作用是将色度信号变成两个色差信号 R-Y、B-Y；时轴压缩可将两个色差信号分别在时间轴上进行压缩；时分复用是将两个时间压缩后的色差信号复合成一路信号。接下来进行的处理与亮度通道相同。最后，色度信号通过旋转变压器送往两个色度磁头 CA 和 CB 进行记录。

六、视频重放系统

模拟分量录像机的视频重放系统如图 2-22 所示，它与图 2-21 所示的记录系统相对应。

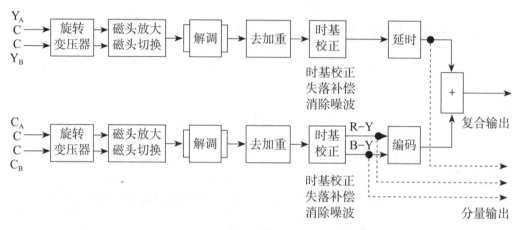

图 2-22 模拟分量录像机视频重放系统框图

在亮度通道，两个亮度磁头 YA 和 YB 拾取的信号经磁头放大和切换之后，形成一个完整的亮度射频信号，经解调器及去加重电路后，恢复成正常的视频亮度信号。此信号在时基校正电路中进行时基校正和失落补偿等处理，然后经过延时后分成两路，一路与色度信号混合，形成彩色全电视信号输出；另一路作为分量视频亮度信号直接输出（如图 2-22 中虚线所示）。

解调：从调频信号中取出亮度信号；

去加重：去除高频预加重效果，恢复高、低频之间的能量比例关系；

时基校正：减小或消除录放过程中引入的时基误差；

失落补偿：在录放过程中，如果磁带上的磁粉脱落，或磁带、磁头上粘有灰尘，就会造成重放信号的瞬时性丢失，这称为失落。失落补偿电路的作用是用适当的信号来填充失落部分，避免由于信号失落而在重放图像上出现的黑点或白点干扰。

色度通道的工作过程与亮度通道基本相同，只是在时基校正电路中，色度信号除了要进行时基校正和失落补偿等处理，还要进行时间轴扩展，并输出两个色差信号。最后，两个色差信号也分为两路：一路经编码后形成色度信号，并与亮度信号相加形成彩色全电视信号输出；另一路则作为分量视频的色差信号直接输出（如图 2-22 中虚线所示）。

时间轴扩展：是时间轴压缩的逆过程。由于在记录前对色度信号进行了时间轴压缩，因此重放时要进行时间轴扩展，恢复原来的信号。

七、伺服系统

伺服的目的：使某一机械量（如电机转速、物体位置等）保持不变或按一定规律变化。

伺服系统的组成：一般由三个部分组成，即测量部分、比较部分和执行部分，如图 2-23 所示。

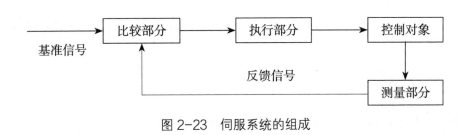

图 2-23　伺服系统的组成

控制对象指的是某一机械部件，如电机等，而这一部件的受控机械量称为控制量，如电机的转速等。

测量部分的任务是测量控制量的实际值（如电机的实际转速等），并形成一个能反映这一实际值的电信号，然后用它作反馈信号送入比较部分。

比较部分有两个输入信号：一个是反馈信号，另一个是基准信号，基准信号代表了控制量的理想值。比较部分的作用是将这两个信号进行比较，并输出它们之间的偏差，形成误差电压。

执行部分将误差电压作用到控制对象上，使控制对象的实际值朝着减小偏差的方向变化。

比较部分、测量部分和执行部分组成了一个闭合回路，周而复始地进行测量、比较、执行，从而使控制量的实际值逐渐向理想值靠拢，最后达到纠正偏差的目的。

录像机的伺服系统分为磁鼓伺服、主导伺服和带盘伺服三部分，其控制对象分别为磁鼓电机、主导电机和带盘电机，控制量是电机的转速和相位。

磁鼓伺服的反馈信号来自磁鼓测速信号，它反映了磁鼓的实际转速和相位。将这一信号与基准信号相比较并形成误差电压后，可通过驱动电路作用于磁鼓电机，使其转速和相位与基准信号同步。

主导伺服在记录状态下的反馈信号为主导电机测速信号，而基准信号则与磁鼓伺服相同，这样不仅能保证走带稳定，而且能使走带速度与磁鼓转速锁定起来。在重放状态，基准信号仍与磁鼓伺服相同，但反馈信号来自重放信号，即重放 CTL（控制磁迹）信号。CTL 信号是记录时产生的一个方波信号，它由 CTL 磁头沿磁带纵向记录在磁带的边缘上，重放时由 CTL 磁头拾取。重放 CTL 信号不仅能反映磁带移动速率，还能反映视频磁迹与磁鼓的位置关系，因而用它作反馈信号可保证磁鼓的转速和相位与主导轴的转速和相位有正确的关系，使视频磁头正确跟踪磁带上的视频磁迹。

带盘伺服有两个作用：一个作用是在录像机工作在快速搜索状态下进行磁带速度控制，此时反馈信号来自带盘电机的测速信号，它可反映实际走带速度；另一个作用是进行张力控制，此时反馈信号来自磁带张力检测机构，可代表磁带的实际张力大小。

八、数字录像机

数字录像机的机械结构及工作原理与模拟录像机基本相同，主要区别是在录放系统，数字录像机录放的是纯数字信号，因此要根据数字信号的传输和录放要求进行一系列处理，如通道编码、解码和纠错编码、解码等。

数字录像机构成原理如图 2-24 所示。

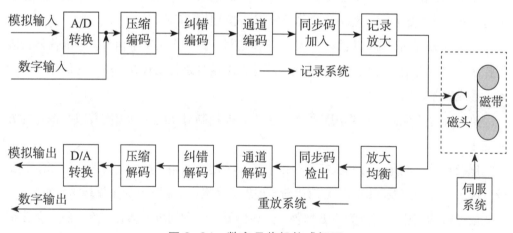

图 2-24　数字录像机构成框图

A/D 转换和 D/A 转换：数字录像机一般可接收数字和模拟两种输入信号，当输入为模拟信号时，机内的 A/D 转换器可将其变为数字信号。另外，重放后的信号可以直接以数字信号形式输出，也可以经 D/A 转换后以模拟信号形式输出。

压缩编码和压缩解码：数字电视信号数据量很大，给录放设备提出了很高的要求。因此，数字录像机为了降低成本、提高效率，通常都要采用码率压缩技术，以降低数据的比特率，这就是图 2-24 中压缩编码、压缩解码部分的作用。

纠错编码和纠错解码：数字电视信号在记录时，数码率和记录密度都很高，因此其误码率也很高，为了将误码率降低到一定限度，在数字录像机的录放通道中分别设置了纠错编码及纠错解码部分。

通道编码及通道解码：在数字录像机中，信号一般以基带形式传送，采用不归零（NRZ）码。这种码包含有极高频成分和极低频成分，甚至有直流分量。如果直接记录这种码，将会导致频谱的高低端失真。因为录像机使用感性磁头和旋转变压器耦合信号，不能很好地传递直流和低频成分，而且由于磁带传输特性的限制，录像机也无法记录过高的频率成分。因此，数字信号在记录之前要进行通道编码，将数字信号变成适合于磁性记录的信号码型，以减小记录信号中的高、低频分量，使能量集中在中频范围，满足录像机磁性记录的要求。

数字录像机关键技术：提高记录密度、误码纠正与修正、数据交织、通道编码、提高通道传输特性、自动磁迹搜索跟踪。

九、硬盘录像机

硬盘录像机（Digital Video Recorder），即数字硬盘录像机，相对于传统的模拟视频录像机采用硬盘进行录像，也被称为 DVR。

硬盘录像机采用高精密封装的大容量硬盘作为记录设备，因此，只要在计算机扩充槽中插入图像采集卡，再配上相应的系统软件及应用软件，就实现了传统磁带录像机的所有功能。特别是随后出现的嵌入式硬盘录像机，结构更加紧凑，性能更加稳定，得到广泛应用。

硬盘录像机有多种实现方法。从系统结构上来说，有 PC 插卡型或嵌入式一体机型；从所用的核心芯片来说，有的是基于数字信号处理器（DSP），而有的是基于专用集成电路（ASIC），其中基于 DSP 的结构又分为不同的系列，它们因选用不同厂家的 DSP 而异；从硬盘录像机处理视频的技术（视频压缩格式）来说，有基于 Wavelet、M-JPEG、MPEG-1、MPEG-2、MPEG-4、H.263、H.264 等视频压缩格式的多种不同的机型。另外，无论是 PC 插卡型还是一体机型，即使它们所用的芯片相同，其应用软件的界面与功能也不尽相同。

（一）基于 PC 插卡的硬盘录像机

最早的硬盘录像机是 PC 插卡型，视频采集卡主要包括视频信号的采集、数字视频压缩处理和视频缓存等几部分，其中数字视频压缩处理芯片有多种不同的类型（通用 DSP 或专用 ASIC）。随着 CPU、内存等核心芯片的不断升级，计算机的主频及综合处理能力得到不断提高，因而在单卡硬盘录像机的基础上进一步出现了多卡多路硬盘录像机，即在 PC 的多个扩充槽中同时插入多块支持并行处理的单路视音频采集卡，以实现多路视音频信号的同时实时采集。由于每一块卡仅对应于 1 路信号，因而采集卡的数量可根据视频信号的路数要求而灵活配置。不过，当在 PC 中插入多块卡时，占用的 PC 资源也相应增加，如 CPU 及内存资源、主板上扩充槽的数量、主板电源功率等。因此，当摄像机源数量（即采集卡数量）较多时，这种硬盘录像机就必须采用具有多插槽工控底板的工控机，并配以大功率电源，并且对 CPU 的主频要求也更高。

为了解决多卡应用的资源占用问题，在单卡单路硬盘录像机问世后不久，有厂家推出了在一块卡上集成两片甚至四片视频处理芯片（DSP 或 ASIC）的多路视音频采集卡，因而可以同时实现对 2 路信号或 4 路信号的实时采集与压缩处理。这种结构实际上是每路视频信号唯一地对应着一片视频处理芯片，但是它们共用一片 PCI-PCI 桥接芯片，因而仅占用一个 PC 插槽，加上视音频信号的采集压缩是由卡上的硬件来实现，因而有效地减少了硬盘录像对 PC 资源的占用。

还有一种与上述实现原理不尽相同的基于 PC 的单卡多路硬盘录像机。卡上的一片视频处理芯片就要处理多路输入信号，因而需采用时分轮换方式对多路视频信号进行采集，并以 M-JPEG 压缩格式进行录像。虽然 M-JPEG 的压缩效率不如基于多帧预测编码的 MPEG-1、MPEG-4 及 H.264 等的压缩格式高，但由于在单通道轮换采集多路视频时，相继帧的画面失去了相关性（根本不是同一个摄像机摄取的画面），因而采用基于帧间预测的视频压缩算法就失去了意义，只能采用帧内压缩算法。因此，这种方式的硬盘录像机是对采集的每一帧画面独立地进行 JPEG 压缩处理，而后将对应于每一路输入的各帧画面形成独立的 M-JPEG 文件。这种方式显然可以方便地实现多路采集。例如，在不考虑录像画面的连续性要求时，就可以方便容纳多达 16 路的视频输入。但是对于只能以 25 帧 / 秒的速率对视频信号进行采集的视频处理芯片来说，无论有多少路视频信号轮流切换到其输入端，其 25 帧 / 秒的"总资源"是不能变的，因此对这种形式的硬盘录像机来说，每路画面的最大平均帧率仅为 25/16＝1.56 帧 / 秒（理想值）。

上述结构的改进型产品增加了视频采集的通道数（如在一块卡上集成有 4 个采集通道），从而可以对多路视频输入信号在每一个采集通道进行并行采集，这就相当于增加了显示及录像的"总资源"数（多路轮换加多通道采集）。例如，某厂家采用两块 8 路采集卡来实现 16 路信号采集，使 DVR 的"总资源"达到 160 帧 / 秒。

（二）基于 PC 结构的准嵌入式硬盘录像机

前面所介绍的基于 PC 插卡的硬盘录像机没有脱离 PC 体系：PC 的外观、PC 的体系结构、PC 的操作系统、PC 的界面……因而它可以被认为是一种 PC 的扩展应用，只要退出硬盘录像应用程序（或者将应用程序置于后台运行），这台硬盘录像机就是一个标准的 PC 了，用户可以方便地在 MS Office 环境下进行文档编辑、报表统计等操作。然而，正因为如此，这种结构的硬盘录像机很容易被病毒侵袭而致使系统瘫痪；也可能会由于硬件兼容性问题或是由于系统软件的某些 BUG 而致使系统宕机；更有甚者，甚至可能因系统管理人员的自身问题（例如操作人员将录像程序置于后台运行而在前台玩游戏），或因为某些误设置、误操作而致使录像系统无法使用。

（三）嵌入式 DVR

这是基于嵌入式处理器和嵌入式实时操作系统的嵌入式系统，它采用专用芯片对图像进行压缩及解压回放，嵌入式操作系统主要是完成整机的控制及管理。此类产品没有 PC 式 DVR 那么多的模块和多余的软件功能，在设计制造时对软、硬件的稳定性进行了针对性的规划，因此此类产品品质稳定，不会有死机的问题产生，而且在音视频压缩码流的储存速度、分辨率及画质上都有较大的改善，就功能来说丝毫不比 PC 式 DVR 逊色。嵌入式 DVR 系统建立在一体化的硬件结构上，整个音视频的压缩、显示、网络等功能全部可以通过一块单板来实现，大大提高了整个系统硬件的可靠性和稳定性。

（四）硬盘录像机的核心技术

DVR 的技术发展方向有三个，即智能化、集成化、网络化。硬盘录像机的核心技术包括嵌入式软件 / 硬件技术、硬盘管理技术、算法技术、网络技术。

1. 嵌入式软件 / 硬件技术

嵌入式 DVR 的核心器件与 PC 类似，都是采用高性能的中央处理器 CPU，兼容标准不同，功能各异。今后随着芯片技术的进一步发展，MIPS+DSP 或 ARM+DSP 技术会更加适合嵌入式 DVR。

嵌入式 DVR 采用的操作系统主要分为三类：第一类为厂家自己开发的简单 RTOS；第二类为商业化的专用嵌入式操作系统，如 VXWORKS/WinCE；第三类为源代码开放的 LINUX 操作系统。RTOS 最简单高效，但其扩展性比较差，复杂功能实现比较困难；第二类操作系统有很好的系统特性，但其扩展性不是很好，许多功能扩展依赖第三方，且许可费用也比较高；第三类 LINUX 操作系统采用开放性的架构与模块化设计，可针对应用量身定做，而且 LINUX 支持多人、多工工作，只需要很少的硬件支持，这样的系统效率更高，出错的概率更低。其可靠性经过验证，可以用在关键任务和场合的多应用操作系统，因特网使用的 WEB 服务器都是 24 小时连续运行，其中绝大多数都是使用 LINUX 操作系统。它也是专门针对网络的应用推出的系统，所以它支持的网络协议很多，在相关软件的支持下可实现 WWW、FTP、DNS、DHCP、E-mail 等服务。而且其内核代码完全公开，可以任意开发、更改。这样的特点使得全世界已超过千万人使用 LINUX，更由于许多厂商投入开发核心程序、发展相关软件以及硬件周边驱动程序，LINUX 功能和完整性日益壮大。因此采用 LINUX 的操作系统也是大势所趋。

2. 硬盘管理技术

嵌入式 DVR 硬盘管理系统分为两种：第一种是与 PC 机相同的 FAT 格式管理系统，第二种是嵌入式 DVR 生产厂家自行开发的适合存储媒体数据流的硬盘管理系统。前者的优势在于无须投入研发成本，可以利用现成的 PC 技术。但此系统无法管理大数据包，只能进行分包，将一段完整的录像分为若干个小的文件包，因此容易产生包与包之间的丢帧现象；同时硬盘磁头需要频繁地读写数据与文件索引，磁头频繁跳动，对每天连续读写硬盘十几到二十四小时的 DVR 系统，极容易造成硬盘故障；而如果硬盘录满后，需要删除整段文件，但新录制的文件与老的文件大小不同，由此会在硬盘上产生大量碎片空间，影响硬盘的使用和系统效率；另外，FAT 文件系统用作录像机录像资料管理还存在两个风险：一是文件分配表如果损坏，则录像资料大多会丢失；二是系统突然断电或遭到人为破坏时，当前的录像数据不能够保存。而第二种方式就可以从根本上修正上述问题，因而从嵌入式 DVR 硬盘操作系统的发展方向看，长时间稳定录像采用第二种方式可以大幅度提高硬盘录像机的可靠性。

3. 算法技术

在算法上，MPEG-4 的成熟应用及 H.264 的应用扩大必将成为趋势。MPEG-4 产品的开发商越来越多，使得它的成熟度越来越高。而 H.264 因其更切合网络传输的要求成为主流。

今后，为了使嵌入式 DVR 具有更广泛的适用性，各种算法的统一将是未来发展的趋势。

4. 网络技术

新一代的嵌入式 DVR 已经具备与 PC 机相同的网络特性，今后的网络技术发展将使嵌入式 DVR 可以满足不同网络环境下图像传输要求。嵌入式 DVR 的网络技术正朝两个方向发展：一是专网技术条件下开发满足保安监控需求的高品质的网络录像机，其技术要求实时、清晰、可靠、组网灵活、分散存储、多级管理，其最终发展目标是取代模拟光缆条件下的图像传输市场；二是公网条件下的网络传输解决方案，由于公网网络传输条件差，因此为了最大限度保证在公网图像传输的 QOS，需要采用多种新的网络和图像压缩传输技术，如流媒体技术等。

（五）实例

一种实际应用于电视节目录播的硬盘录像机的前面板如图 2-25 所示。

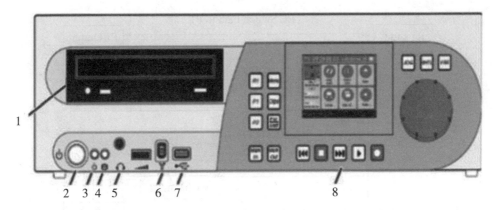

1. Drive Bay 2. Standby Button 3. Power On Indicator 4. Drive Busy Indicator 5. Head Phone Jack & Volume Control 6. 1394A Connector 7. USB2.0 Connector 8. Front Panel Controls

图 2-25　硬盘录像机前面板

R1 按钮表示录制模式，P1 和 P2 按钮表示播放模式。录制节目时，先按 R1 进入录制模式，然后按下红色的圆形按钮，停止录制时按下蓝色的方形按钮。可以通过 1394 线或者 USB 接口导出视频。视频文件相对较大，所以导出视频文件时建议使用移动硬盘，尽量不要用 U 盘。

硬盘录像机也可以通过可视化应用工作站来进行操作，即利用显示器、键盘、鼠标来完成视频的录制、播放和导出。点击显示器桌面上的 AppCenter 图标进入硬盘录像机应用界面。

AppCenter 有两个模式，点击菜单栏上的 View 可进入 Workstation 和 Front Panel 两种控制模式。

控制条按钮如图 2-26 所示。可将需要播放的视频拖拽入 P1 和 P2 进行播放。

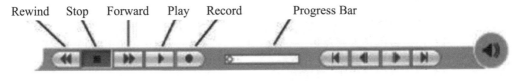

图 2-26　控制条

视频默认存储位置为 V：/default。导出视频可以用移动硬盘直接拷贝，或通过 AppCenter 选中需要拷贝的视频，右击出现菜单，点击 send 发送至移动硬盘。

硬盘录像机以硬盘存储器为核心，输入信号通过输入电路、录制通道记录存储在硬盘中，播放信号从硬盘中读出并通过播放通道、输出电路输出，如图 2-27 所示。

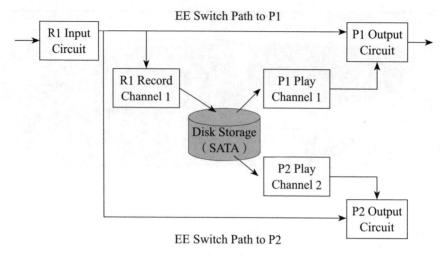

图 2-27 硬盘录像机电路框图

▶ ▶ ▶ **思考与练习**

1. 简述变焦与聚焦的区别。

2. 简述光圈的作用。

3. 什么是景深？

4. 简述景深与光圈、焦距、物距的关系。

5. 简述 3CCD 摄像机的组成。

6. 简述 3CCD 摄像机的工作过程。

7. 简述滤色片的作用。

8. 什么是黑斑？

9. 简述黑斑产生的原因。

10. 简述黑斑校正原理。

11. 什么是白斑？

12. 简述白斑产生的原因。

13. 简述白斑校正原理。

14. 什么是杂散光？

15. 简述杂散光对图像的影响。

16. 简述消除杂散光的方法。

17. 什么是预弯曲？

18. 什么是孔阑失真？

19. 什么是彩色校正？

20. 什么是 γ 校正?

21. 什么是白压缩?

22. 简述 PAL 编码器的作用。

23. 什么是白平衡?

24. 简述白平衡的调整过程。

25. 什么是黑平衡?

26. 简述黑平衡的调整过程。

27. 什么是自动光圈控制?

28. 简述自动光圈控制原理。

29. 简述同步信号发生器的作用。

30. 什么是台主锁相?

31. 什么是台从锁相?

32. 简述台主锁相原理。

33. 简述数字摄像机的图像宽高比变换原理。

34. 简述磁带录像机的构成。

35. 简述数字录像机录放系统的构成。

36. 简述硬盘录像机的构成。

第3章　视频切换与特技

在数字电视节目制作和播出过程中，视频切换台、数字矩阵、数字特技机是对视频信号进行切换和加工处理的专用设备。一般而言，特技台和切换台是两个完全不同的产品。切换台是针对2路或2路以上的不同视频信号做选择性切换；特技台则是以三维和视频表面覆盖性（如马赛克、油画等）特技为主，针对整幅画面进行各种变形、变色、旋转等二／三维处理，以活跃画面的内容。伴随着用户群体需求的改变以及科技发展，切换台、特技台合二为一成为可能，并在20世纪80年代初期正式成为成熟的产品推向市场。特技切换台使制作更加方便、更加完美。

第1节　视频切换台

视频切换台能以某种方式从两种或更多种节目源中选出一路或多路信号送出，实现节目多样化，是一种可达到一定艺术效果的电视节目制作设备，如图3-1所示。

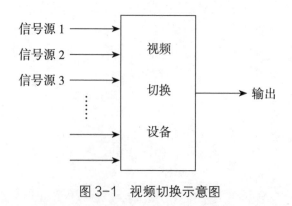

图 3-1　视频切换示意图

一、视频切换台组成

视频切换台主要由输入切换矩阵、混合 / 效果放大器、特技效果发生器、下游键处理与混合器、同步信号发生器及控制电路等几部分组成，如图 3-2 所示。

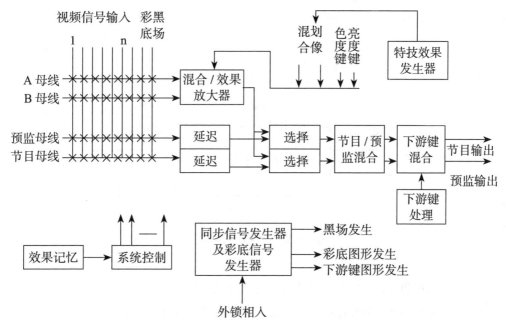

图 3-2　最基本的视频切换台原理框图

图中由横线和竖线组成的阵列通常称为输入切换矩阵，其中竖线表示输入信号通路，横线表示输出信号通路（常称为母线）。竖线和横线的交叉点代表视频信号的通断开关，称为视频交叉点。当某一视频交叉点导通时，连到该交叉点的输入信号就可以通过与该交叉点相连的母线输出，送到混合 / 效果放大器。混合 / 效果放大器受不同信号控制可工作于混合或划像或键控状态，实现这三类特技切换。输出的信号经过选择开关、节目 / 预监混合电路后，进入下游键部分，完成字幕或其他画面的叠加，最后输出的信号便可用作录制或直接播出。

二、视频切换原理

视频切换台的切换方式可分为：快切和特技切换。快切，又称为硬切换，这种切换方式是从多路输入信号中交替选择一路输出。特技切换是从多路输入视频信号中输出以某种特定方式混合或互相取代的组合信号，又可分为混合、划像、键控三种方式，特技切换方式在后期制作中经常应用。

（一）快切

快切（cut 或 take）是指从某一路电视信号源瞬间切换到另一路电视信号源的过程，在电视屏幕上表现为一个画面迅速转换到另一个画面。它是电视节目制作中使用最多的切换方式，是通过视频开关实现的。视频开关可看成是接在视频信号输入和输出通道中并受直流电压控制的四端网络，如图3-3所示。

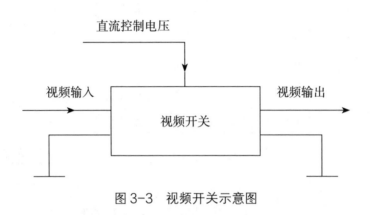

图 3-3　视频开关示意图

为实现快切功能，一般采用多路互锁电子开关的形式。

视频开关是一种直流控制的电子开关，但又有别于普通的电子开关。

为保证快切的播出质量，避免画面跳动、撕裂或出现切换杂波干扰，必须使切换在场消隐期间进行，即使视频交叉点在场消隐期间发生状态转换。因此，控制视频开关的控制电压包含两种信号：一种是操作面板上送来的按键信号（产生一个直流电压），另一种是场控脉冲（使视频交叉点在场消隐期间发生状态转换的一种控制脉冲）。只有这两个信号同时作用在视频开关上，视频开关才会出现状态转换。

数字切换台中，可采用比特串行和比特并行两种方式实现快切。

（二）混合

混合（Mix）也称为慢切换，是将两路信号在幅度上进行分配组合，是以慢变的方式使电视屏幕上的一个画面渐显，另一个画面则渐隐，可同时出现两个画面。转换的速率可以人为控制，也可以自动控制，如果停留在慢变过程之中的某一状态，则可得到叠画的艺术效果。

慢切换可分为X切换和V切换，这两种方式还可以与快切方式结合，实现切出（前一图像突然消失）化入、化出切入（后一图像突然跳入），如图3-4所示。

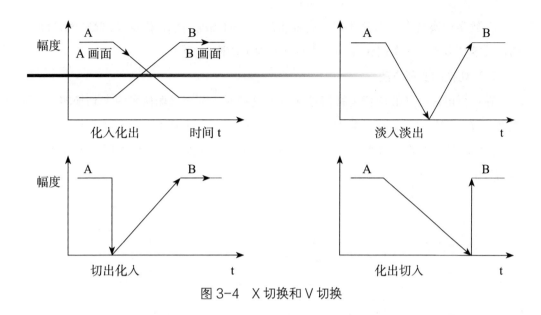

图 3-4　X 切换和 V 切换

X 切换（又名化入化出），即在慢转换的过程中，一路视频信号幅度由最大逐渐变小直至为零，与此同时，另一路视频信号幅度则由零逐渐增至最大，在屏幕上表现为某一内容的画面由最强逐渐变弱而消失，同时另一内容的画面逐渐呈现，直至增强到取代前一画面。

V 切换（又名淡入淡出），即在慢切换过程中，一路视频信号幅度先由最大逐渐变小直至为零，然后另一路视频信号才由零逐渐增至最大，在屏幕上表现为某一内容的画面由最强变淡直至消失，另一内容的画面才开始出现并逐渐增强。

1. X 切换的实现方法

实现 X 切换，可用两个可控增益放大器和一个相加器构成，这种电路组合，通常称为混合放大器。其原理框图如图 3-5 所示。

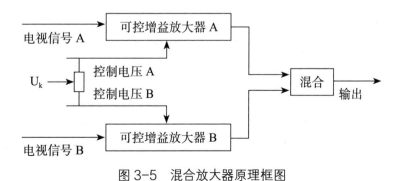

图 3-5　混合放大器原理框图

在数字切换台中，不存在复合同步和色同步的幅度问题，因此实现数字信号的 X 切换就容易多了，它实现 X 切换的表达式与模拟切换台相同。

2. V 切换的实现方法

在进行电视信号 B 取代电视信号 A 的 V 切换时，利用黑场信号使 V 切换转换成两次 X 切换，即先进行黑场信号取代电视信号 A 的第一次 X 切换，然后再进行电视信号 B 取代黑场信号的第二次 X 切换，如图 3-6 所示。用这种方法，便可以在 V 切换时合成信号中的复合同步和色同步的幅度不变。

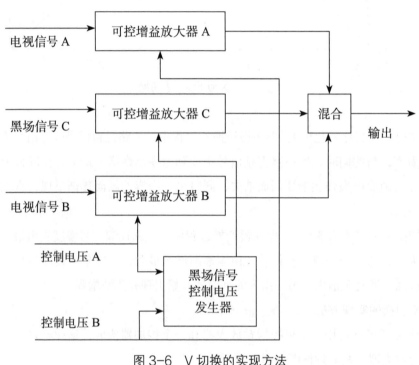

图 3-6　V 切换的实现方法

（三）划像

划像（Wipe）又称为扫换、电子拉幕或分画面特技，使一个画面先以一定的形状、大小出现于另一个画面的某一部分，接着按此形状使其面积不断扩大，最后完全取代另一个画面。

也可以这样说，划像就是整个屏幕被 A、B 两个画面分割，分割的形状由特技波形发生器提供的波形来决定，而且两个分画面的相对面积可通过拉杆电位器控制，如图 3-7 所示。

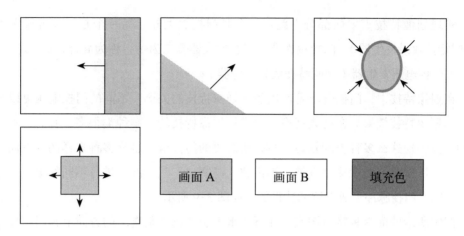

图 3-7 几种常见的划像方式

1. 实现划像特技的基本原理

为实现划像特技,可以将视频信号 A 和 B 分别通过两个门控放大器后再相加。这两个门控放大器所加的门控电压又称拉幕电压,它们的波形相同、极性相反,频率是行频或场频的整数倍,如图 3-8 所示。

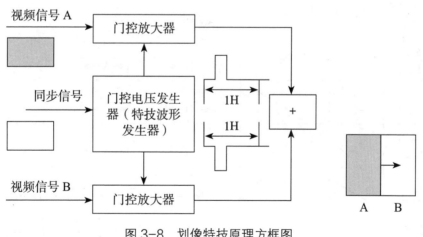

图 3-8 划像特技原理方框图

在门控脉冲电压(图 3-8 中门控电压的频率为行频)的控制下,当 A 画面通过期间(脉冲为正),B 画面信号被切断;反之,当 B 画面通过期间(脉冲为负),A 画面信号被切断。然后,这两路信号进行混合相加,就得到左边为 A 信号、右边为 B 信号的混合画面。如果改变门控脉冲的宽度,就可以改变 A、B 画面的面积比例,实现划像特技。如果门控脉冲的频率为场频时,就能形成垂直方向上的划像画面。

实现划像特技需要两部分电路：一个是门控放大器，另一个是门控电压发生器（又叫特技效果发生器）。门控放大器与混合放大器合二为一，称为混合/效果放大器。

2.门控电压发生器（又叫特技效果发生器）

在划像特技中，门控电压是产生各种划像特技的关键，不同的门控电压可以产生不同的划像特技效果。在视频切换台中进行划像特技的图案种类很多，有的已多达几百种。为实现这么多种类的划像特技，所需要的门控电压也是多种多样的。然而，各种门控电压都是将行、场基本波（锯齿波、抛物波、三角波）进行不同的组合，经处理后去触发门控脉冲形成电路而获得的，如图3-9所示。

图中所示的前六种特技图案，在行（水平）或场（垂直）的方向上其门控脉冲宽

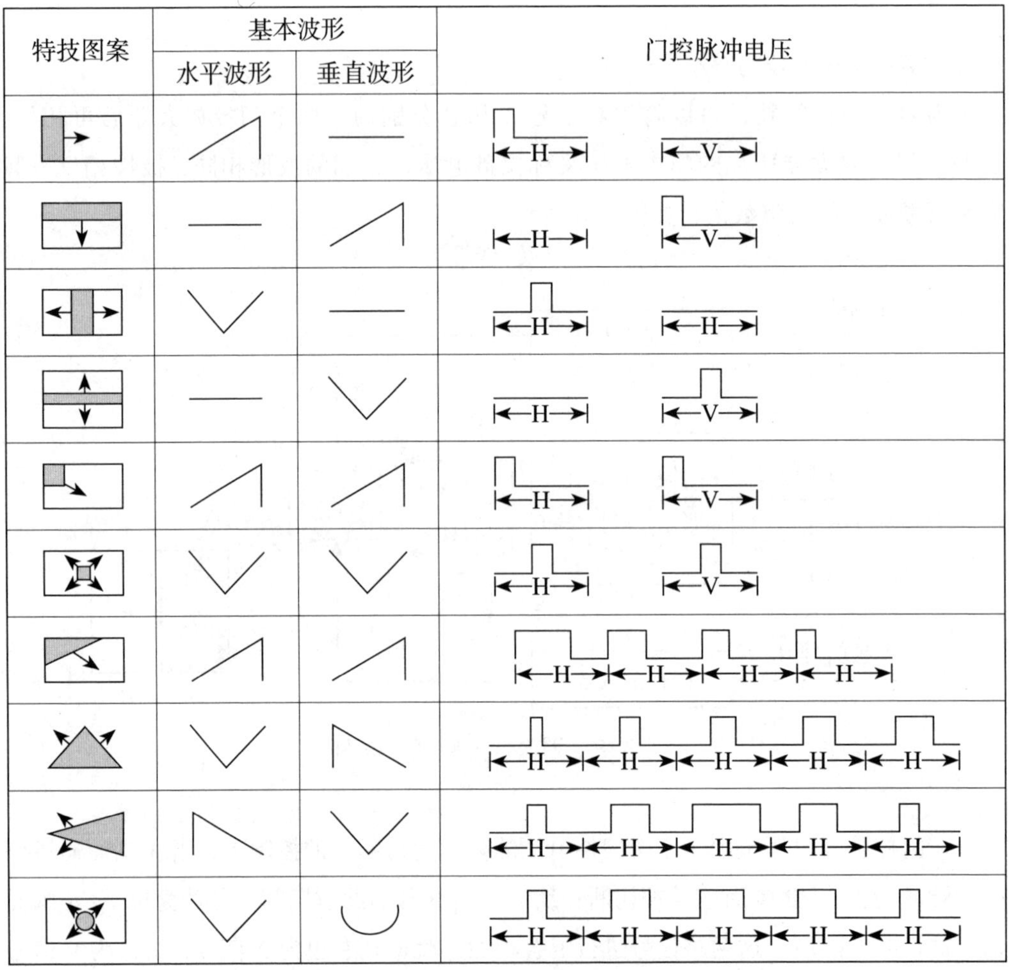

图 3-9 划像特技典型图案

度可以单独改变，使两个画面的大小比例相应变化。

前六种特技图案其门控脉冲电压是由行门控脉冲和场门控脉冲组合形成的，称为相加型。而后四种特技图案，在行（水平）和场（垂直）方向上门控脉冲宽度不能单独改变，是同时变化的，门控脉冲的产生是先把行基本波叠加到场基本波上，然后由门控电压产生电路形成门控脉冲电压，故又称为调制型。

门控电压形成电路一般可分为基本波形产生电路、特技波形处理电路和门控脉冲电压产生电路几部分，如图 3-10 所示。

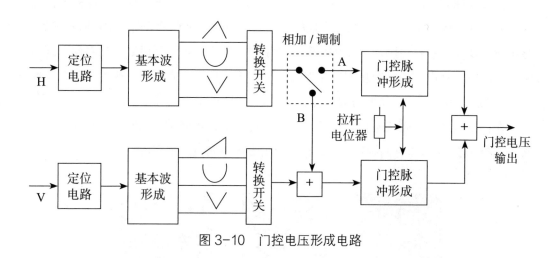

图 3-10　门控电压形成电路

（1）基本波形产生电路

基本波形产生电路主要产生行、场基本波，即锯齿波、三角波和抛物波等，在具有镶嵌划像的切换台中，基本波还包括数倍于行频或场频的锯齿波、三角波和抛物波，如图 3-11 所示。

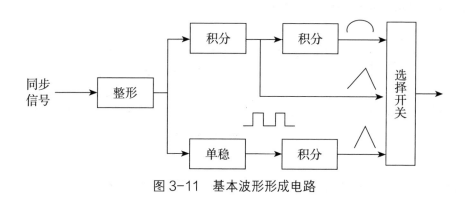

图 3-11　基本波形形成电路

（2）特技波形处理电路

特技波形处理电路将基本波及其谐波进行有效处理及组合后可以得到种类繁多的划像特技效果。各种切换台的划像种类不同，因此特技波形处理电路也有差异，但一般都应包括特技波形组合电路、方向控制电路、划像图形边界调制电路及镶嵌划像电路等。

特技波形组合电路用于将行、场基本波进行组合，组合的方式有前面所讲的相加型和调制型两种，通过这些组合可以产生各种不同的图案。

特技划像方向通常分为"正向"、"反向"和"正／反"三种。特技划像的推拉杆自下向上推与从上向下拉，其画面出现的划像方向相反。对水平方向的划像特技来说，分画面 B 从左向右在主画面 A 上划变称为"正向"划像，若分画面 B 是从右向左划出称为"反向"划像。当一次从右向左划出，再一次又从左向右划出，这种交替划变称为"正／反"方向划像。这些方向的控制就是由方向控制电路来完成的。

在特技划像中，通常还有分画面 B 在主画面 A 上以不同位置为圆心旋转的划像方式，如图 3-12 所示，它们旋转方向的控制也由方向控制电路来完成。

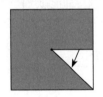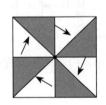

图 3-12　旋转划像方式

在划像特技的分画面边界上有的可以产生波浪等效果，这是由划像图形边界调制电路来实现的。它是将一个幅度可调、频率可变的正弦波去调制分画面特技信号的幅度和频率而得到的效果，如图 3-13 所示。

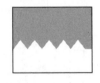

图 3-13　调制划像特技

镶嵌划像是指把被插入的画面分成几部分，按照一定的顺序用将要插入的画面逐步代替被插入画面而得到的划像特技，实现这种特技的电路就叫镶嵌划像电路。

镶嵌划像通常是利用微处理器来实现的，先将这些程序编成号码存储在微处理器附属的存储器内，操作时根据需要调出相应的划像程序，就可以按照预先设置的顺序来实现划像，如图3-14所示。

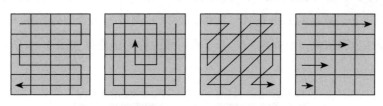

图3-14　镶嵌划像特技

图3-14中，将画面分成16等份，然后按照不同的顺序用插入画面逐步代替被插入画面。

（3）门控脉冲形成电路

门控脉冲形成电路用于将基本波变换成只有0、1两种电平的门控脉冲电压。门控脉冲电路的形式很多，一种门控脉冲电压产生简化电路如图3-15所示。

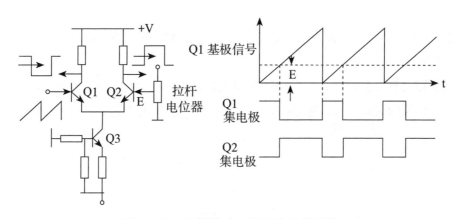

图3-15　门控脉冲电压产生简化电路

图中，当Q1的基极加入锯齿波电压时，Q1、Q2的集电极将得到两个幅度相等、极性相反的矩形脉冲。当移动特技拉杆电位器时，E给出一可变直流电压，那么电流开关电路中Q1、Q2从导通到截止的转换时间将随之改变，从Q1、Q2集电极上得到的矩形脉冲的宽度也就随之改变。

（四）键控特技

键控（Key）又叫抠像，是在一幅图像中沿一定的轮廓线抠去它的一部分而填入另一幅图像的特技手段。在电视画面上插入字幕、符号，或以某种较复杂的图形、轮廓线来分割屏幕时，需要采用键控特技。

键控特技实质上也是一种分割图像的特技，只是分割屏幕的分界线多为不规则形状，例如文字、符号、复杂的图形或某种自然景物等。"抠"与"填"是键控技术实质所在。

正常情况下，被抠的图像是背景图像，填入的图像为前景图像，用来抠去背景图像的电信号称为键信号，形成这一键信号的信号源称为键源，如图 3-16 所示。

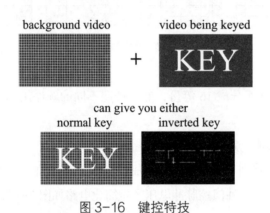

图 3-16 键控特技

根据键信号产生的方式不同，键控可以分为亮度键和色度键两种。

1. 亮度键

亮度键又称为黑白键，它利用键源视频信号中的亮度分量来产生键信号。按照键源视频信号的来源不同，亮度键又分为内键和外键两种方式，亮度键原理框图如图 3-17 所示。

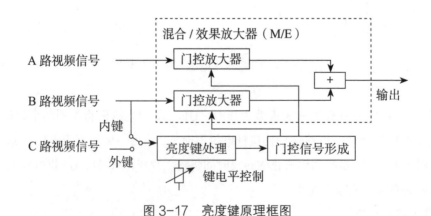

图 3-17 亮度键原理框图

内键也叫自键，它是以参与键控特技的其中一路信号作为键信号来分割画面的特技，也就是说键源与前景或背景图像是同一个图像。如果 B 路视频信号作为键源，则亮度键处理电路根据其亮度差别形成键信号，当键信号未到时，A 路信号导通，B 路信号截止；当键信号到来时，A 路信号截止，B 路信号导通，结果是图像 B 抠掉了图像 A 的一部分，并填入了图像 B 的内容，如图 3-18 所示。

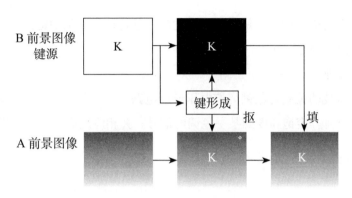

图 3-18　内键工作原理示意图

内键要求键源图像每点的亮度必须比较均匀而且亮度对比度大，一般用于文字、符号或图形的叠加。这是因为文字、符号是由基本上等亮度的笔画组成的，符合内键的要求。

外键相对于内键而言，外键的键信号由第三路键源图像来提供，而不是参与键控特技的前景或背景图像。从亮度键原理图可见，C 路视频信号作为键源，则亮度键处理电路根据其亮度差别形成键信号，控制 A、B 两路信号的通断。其结果是按图像 C 的轮廓抠掉图像 A 的一部分，并填入图像 B 的对应的图像内容，如图 3-19 所示。

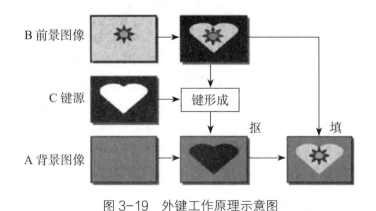

图 3-19　外键工作原理示意图

C 路视频信号一般由黑白摄像机拍摄得到，其亮度信号的对比度容易得到很大，可以获得很好的键控效果。与内键比，外键的键控效果更好，如叠加字幕时利用黑白字幕做成键，填入彩底信号嵌进图像中就形成了叠加彩色字幕的效果；而在内键方式下，必须用彩色字幕作为键源来实现，彩色字幕的亮度电平反差不如黑白字幕的大，因此，内键效果有时不如外键效果好。

2. 色度键

色度键一般简称色键，它是直接利用键源三基色信号或利用键源视频信号中的色度分量产生键信号的键控方式。

（1）基本原理

实现色键特技的关键是色键门控电压形成电路。它应是一个色调选择器，能从图像信号中选出具有一定饱和度的某一色调的信号，并相应地形成门控电压，如图 3-20 所示。

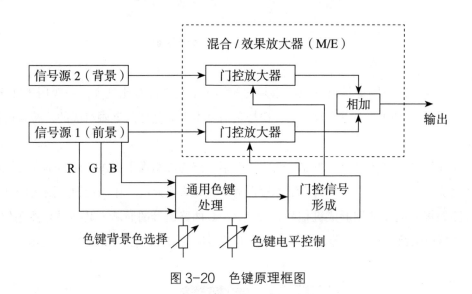

图 3-20　色键原理框图

信号源 1 是前景信号，一般是在高饱和度的单色幕布前拍摄出来的人或物，幕布的颜色应和人的肤色有较大的区别，演员服装的颜色也应和背景色不同或饱和度低一些。信号源 2 是背景信号，它可以是摄像机拍摄的某外景信号，也可以是录像机或电视电影机提供的外景信号。上述两路信号源输出的彩色全电视信号同时分别输入对应的门控放大器。

门控放大器受色键电压控制，而色键电压由前景信号中的色度信号在色键门控电压形成电路中形成。当信号源 1 输出单一色调的背景信号时，信号源 2 后面的门控放大器导通；当信号源 1 输出演员对应的信号时，信号源 1 后面的门控放大器导通。这样，最后输出的信号便是演员置身于信号源 2 的背景之中的合成画面。利用这种特技，可以将许多外景预先拍摄记录下来，需要时用作背景信号，演员在演播室中的表演就能如同身临其境一样在多种外景中进行。

（2）色键门控电压形成

一种模拟色键门控电压形成电路的方框图如图 3-21 所示。

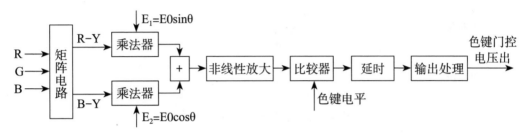

图 3-21　色键原理框图

由前景信号源送来的 R、G、B 信号经矩阵电路得到 R-Y、B-Y 信号，这两个信号再分别送入两个乘法器中。送入乘法器的还有两个互成 90° 的控制电压 E1 和 E2，其中 $E1 = E0\sin\theta$，$E2 = E0\cos\theta$，经相乘相加处理后就得到 $E = KE0 (R-Y) \sin\theta + KE0 (B-Y) \cos\theta$，K 为乘法器的增益。E 经过非线性放大后送入比较器。

数字切换台中，键信号（亮度键和色度键）是通过键地址查找表来获得的。

由 DSP 计算需要进行键控处理的信息，再将计算所得的控制数据与地址数据保存在 RAM 中，RAM 输出这些数据送入键地址查找表中，与同时送入键地址查找表的键源信号进行比较，形成键信号。

（3）线性键

以上所述亮度键或色度键有一个共同的弱点：键信号的上升沿和下降沿较为陡直，波形呈矩形形状。对视频信号，在任何瞬间，这个键不是全部插入就是全部切断前景信号。这虽然解决了图像之间镶嵌合成的问题，但图像镶嵌的边缘会出现明显的分界线，这种硬化边缘在很多情况下尤其是用色键作彩色图像合成时，给人以生硬的不自然的感觉，观众可以由此看出是自然景物还是键控效果，因此以上色键又叫硬色键。此外，前景在灯光照射下会有影子，如果阴影也能合成在背景上将会增加真实感，但硬色键做不到。为了解决这些问题，新一代视频切换台引入了线性键技术。线性键技术通过调节键信号在上升和下降时的斜率使背景视频信号和插入的视频信号出现一个宽窄可调的混合区域，从而不同程度地软化背景图像与前景图像结合的边缘，提高键控特技的效果。

线性键的生成原理如图 3-22 所示。

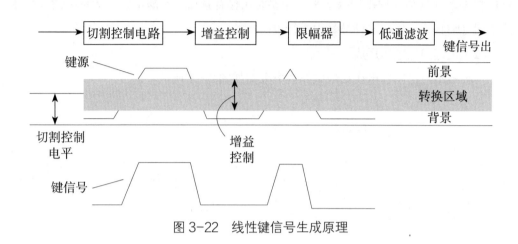

图 3-22　线性键信号生成原理

线性键的信号波形为梯形，它有两个变化量：一是切割控制信号电平决定了转换区域中心的电平值，限幅电路决定了在键信号斜坡的哪一点进行背景与前景混合。具体来说，限幅电路决定了键信号的高电平、低电平，可以调整键窗口的大小，但一般这个电平值没有具体的大小，只有以切割控制电平为中心的电平范围，因此可以将这两个信号看成一个；二是改变键信号增益能够改变键信号上升、下降的斜率，控制背景与前景混合区的宽度，并改变键窗口的大小。图 3-22 中，当键信号为低增益时，键信号上升、下降的坡度较缓，斜坡区使背景信号与前景信号出现如 X 切换一样的混合区，背景图像与前景图像结合的边缘得到软化，产生出更为自然的景象。在图像边缘镶嵌要求不高的场合，提高键信号的增益，其上升、下降的坡度较陡，背景图像与前景图像结合的边缘得到硬化。

采用了线性键技术的色键又叫作软色键。

3. 其他键控特技

数字技术为人们开拓了更广阔的开发空间，电视技术人员利用数字技术，在传统的键控技术基础上又研制出阴影键和深度键等键控方式。

阴影键就是一种能给前景图像任意添加阴影效果的键控技术。

阴影键一般用于内键或色键中，一种比较简单的方法就是在前景图像及键源进行处理后，产生出键信号及经过键控处理的前景信号，接着用彩底或其他信号填充未被前景图像占据的屏幕区域。然后调整由前景图像生成的键信号，一般是对键信号的位置做适当的调整后再与原键信号相加。这样，抠出的前景图像上除了图像本身还有背景彩底，调节背景彩底的亮度、色度，就可得到各种不同的阴影效果，如图 3-23 所示。

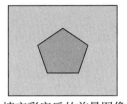   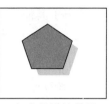

填充彩底后的前景图像　　　　阴影键信号　　　　　背景图像　　　　完成的键控特技

图 3-23　阴影键效果

深度键的键控图像效果是使前景图像可以以不同"深度"出现在背景图像上，如图 3-24 所示。

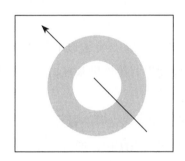

图 3-24　深度键效果

图 3-24 中，前景信号为一支镜头，背景信号为一个大圆环，箭头有一部分穿过了大圆环，在穿过圆环的某处时箭头有一部分不见了，离开此处又出现了。

实现深度键需要两个键信号：一个由前景信号产生，另一个由背景信号中某些区域的信号产生。这两个键信号在遮挡母线的控制下以一定方式组合起来，组合方式需要根据前景图像在背景图像中的运动而随时改变，因此需要一个实时的、复杂的处理电路。

4.下游键

下游键（DSK）处于视频切换台的最后一级，主要是利用键控技术进行图形和字幕的叠加，一般不是对输入的两路视频信号进行特技处理。

下游键本身也是一个混合 / 效果放大器，只是控制门控放大器的门控电压不与特技波形发生器相连接，因此不具备划像功能。它主要的作用有以下几点：利用混合特技换幕，在输出图像信号中淡入黑场（或彩场）信号；利用快切或混合特技在节目图像和预监图像之间作快切或混合过渡；利用键控特技作图形或字幕的叠加，如叠加台标、时钟、标题或解说词等。

（五）其他

一个完整的视频切换台除了具有上述的特技电路，还包括复杂的系统控制和同步发生器等。

1. 系统控制

系统控制用于对视频切换台的各部分功能电路进行控制操作。主要包括：

（1）控制视频切换台的主机和控制面板之间的通信。

（2）具有记忆（存储）单元的切换台其系统控制单元又具有接受记忆（存储）单元的指令和实行程序化自动操作的功能。

（3）为了遥控编辑方便，许多视频切换台都有与编辑机的接口，因此系统控制单元还能接受外部编辑机送来的遥控指令，实施遥控操作。

2. 同步信号发生器

同步信号发生器在视频切换台中主要完成以下几种功能：

（1）为黑场发生器、彩底发生器等提供基准信号。其中黑场和彩底信号可作为字幕、边框着色或换幕等使用；

（2）受演播中心的同步机控制并与之同步锁相；

（3）在没有演播中心同步机的系统中，通过黑场发生器产生的黑场信号，为信号源的同步机、时基校正器等提供基准并与它们同步锁相。

3. 彩底信号发生器

彩底信号发生器用于划像特技时的边框着色、在下游键中进行换幕。另外，在利用外键特技将彩色字幕或图形嵌入背景时彩底信号发生器可提供彩色背景。

彩底信号发生器产生的彩色信号其色调、饱和度均可任意调整。

4. 提示（Tally）电路

提示（Tally）电路是为节目制作、播出系统的完善性而设立的辅助电路，与视频切换台本身的特性无关。

视频切换台有多路信号源，当操作人员按下输入矩阵的按键，选择出输入信号时，该电路与之联动，产生提示信号，一方面点亮信号源监视器下的提示灯，提示操作人员参与制作的为哪几幅图像；另一方面通过提示系统点亮摄像机的提示灯，提示摄像师该路信号被选用，操作须细致。

三、视频切换台的功能特性

为了加强视频切换台的功能，往往使用多级 M/E 放大器，增加处理画面层次的能力。每增加一级 M/E，就可增加处理一层画面，例如三级 M/E 加下游键可以处理五层画面。传统的视频切换台的简化方框图如图 3-25 所示。

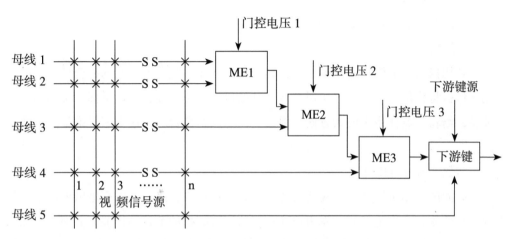

图 3-25 三级 M/E 切换台框图

视频切换台的功能主要是指它的节目制作能力。视频切换台的节目制作能力一般由以下几个因素决定。

（一）输入矩阵规模的大小

包含两方面含义：一是输入信号源的路数，路数越多，可供选择的图像源越多；二是母线数，应包括前景母线、背景母线、键源母线、辅助母线等，母线数越多，可供制作的画面层次数就越多。一个节目制作能力强的视频切换台，其输入矩阵的规模相应地就大，特别是母线数相应地多。

（二）M/E 放大器的级数

M/E 放大器的级数越多，视频切换台的规模越大，所能制作的节目内容也越丰富。一般来说，M/E 放大器的级数与母线数成比例，母线数越多，相应的 M/E 放大器越多。

（三）M/E 级的制作能力

从两方面来考虑：一是多层画面的 M/E 放大器还是两层画面的 M/E 放大器，前者较后者强大得多；二是否具备 M/E 放大器所配置的特技效果电路，即混合、划像、键控，每种特技效果的功能是否完全。

（四）信号处理能力

信号处理能力指处理输入信号的能力，现在有高清数字视频切换台、标清数字视频切换台或高清／标清兼容的数字视频切换台。

高清视频切换台信号码率 1.5Gbps，画幅 16∶9，标清切换台码率 270Mbps，画幅 4∶3，高清／标清兼容的视频切换台可随格式转换开关进行画幅的切换。

（五）其他因素

除了以上几个因素，以下一些因素也是必须考虑的。

1. 与编辑机接口

视频切换台受编辑机遥控操作，有利于演播制作系统设备之间的配合控制，尤其是用录像机提供信号源时，可使切换台与录像机的操作同步，准确掌握录像画面的时间关系，给特技制作带来极大方便。因此，在选购切换台时，这个因素也是一定要考虑的。

2. 与数字特技机接口

从后面的介绍可以看到，视频切换台与数字特技机相接，可以产生出更加丰富的图像特技效果，大大地扩展了视频切换台与数字特技机的节目制作能力。因此，在功能较强的后期机房中，视频切换台一般都与数字特技机连用。所以，在选购切换台时，也要将这个因素考虑进去。

第2节　数字矩阵

数字视频矩阵是为了能让视频信号更加符合用户需求进行输入输出切换而设计的一种广泛应用于各个领域的高性能智能设备。

一、矩阵的基本概念

矩阵的概念引用了高数中的线性代数的概念，一般指在多路输入的情况下有多路输出的选择，形成的矩阵结构，即每一路输出都可与不同的输入信号"短接"，每路输出只能接通某一路输入，但某一路输入都可（同时）接通不同的输出。

（一）定义

矩阵是专门用于多路输入与多路输出的开关控制设备，又被称为路由切换器。一般习惯中，将形成 M×N 的结构称为矩阵。

通常将 M×1 的结构称为切换器或选择器，其实不过是 N=1 而已。

（二）功能

矩阵的功能是在多路信号输入的情况下，可独立地根据需要选择多路（包括 1 路）信号进行输出，完成信号的分配、选择、调度。

（三）用途

在广播电视总控室采用矩阵进行节目调度；在广播电视节目分配中心采用矩阵进行节目分配；在广播电视节目传输中心采用矩阵进行节目传输。

（四）分类

矩阵种类很多，根据接口类型可分为 VGA 矩阵、AV 矩阵、混合矩阵等；根据接口数量来划分，则包括 8 进 2 出、128 进 32 出、1024 进 64 出等；还可根据处理的信号类型划分为模拟矩阵、数字矩阵、混合矩阵，混合型视频矩阵的概念比较广，既可以是模拟和数字混合，也可以是 CVBS 和 RGB 矩阵的混合等；根据档次分有广播级的同步切换矩阵和普通矩阵，广播级的矩阵主机切换图像的时候利用在视频信号的场消隐信号期间进行，切换过的图像没有闪烁非常平稳。

二、矩阵的控制原理

矩阵由主机和操作板组成，操作板发出控制命令，主机完成信号切换。

矩阵控制系统由 CPU1、CPU2、SRAM、控制逻辑、切换逻辑、显示模块、接口板组成。控制系统的工作是对整个矩阵进行通信控制、切换控制、显示控制等，控制系统结构如图 3-26 所示。

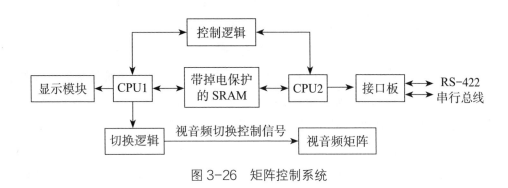

图 3-26　矩阵控制系统

CPU1 和 CPU2 之间通过带掉电保护的静态 RAM 交换信息，CPU1 产生视频、音频切换控制和显示控制信号，切换控制信号在切换逻辑电路中经过逻辑转换后去控制视音频矩阵，能使视音频矩阵切换同时进行；显示控制信号经过显示模块，使控制板上的数码管分别显示出输出母线上当前的开关状态，同时也能显示系统故障。CPU2 管理系统的通信和传输通信信号。通信可靠性要很高，应采取错误校验、超时判断、出错保护等措施，避免切换错误。

三、矩阵系统组成

矩阵是构成矩阵系统的主要设备，一个矩阵系统的组成如图 3-27 所示，它包括矩阵主机（视频矩阵、音频矩阵）、各种操作板、系统控制、计算机和电源，所有的电路都装在矩阵主机箱里，而各操作板串接到矩阵主机的串口上。计算机用来对控制电路装载软件和调整路由连接。矩阵的控制系统应保证各个操作板灵活地并行或串行实时控制矩阵开关。

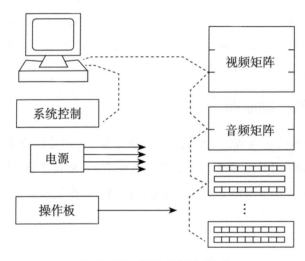

图 3-27　矩阵系统的组成

矩阵主机是以单片机技术为基础的微处理系统，它通常是将系统控制单元与视音频矩阵切换器集成一体，其核心部件为微处理器（CPU），矩阵主机的主要任务是实现对多路视 / 音频信号的切换（输出到指定的监视器或录像机）。

视音频矩阵在受控制的情况下完成视音频输入、输出信号的切换与连接。对视音频矩阵的要求：应提供各种格式不同的输入、输出接口，如串行数字分量接口（SDI）、模拟分量接口、模拟复合接口和光纤接口；应能接收多种控制信号，如操作板信号、计算机输出信号，包括从世界各地通过电话线或网络送给计算机的控制信号。

操作板发出控制信号，控制某个视频开关的通断。可串接到主机的串行口上，应保证对视音频通路无干扰；操作板上的按键可以带液晶显示，显示出信号来源和去向的名称。

控制系统分为软件控制系统与硬件控制系统，应保证各个操作板灵活地并行或串行，实时控制矩阵开关。对矩阵的控制可在本机的操作板上或在几百米外的遥控板上用按键进行操作。

计算机装载控制系统软件。矩阵输入端每一个信号源的去向和每个输出端输出信号的来源，都可通过计算机装载和修改；发出控制信号，控制某个视频开关的通断，能接收从世界各地通过电话线或网络来的控制信号。

四、数字视频矩阵

随着电子技术的发展和计算机的普及应用，电子设备的多功能、高可靠性、小型化等性能为广播电视事业建设与发展带来了新的发展空间，在不同程度上满足了广播电视多套数、高质量、节目调度灵活、海量信息交换、存储便捷和实时播出的需要。电视节目数量迅速增多，无论是在播出中心还是在演播室节目制作中心，都逐渐采用数字矩阵作为节目共享的重要设备。

（一）数字视频矩阵组成

数字视频矩阵是指通过阵列切换的方法将 M 路视频信号任意输出至 N 路监看设备上的电子装置，一般情况下矩阵的输入大于输出即 M>N。有一些视频矩阵也带有音频切换功能，能将视频和音频信号进行同步切换，这种矩阵也叫作视音频矩阵。通常数字视频矩阵由视频信号输入端模块、中央处理模块、信号输出模块及其他模块几个部分组成。

1. 视频信号输入端模块

这个模块的功能就是接收输入信号源，并且做一些简单的处理，比如对信号的缓冲和放大，为内部处理信号做准备。通常和视频源信号的输出端相连，一般矩阵设备上面会用"in"字样进行标注。

2. 中央处理模块

此模块是整个数字视频矩阵的核心，也是最为复杂的地方，通常包括处理器、存储设备、各种芯片等。其作用是接收指令然后计算处理，最后发出指令到输出端进行输出。这里任何一个部件损坏，都会导致整个设备功能损坏。

3. 信号输出模块

信号到了这个模块的时候，还要进行一些处理，主要是让信号在显示设备上面能够更好地显示，比如进行信号的幅度放大、字符叠加等处理，然后和显示设备的输入端，或者信号延长和信号放大设备相连。一般输出接口在设备的面板上会有"out"字样标注。

4.其他模块

除了以上三个主要的模块，数字视频矩阵内部还有很多的组成部分，比如电源、各种信号切换按钮装置、信号输入输出信号灯装置、内部报警装置等。

数字视频矩阵的核心是对数字视频的处理，需要在视频输入端增加 A/D 转换，将模拟信号变为数字信号，在视频输出端增加 D/A 转换，将数字信号转换为模拟信号输出。

（二）数字视频矩阵应用

数字视频矩阵在电视系统的应用主要有：转播车、演播室、播控中心、有线电视前端。

在数字演播室系统中使用数字视频矩阵的主要目的在于：扩展切换台有限输入通道，为整个系统进一步扩展提供选择；提供紧急备路输出通道；摄像机返送源的选择；记录设备输入源的选择；提供技术监测输出通道。视频矩阵的作用是非常重要的，在直播或准直播系统中它是必不可少的设备。

数字视频矩阵在电视中心系统的应用如图 3-28 所示。

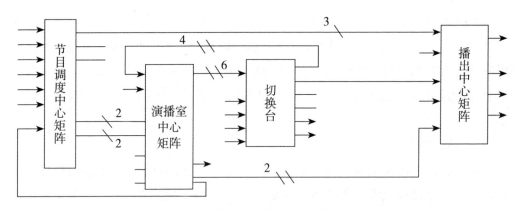

图 3-28　矩阵在电视中心系统的应用

图 3-28 中，节目调度中心汇集了全台的节目，通过大型矩阵将节目分配到台内各部门，如播控中心、演播室，演播室收到所有外来节目和内部节目，通过矩阵输出到切换台、播控中心及其他所需之处，切换台可输出到播控中心和录像机等，也可返回至演播室中心矩阵，各部分通过电缆接到矩阵的一个输出端即可用遥控操作板选取演播室的所有信号。播出中心收到的各路信号都可经过矩阵进行分配，各频道的播出切换器可从矩阵的输出端得到所需的全部信号。

五、数字音频矩阵

随着广播电台数字化、网络化，中心音频矩阵系统作为广播电台中重要的数据交换、传输系统，得到了广泛的应用，成为广播电台日常工作的重要组成部分。而作为中心音频矩阵系统的关键设备——音频矩阵是广播中心实现节目资源共享和交换的主要设备。

数字音频矩阵技术有采用 TDM 技术的同步模式和异步模式。

（一）数字音频同步矩阵工作原理

时分复用（TDM）技术，在电信电话网中是基本的应用技术，矩阵切换就是类似于电话交换的应用。事实上，数字音频（AES）也是一种时分复用技术，如图 3-29 所示。

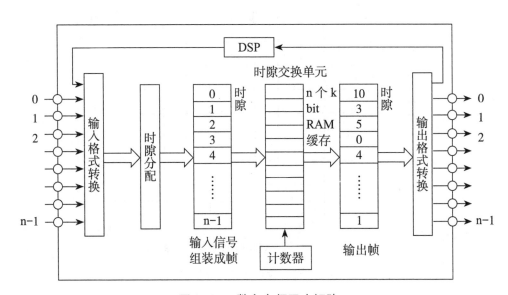

图 3-29　数字音频同步矩阵

在这种矩阵中，n 条输入线路被顺序扫描，经过格式转换和时隙分配以建立一个有 n 个时隙的输入帧。每个时隙有 k 比特（不同厂商时隙数、比特数不同）。

TDM 矩阵的核心是时隙交换单元，它接收输入帧并产生输出帧，输出帧中的时隙根据切换命令重新排序。时隙交换单元工作原理是，当有输入帧要处理时，每个时隙（即输入帧中的每个字节）都被顺序地写入时隙交换单元的 RAM 缓存中。当输入帧中的时隙都被存到 RAM 缓存中以后，这些字被根据切换命令重新读出来以组建输出帧，但时序顺序已发生了变化。有一个计数器从 0 到 n-1 计数，用于控制在缓存中存储 n 个时隙，然后将它们读出来。这一切必须在一帧的周期内完成。在第 m 步时，映射表中字 m 的内容被读出来，用于寻址 RAM 表。如果映射表的字 0 中包含时隙 10，RAM 缓存中的字 10 最先被读出来，故而输出帧中的第一个时隙将是输入帧的第 10 时隙，然后是时隙 3……最后输出帧被解复用，经过输出格式转换，输出时隙 0（对应输入时隙 10）到输出线路 0，依次类推。这样映射表中的内容决定输入帧到输出帧的交换，即哪条输入线路到哪条输出线路，虽然没有实质的物理连接，但也实现了线路的交换。

（二）数字音频异步矩阵工作原理

数字音频异步矩阵如图 3-30 所示。

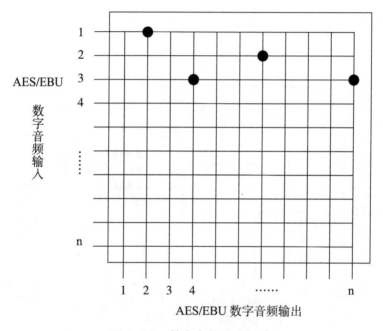

图 3-30　数字音频异步矩阵

大都采用变压器耦合平衡输入输出接口，根据具体的工作性质矩阵可以编组工作。在一个 n×n 的数字异步矩阵中，n 条输入线路和 n 条输出线路形成 n^2 个交叉点，在交叉点处，输入和输出线路通常使用一个电子开关或继电器连接，这样 n×n 个电子开关形成一个开关阵列。矩阵就是通过控制电子开关或继电器的通断实现了输入 / 输出线路的连接切换。

图 3-30 中，输入线路 1 的信号可以送到输出线路 2 上，输入线路 3 的信号可以送到输出线路 4 和 n 上。这些连接的实现可以通过矩阵控制工作站实现，也可以通过手动控制单元控制完成。

第 3 节　数字视频特技

数字视频特技又被称为数字视频效果系统，英文名称是 Digital Video Effect，缩写为 DVE，有的公司如 SONY 公司又将其称为多功能数字特技系统（DME）。它是以帧同步机为基础发展而来的一种数字视频处理设备。

数字特技运用数字技术将输入的视频在电视屏幕的二维或三维空间中进行各种方式的处理，把许多不同的图像元素组成单一的复杂图像或使画面具有压缩、放大、旋转、油画、裂像、随意轨迹移动等处理效果。

一、图像变换原理

数字特技中的图像变换主要是通过变更数字视频信号的数据流以及改变写入存储器的样值地址或改变存储器中读出样值的地址来实现的。

变更数字视频信号的数据流可以产生油画效果、版画效果、负像效果等，改变地址可以完成图像的放大、缩小、移位以及各种二维、三维特技变换等，而实现这一切的关键在于对存储器进行控制管理。为此，需要首先了解数字视频信号在存储器中的结构，然后再讨论各种数字特技的图像变换原理。

通常，把电视画面的位置定义在一个坐标内，如图 3-31 所示。

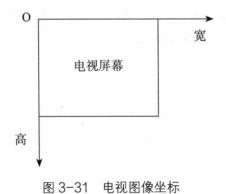

图 3-31　电视图像坐标

电视屏幕的左上角为坐标的原点，水平坐标沿画面的宽度方向，垂直坐标沿画面的高度方向。值得一提的是，在数字特技中，各种图像处理是一场一场进行的，所以在这里一幅图像也就是一场图像。

一场图像被数字化后，电视屏幕中就是由几十万个数字样点组成的数字图像，它存储在与之对应的存储器中。若按分量编码 4∶2∶2 标准，取样频率为 13.5MHz，这些数字样点的结构是正交的。在垂直方向，总的样点数与取样频率无关，等于一场的有效扫描行数，即 287.5 行，数字信号为 288 行。在水平方向，总的样点数与取样频率有关，若用 TPN 表示一行有效样点数，对 PAL 制而言，$TPN = 13.5MHz \times 52\mu S = 702$。在实际的数字特技设备中，一般采用分量信号数字化方式，按照 ITU-R BT.601 标准，TPN 取 720。若以坐标表示，则图像左上角的一个样点为坐标原点，水平方向总长度为 TPN，垂直方向总长度为 288。由于 TPN 和 288 的关系不是 4∶3，因此，若水平与垂直坐标的刻度相同，则图像宽高比也不是 4∶3，如图 3-32 所示。

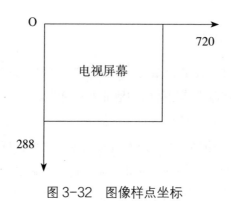

图 3-32　图像样点坐标

在进行数字特技变换时，通常将未变换的图像称为源图像（Source Picture）；存放的地址称为源地址（Source Address）；变换后的图像称为靶图像（Target Picture）；变换后的地址称为靶地址（Target Address）。

（一）二维特技变换原理

把电视画面的位置定义在一个坐标内，这个坐标叫作数字电视坐标。在数字电视坐标下，设输入图像任一点的坐标值为（H，V），该点在输出图像中的位置坐标值为（X，Y）。二维图像变换时，输入、输出坐标满足下列数学关系：

$$X = S_H \cdot H + K_1 \cdot V + X_0$$

$$Y = S_V \cdot V + K_2 \cdot H + Y_0$$

其中，S_H、S_V 分别为水平方向和垂直方向的尺寸变换系数；K_1、K_2 为交错运算系数；X_0、Y_0 分别为水平方向和垂直方向的位移量（输入图像的坐标原点在输出图像中的坐标值）。

A. 当 $K_1 = K_2 = 0$ 时，

$X = S_H \cdot H + X_0$

$Y = S_V \cdot V + Y_0$

这时，水平和垂直两个方向没有交错的运算关系，输入图像在水平和垂直方向各自独立地乘以系数，并分别加上位移量，因此输出图像的视觉效果就是宽度和高度改变以及在屏幕上的位置移动。

当 $|S_H| < 1$、$|S_V| < 1$ 时，图像在水平、垂直方向上均缩小；当 $|S_H| > 1$、$|S_V| > 1$ 时，图像在水平、垂直方向上均扩大；当 $S_H < 0$ 时，得到左右颠倒的图像效果；当 $S_V < 0$ 时，得到上下颠倒的图像效果；当 $S_H = S_V = 1$，$X_0 = Y_0 = 0$ 时，图像没有进行任何变换。

B. 当 K_1、K_2 不全为零时，

a. $K_1 = 0$，$K_2 \neq 0$，则有下式：

$X = S_H \cdot H + X_0$

$Y = S_V \cdot V + K_2 \cdot H + Y_0$

这时 Y 坐标添加了一个与 X 成正比的增量，使输入的矩形图像变换为 V 轴与 Y 轴平行而 H 轴与 X 轴倾斜的平行四边形，图像如图 3-33 所示。

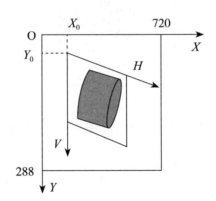

图 3-33　K_1 为 0、K_2 不为 0 时的图像变化

b. $K_1 \neq 0$，$K_2 = 0$，则有下式：

$X = S_H \cdot H + K_1 \cdot V + X_0$

$Y = S_V \cdot V + Y_0$

与第一种情况相比，只是输出的平行四边形倾斜方向发生了变化，图像如图 3-34 所示。

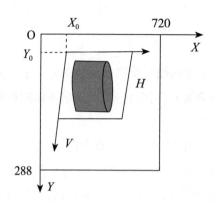

图 3-34　K_1 不为 0、K_2 为 0 时的图像变化

c. $K_1 \neq 0$，$K_2 \neq 0$，则输出的是随意的四边形，图像如图 3-35 所示。

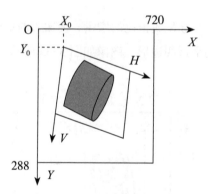

图 3-35　K_1 不为 0、K_2 不为 0 时的图像变化

如果 K1 和 K2 之间确定了某种关系，就可使输出图像在仍保持原图像的情况下，围绕垂直于图像平面的 Z 轴旋转一个角度，如图 3-36 所示。

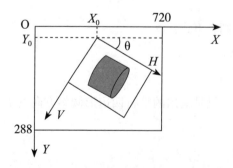

图 3-36　原图像绕 Z 轴旋转的效果

这种关系可以推定为：

$K_1 = -S_V \cdot tg\,\theta$

$K_2 = S_H \cdot tg\,\theta$

注意：这里假设每个数字样点与坐标的整数值一一对应。

（二）三维特技变换原理

在三维特技中，从画面上看到的具有三维空间运动感觉的图像，实际上是制作的三维空间运动图像在荧光屏上的投影，即它仍是平面图像。

在三维图像变换中，输入、输出图像都是平面图像，三维运动效果是通过图像平面坐标和投影平面坐标间的变换来实现的。因此，它变换的基础是映射变换学。如图3-37 所示。

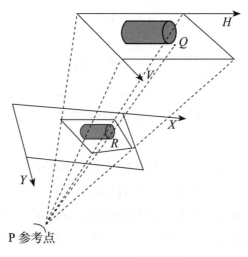

图 3-37　映射变换

当观察点 P、投影平面（X，Y）和图像平面（H，V）在空间上的相互位置固定后，这两个平面就确定了一种以几何光学为基础的映射关系。三维数字特技的任务实际上就是用数字形式把输入图像（H，V）变换成在（X，Y）平面上的投影，使观察者看到的就像真的光学投影所造成的图像一样，具有透视感，所以又称其为数字光学效果。

由于三维特技的这种特点，可以把三维变换的过程分为两步：坐标变换和投影变换。

图中的（X，Y）平面可以看成由（H，V）平面经空间旋转和位移再投影得到的。即先把（H，V）平面想象到三维直角坐标（H，V，W）中去，然后将它绕 H 轴旋转 α 角，接着再绕 V 轴旋转 β 角，再绕 W 轴旋转 θ 角，又将得到的空间坐标（H′，

V′，W′）平移 X_0、Y_0、Z_0，再投影到（X，Y）平面上。

二、数字特技机的工作原理

数字特技系统可分为输入输出处理、数字处理和特技控制三部分，如图 3-38所示。

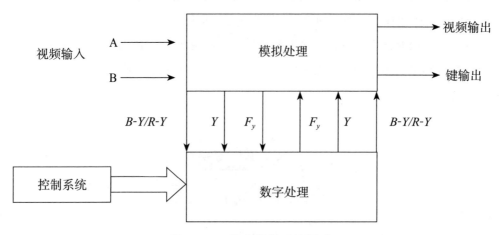

图 3-38　数字特技系统组成

输入输出处理部分是将输入的模拟视频信号转换成数字信号，或是将输入的数字信号进行一些必要的处理，以便能进行后面的数字特技变换。在设备的输出端，又将经处理后的信号重新转换成模拟视频信号或所需要的数字信号输出。

数字处理系统包括帧存储器、数字内插处理器、地址发生器等，它的工作任务是根据数字特技控制系统提供的数据，完成视频图像的连续处理，即依照操作人员的指令，通过变换存储器地址的读写顺序，改变样值在图像上的位置，从而得到各种特技效果。

控制系统包括键盘单元、微机控制电路和各种接口器件，主要是将键盘各按键的功能指令及由操纵杆或数码盘提供的数据参数变换成数字视频处理系统能够接受的控制数据，实现对画面的特技控制。

（一）输入、输出处理系统

目前电视节目的制作系统还处在模拟复合、模拟分量和数字分量各种系统混杂并存的阶段，为了与原有的电视设备混合使用，数字特技的产品在其输入、输出端设置有以下的输入、输出接口：模拟复合视频、模拟分量视频、ITU-R BT.601 数字视频。

1. 输入处理

输入处理电路有前 / 背面切换、钳位放大、亮色分离、低通滤波、A/D 转换等，如图 3-39 所示。

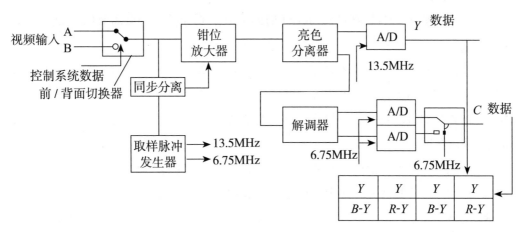

图 3-39　输入处理电路

（1）前 / 背面切换器

前 / 背面切换器是为 A/B 画面的切换而设计的，它根据计算机控制系统送来的数据，在画面旋转的关键位置执行对 A、B 输入源的准确切换。

（2）钳位放大器

钳位电路用来恢复丢失的直流成分。在钳位放大器中，通过控制面盘还可以对信号幅度进行增益控制，这样做的目的，一方面是使信号幅度尽量覆盖 A/D 转换器的整个编码范围，提高量化信噪比；另一方面是使信号不超过 A/D 转换器的工作范围，避免过载噪声的产生。

（3）亮色分离器

亮色分离器的工作就是将输入的复合视频信号进行亮、色分离，消除副载波对数字通道的影响，使图像没有亮色串扰，提高图像质量。

图 3-39 是用模拟分离的方法将全电视信号分离成 Y、B-Y、R-Y，再用三个 A/D 转换器转换成数字信号。

有些特技设备对复合视频信号首先进行 A/D 转换（只需要一个 A/D 转换器），然后再通过数字解码器得到 Y、B-Y、R-Y 数字信号。这种方法使用了数字解码技术，图像质量高。还有一种方法是将全电视信号分离成 Y、C，用两个 A/D 转换器转换后，再用数字解调的方法将 C 信号分离成 B-Y、R-Y。

（4）低通滤波器

经过解调或直接从外面输入的 Y、B-Y、R-Y 信号再送入低通滤波器中，以彻底滤掉不需要的高频杂波。

（5）A/D 转换器

A/D 转换器通过对模拟信号的取样（时间离散化）、量化（幅度离散化）、编码（量化的幅值用二进制码表示）来实现模数转换作用。

亮度信号输入 A/D 转换器，被 13.5MHz 时钟频率取样，在 A/D 转换器的输出端，每隔 74ns 就有一个代表输入信息的样值数据输出。色度 B-Y 和 R-Y 的 A/D 转换器分别被 6.75MHz 时钟取样和 8bit 量化，然后经 B-Y/R-Y 复用器得到包含了 B-Y 和 R-Y 信息的输出数据。

为与数字分量串行接口的设备连接，数字特技机在其输入处理电路中设计了去复用电路，它的输入信号是三个分量数字信号按时间顺序依次排列的数字信号流 B-Y、Y、R-Y、Y、B-Y、Y……这个信号通过去复用分离成 Y 数据信号和 C 数据信号，然后送到各自的数字处理电路。

经过上述处理的亮度和色度信号再进入一个先入先出（FIFO）存储器中，以便能够与这个系统的标准时基重新同步。

2. 输出处理

输出处理电路的作用是获得模拟复合、模拟分量的视频输出信号、数字串行分量信号及模拟键信号等，其电路方框图如图 3-40 所示。

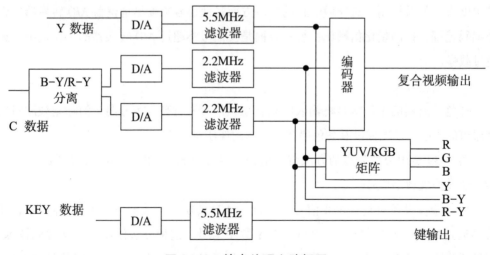

图 3-40　输出处理电路框图

输出处理电路对来自数字处理系统的亮度视频数据直接进行 D/A 转换，经 5.5MHz 低通滤波得到模拟亮度信号 Y。

数字处理后的色度信号先送到 B-Y、R-Y 信号分离电路，取出交替的 B-Y、R-Y 数据信号再送到各自的 D/A 转换器和 2.2MHz 低通滤波器，最后得到 B-Y 及 R-Y 模拟视频色度信号。

Y、B-Y、R-Y 信号各分三路输出，一路直接与设备的模拟分量输出接口连接，一路送到 RGB 矩阵电路，得到 RGB 输出信号，还有一路送到编码器，得到模拟复合视频信号。

键信号处理电路与亮度信号处理电路相似，键信号的数据信息通过 D/A 转换器变为模拟信号，经 5.5MHz 滤波器后送到键信号输出端。

数字特技设备中亮色信号是分别单独进行处理的，对于有串行数字输出接口的设备，在机器内部要进行时分复用处理，使 Y、U、V 信号通过一根电缆传输。

（二）特技变换的数字处理系统

数字处理系统方框图如图 3-41 所示。

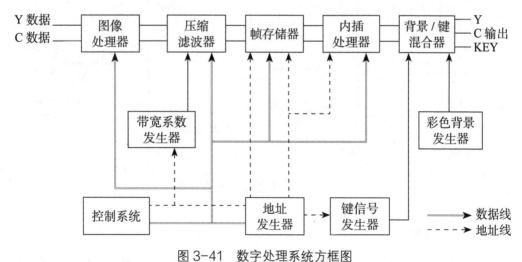

图 3-41 数字处理系统方框图

1. 图像处理器

图像处理器用来实现前面所述的变更输入视频数据流，使其在屏幕上出现类似马赛克、油画、负像、散焦等特技效果。

2. 压缩滤波器（可变带宽滤波器）

图中的压缩带宽滤波器包括水平滤波和垂直滤波，也称为空间滤波器，它在保证画面放大缩小特技效果的图像质量上起重要作用。压缩滤波器是一个带宽随画面缩小比例而变化的数字滤波器，能将带外的信息滤除掉，以避免图像变化时产生混叠失真。由奈奎斯特取样定理可知，取样频率小于二倍的视频带宽时会产生混叠干扰，使图像质量恶化。图像的压缩相当于将原图像有效区域内的样点数减少，实际上相当于取样频率降低。如果图像信号的带宽仍为原来的带宽，就无法满足奈奎斯特取样定理，出现混叠干扰。缩小比例越大，混叠干扰越严重。

对画面压缩的特技效果，如果能够准确计算出画面尺寸的压缩比例，便可以得知画面在那种压缩情况下滤波器的加权系数。由于画面的压缩程度几乎是无限的，因此需要用无数个加权系数去对应画面尺寸变化的无限量，显然不可能做到。在实际的三维 DVE 电路中，通过一个 PROM 使滤波器的加权系数程序化，对不同的压缩量给出不同的加权系数，变化的范围比前面的空间滤波器大得多，如图 3-42 所示。

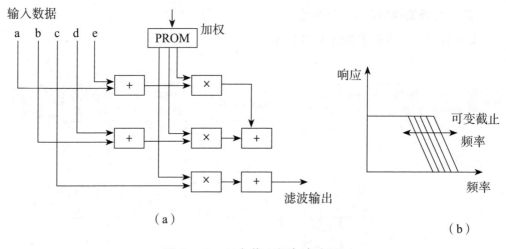

图 3-42　可变截止频率滤波器

3. 内插处理器

由于数字化图像是由平面上离散的点阵组成的，经过特技变换后变形画面的点不一定和输入图像的点都能找到一一对应的关系，有的点可能落在几个输入样点的间隔位置上，这样的点无法从存储器中直接读出，这时必须对落在间隔位置上的这些点的样值进行估算，因而需有内插处理器。

最简单实用的内插方法是两点直线内插法，如图 3-43 所示。

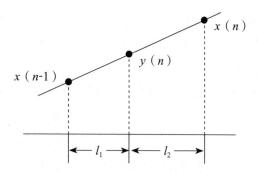

图 3-43 两样点间的线性内插

图 3-43 中，设 x（n-1）、x（n）为相邻两样点的样值，y（n）为内插得到的新样值，l_1、l_2 为新样点与原样点之间的间距。内插组成的原则应是：离较近的取样值应贡献较大的比例系数，两比例系数之和应为 1，即：

y（n）= l_2 x（n-1）+ l_1 x（n）

其中，l_1+l_2=1，若 l1=ki，$0 \le k_i < 1$，则

y（n）= k_i x（n）+（1-k_i）x（n-1）

式中，k_i 称为内插加权系数。

另一种内插方法是利用相邻四个像素值来计算内插值的方法。例如，如果有一个输出取样点的位置是（x，y），它与输入取样点（0，0）有一定距离，若输入取样网格在水平方向上的点为 X，在垂直方向上为 Y，它周围的输入取样点是 A、B、C 和 D，如图 3-44 所示。

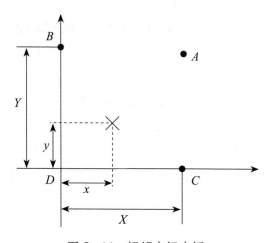

图 3-44 相邻空间内插

于是输出的取样值为：

$$(X/X)\cdot(y/Y)\cdot A+(x/X)\cdot((Y-y)/Y)\cdot C+((X-x)/X)\cdot(y/Y)\cdot$$
$$B+((X-x)/X)\cdot((Y-y)/Y)\cdot D$$

内插精度不够会使图像变化缺乏平滑感，且图像有锯齿波纹。

4. 帧存储器

帧存储器用于存储超过一场的亮度和色度信息，是数字特技设备的核心；帧存储器由包含亮度和色度信号缓冲器的随机存取存储器 RAM 组成。

存储容量：对亮度信号，一般每行取样点为 720 个像素，每场 288 行，如果进行 8 比特量化，则所需存储量为 $720\times288\times8=1658880$（比特），色度信号也需要相同的存储容量。

可采用一场存储器，两场存储器或三、四场存储器。一场存储器读写同时进行，读写时序控制麻烦，无法得到更好的内插效果；用两场存储器时，一场写、一场读，由于在任何时候只有一场可以用来读出，用一场信号中上下左右相邻像素的样值来计算内插值，对隔行扫描信号来说会产生一些误差；用三场存储器时，一场写、两场读，可以读取垂直方向上真正意义上的相邻像素（每个存储器读取一次），再根据需要进行内插处理。

5. 地址发生器

地址发生器的作用是给出正确的写入地址，并在已知源像素与靶像素的数学关系后，计算出经映射变换出现在屏幕上每一个靶像素点在帧存储器中的位置，给出帧存储器的读出地址。地址发生器分为写地址发生器和读地址发生器。

（1）写地址发生器

地址变换有两种处理方式：写边运算、读边正常方式和写边正常、读边运算方式。由于后者更具灵活性，三维数字特技多采用这种方式，因而写地址发生器的工作较为简单。

水平计数器以取样频率 13.5MHz 作为其计数时钟，进行逐个像素样值的计数，一行一行地重复，产生出帧存储器的水平写入地址。垂直计数器以每帧计数 576 个水平行的速率一行行地计数，并且一帧一帧地重复，产生出帧存储器的垂直写入地址。

水平/垂直写入地址送到 A、B 场存储器的读/写地址选择器，按照正确的场关系分配到 A、B 场存储器，作为它们各自的写地址。

（2）读地址发生器

读地址的运算是根据当前的输出位置——画面上靶像素的位置，来求出相应的输入位置——源像素在存储器中的位置，也就是要得到存储器的读出地址。读出地址发生器的工作较为复杂，它由水平地址运算器、垂直地址运算器和 Z 地址运算器组成。

当操作盘给定特技变换的指令及控制参数的改变量后，控制系统便确定出 XYZ 三维空间内的画面映射到 XY 屏幕上的数学关系。水平、垂直读出地址运算器将针对这一数学关系进行运算，得出水平、垂直地址。

例如，当画面进行压缩时，控制系统针对操作盘给出的画面压缩量，从主 CPU 输出一个代表画面压缩后从帧存储器中读出的第一个像素的地址数据和地址增量数据，增量数据指示出画面压缩时每个读出像素跃过的像素间隔数，水平、垂直地址运算器便根据起始数据产生帧存储器的水平、垂直起始读出地址，然后再将这个地址加上一个增量值进行运算，得到下一个地址……帧存储器的水平、垂直地址就产生了。但是，当画面做倾斜或旋转运动时，用上述方法求出的水平、垂直地址不能直接控制帧存储器像素读出，这时 Z 地址运算器也工作，根据画面在 XYZ 三维空间内倾斜或旋转的角度计算出画面上每一个像素点对 XY 平面的映射系数，再送到水平、垂直地址运算器中对每一个水平、垂直读出地址进行修改，从而使画面旋转时 Z 轴的变化量折算到 XY 平面上。这样，在水平、垂直地址中都包含了 Z 轴的影响，得到了三维空间内的透视效果。因此，Z 地址运算器又称透视效果运算器。

6. 压缩带宽系数发生器

压缩带宽系数发生器的作用是给出正确的带宽滤波系数去控制压缩带宽滤波器的滤波带宽，达到消除混叠干扰的目的。

读地址的地址变化率与图像的尺寸变化有着对应的关系，只要在水平方向、垂直方向上逐次地从后一个样值地址减去前一个样值地址，便得到了地址变化率，进而知道图像的尺寸变化。压缩带宽系数发生器就是根据这一点，接收地址发生器中的水平、垂直读出地址数据，进行相应的数学运算，将结果送到压缩带宽滤波器的 PROM。

以画面缩小、放大的情况为例，当画面在水平、垂直方向各压缩至原画面的一半时，水平方向每隔一个像素读出一次，其读出地址每次增加两个数，垂直方向每隔一个水平行读出一行，其地址每次也增加两个数，这样就得到水平、垂直方向的地址变化率，即都为 2。图像放大时，如果使图像在水平方向上扩展一倍，那么图像水平方向上每个像素读取两次，其地址每两次增加一个数，地址变化率是 0.5，垂直方向上画面并未扩展与压缩，所以其地址变化率仍为 1。

7. 键信号发生器

键信号发生器的作用是产生键信号输出。这里的键信号一般是前景图像的四条边的边缘信号，以便前景与背景图像混合。由键信号发生器产生的键信号对特技画面而言是一个8bit的自键信号，它不仅保持前景画面自身的形状，还能跟踪对画面尺寸、位置、旋转等参数的控制。为了消除画面倾斜时边缘不平滑，键信号发生器中一般还设计了去台阶处理电路。

8.背景/键混合器

背景/键混合器的作用是使前景信号与由彩色发生器产生的背景混合，使经过特技变换的画面出现在彩色背景上。

背景/键混合器的输出可以是加上彩色背景的信号，也可以是未加背景的特技变换画面自身的信号。当前，有些数字特技设备中增加了输入背景信号通路，背景/键混合器可以使特技画面直接键控在输入的活动背景图像上。

背景/键混合器的视频输出和键信号输出一同送到输出处理电路。

（三）特技控制系统

特技控制系统有两个CPU，分为主CPU和辅助CPU。主CPU的主要功能有：提供数字特技机各块电路板的控制地址和控制数据，系统数据在数据RAM中进行计算，在场消隐期间送到各个系统；通过以太网控制器与以太网连接；通过RS-422串行遥控接口，与切换台、编辑控制器相连，另外还有两个辅助接口以及与控制键盘连接的RS-422接口；监视GPI输入并驱动GPI输出；产生控制时钟电路。

辅助CPU主要控制监视器显示及键盘、磁盘驱动等，即CRT驱动电路、磁盘驱动电路、键盘双口存储器等操作，并有一个上/下计数器，用于传递由控制旋转参数的按键送入的信号，它通过RS-232和RS-422接口用电缆与主CPU板连接。

▶▶▶ **思考与练习**

1. 视频切换台对输入的视频信号有哪些要求？

2. 对副载波，75欧姆电缆每米产生5ns延时，若两摄像机输出到切换台之间的传输电缆长度相差2米，问副载波产生的相移是多少度？

3. 什么叫混合特技？

4. 什么叫划像特技？画出实现划像特技的方框图。

5. 模拟键信号与数字键信号有何规定？

6. 简述模拟色键的键信号形成原理。

7. 画出实现阴影键的原理方框图。

8. 画出能实现下面特技图像的视频切换台的信号流程图，并画出相应的划像用的门控电压。

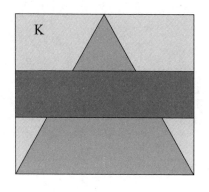

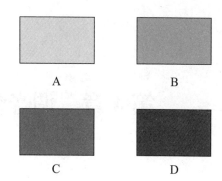

9. 矩阵在电视中心系统中起什么作用?

10. 根据接口类型可以将矩阵分为哪几种?

11.VGA 矩阵和 AV 矩阵有何区别?

12. 数字演播室系统中使用视频矩阵的主要目的是什么?

13. 简述数字视频矩阵由哪些模块组成? 各模块完成什么任务?

14. 简述矩阵控制系统原理。

15. 简述数字音频矩阵的作用。

16. 简述数字音频矩阵系统组成。

17. 简述 16×16 数字音频矩阵的电路组成及工作原理。

18. 简述数字音频异步矩阵工作原理。

19. 简述数字音频同步矩阵工作原理。

20. 采用 TDM 的电路优点与不足。

21. 画图说明色键跟踪效果和转换图像的滑动特技实现原理。

22. 在数字特技电路中,为何要加压缩滤波器?

23. 说明实现内插的两种方法。

24. 画出数字特技机中数字处理部分的构成,并简述各部分的作用。

25. 什么叫多通道特技? 画出并简述三通道特技机的工作流程图。

第4章　调音台与音频工作站

电视节目既有图像又有声音，分别由视频系统和音频系统完成制作。调音台和音频工作站都是音频系统的核心设备，对声音信号进行技术处理和艺术加工。

第1节　调音台

调音台又称调音控制台，它将多路输入信号进行放大、混合、分配、音质修饰和音响效果加工，是现代电台广播、舞台扩音、音响节目制作等系统中进行播送和录制节目的重要设备。

一、调音台的功能

调音台是对声音进行艺术加工的主要工具，可对各路声音信号进行混合、分配和控制。其功能有：信号混合和分配；电平放大；音量平衡控制；频率均衡和滤波；声像定位；信号监听与监测；对讲联络。

上述功能并非所有调音台都全部具备，如卡拉 OK 歌厅和 Disco 舞厅使用的中小型调音台的功能相对简单，而录音棚和剧院的大型调音台则具备全部功能。

二、调音台的分类

调音台可从各种不同的技术角度分类。

（一）按信号处理方式分类

1. 模拟调音台

2. 数字调音台

（二）按用途分类

1. 录音调音台（Recording Console）

2. 扩声调音台（P.A. Console）

3. 直播调音台

4. 外采便携式调音台（Compact Mixer）

5. DJ 调音台

（三）按结构形式分类

1. 一体化调音台

2. 非一体化调音台

（四）按安装形式分类

1. 固定式调音台

2. 移动式调音台

3. 流动便携式调音台

调音台还有其他一些分类，如按操作方式分为手动式、半自动式、自动式；按功能和外形大小分为大型、中型、小型、袖珍；按输入路数分为 4 路、6 路、8 路、12 路、16 路、24 路、32 路、40 路、48 路、56 路等；按主输出信号形式分为单声道、双声道（立体声）、多声道。还可分为立体声现场制作调音台（Stereo Field Production Console）、音乐调音台（Music Console）、数字选通调音台（Digital Routing Mixing Console）、带功放的调音台（Powered Mixer）、无线广播调音台（On Air Console）、剧场调音台（Theatre Console）、有线广播调音台（Wired Broadcast Mixer）等，如图 4-1 所示。

图 4-1　各种调音台外观

三、调音台的原理

以一个小型模拟调音台为例，其包括输入部分、母线输出部分、主控部分、信号监视部分、接口部分。

（一）输入部分

调音台的输入部分一般由多个相同或相似的信号输入通道组合而成，每个输入通道包括信号的输入、均衡处理、声像调节以及通道信号的控制和分配部分，如图4-2所示。

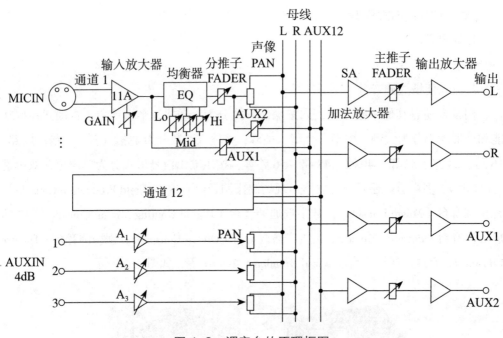

图 4-2　调音台的原理框图

1. 信号输入

调音台的信号输入部分有输入接口、电平调节、相位调整、幻像供电、高通滤波器等。

（1）输入接口

输入接口即信号输入插座，其输入阻抗至少要比所接输入设备的输出阻抗大 5 倍以上。如演播室中传声器（话筒）的输出阻抗一般为 200Ω 以下，调音台中 MIC 的输入阻抗为 1KΩ 以上（低阻输入）；磁带录音机等设备的输出阻抗为 600Ω，调音台中

LINE 的输入阻抗为 10KΩ 以上（高阻输入）。

（2）电平调节

MIC 的输入电平为 -60dB —-20dB，LINE 的输入电平为 -30dB —+10dB，两者相差很大，需要调节以满足后续处理要求。通常将 MIC 信号经前置放大器或将 LINE 信号经线路放大器放大到指定电平后送入后续处理电路，放大器的增益可调，由 GAIN 旋钮调节。为防止输入信号电平过大，通常在放大器前接一个定值衰减器（20dB-30dB），由 PAD 开关控制。

（3）幻像电源（PHANTOM POWER）

幻像电源电压为 +48V，通过 MIC 接口送给电容话筒。幻像供电方式有两种，如图 4-3 所示，图（a）为变压器中心抽头连接，图（b）为电阻模拟中心抽头连接。

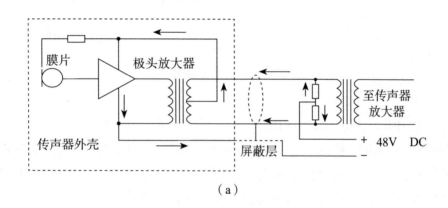

（a）

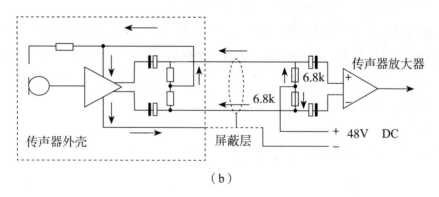

（b）

图 4-3　幻像供电示意图

还有一种为电容话筒供电的方式，称为 A-B 制供电系统，现在很少使用。它将 12V 电压用信号电缆的两根芯线送给话筒，在话筒内部经过直流变换器将 12V 电压升高后供电，如图 4-4 所示。

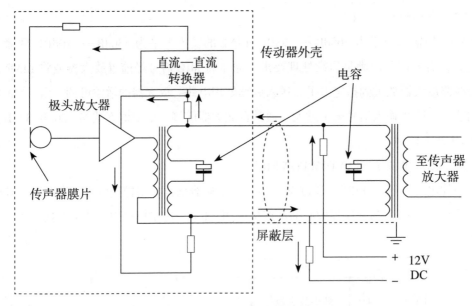

图 4-4 A-B 制供电系统

（4）相位倒转（PHASE REVERSE）

有时因信号电缆、插头插座、话筒内部接线方式、话筒设置等原因，可能使某些通道的输入信号与其他通道的输入信号出现相位相反的现象而造成通道间信号抵消。为使各信号相位一致，设置一个倒相电路，由一个开关控制。

（5）高通滤波器（HIGH PASS FILTER）

高通滤波器又称低切滤波器，主要用于去除输入信号中有害的低频噪声（如讲话或演唱时出现的气流声）。大多数调音台有一个低切开关 CUT（HPF），按下开关可滤除 100Hz 以下的低频信号，有的调音台还有频率选择旋钮，可对切除频率进行选择（如60Hz、100Hz、120Hz 等）。

2. 信号均衡

信号均衡电路由多个滤波器组成，称为均衡器。有三种类型的均衡器。

（1）固定频率均衡器

一般常用在高频（HF，10KHz 左右）和低频（LF，100Hz 左右）两个频率点。

（2）可调频率均衡器

主要用于中频（MF）部分，有频率选择旋钮和增益旋钮进行调节。

多数调音台的均衡器一般由 1 个高频固定均衡器、1—2 个中频可调均衡器、1 个低频固定均衡器组成。在先进的调音台上都采用 4 段均衡，即高频（HF）、中高频（MHF）、中低频（MLF）、低频（LF）。将中频分为两段，主要是因为大多数乐器的能量都集中在这一频段，同时人耳对这一频段信号的灵敏度较高，如图 4-5 所示。

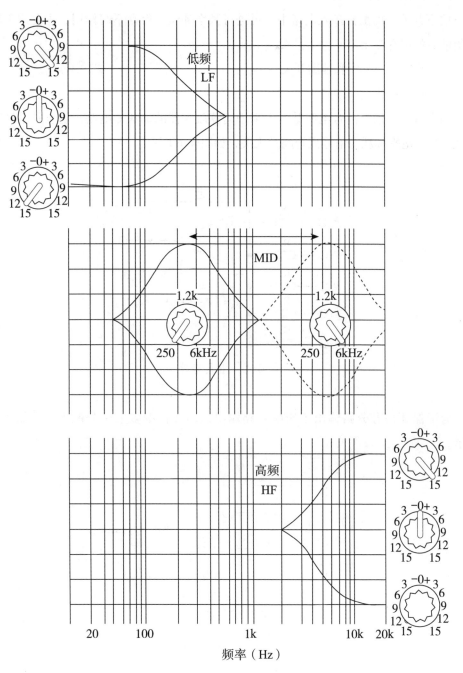

图 4-5　均衡器曲线图

（3）可调频率和可调Q值均衡器

由中心频率选择旋钮、增益调节旋钮、Q值调节开关或旋钮组成。

（4）均衡器开关（EQ）

按下开关，均衡器接入电路中，可进行频率补偿，否则不起作用，主要用于对比均衡前后的声音变化。

3. 信号输出、分配和辅助开关

（1）混合母线

调音台中的信号混合电路基本上采用运算放大器的加法器电路，优点是不易感应干扰信号、电平损耗与信号混合路数无关，如图4-6所示。

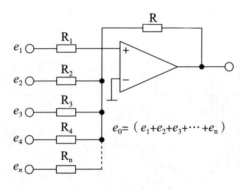

$$e_0 = (e_1 + e_2 + e_3 + \cdots + e_n)$$

图4-6　混合电路

为了保证信号分路输出不影响主路输出，调音台中多采用分配电路，如图4-7所示。

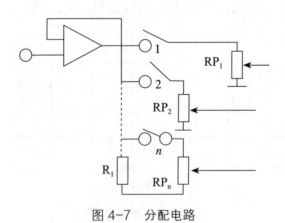

图4-7　分配电路

（2）输出控制

输入通道信号的输出控制一般可分两种：一种是由每个输入通道的衰减器（FADER，推子）进行控制的，控制输送到主输出母线和编组母线的信号大小；另一种是由每个输入通道的辅助（AUX）旋钮进行控制的，控制输送到辅助母线的信号大小。

输送到辅助母线的信号又有两种：一种是衰减后输出（POST），另一种是衰减前输出（PRE），两种信号都受 AUX 旋钮控制。

（3）声像设置

声像旋钮又称全景电位器，实际上是一个同轴转动的双联电位器，一进二出，通过左右旋转可改变左右声道的信号大小，使声像偏向于左声道或右声道或居中，如图 4-8 所示。

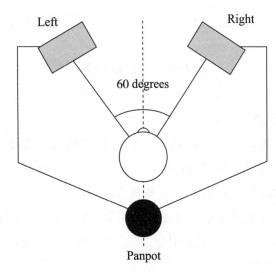

图 4-8　声像调节效果

调音台在立体声工作方式时母线的分配方式一般是：将主输出的左母线和编组的奇数母线设定为左母线组，将主输出的右母线和编组的偶数母线设定为右母线组。

声音信号经过推子衰减进入声像控制旋钮的电路如图 4-9 所示，声像控制旋钮将左信号和右信号分别发送到立体声母线的 L 和 R。这样就可以将多个输入通道的声音混合成为"立体声"了。

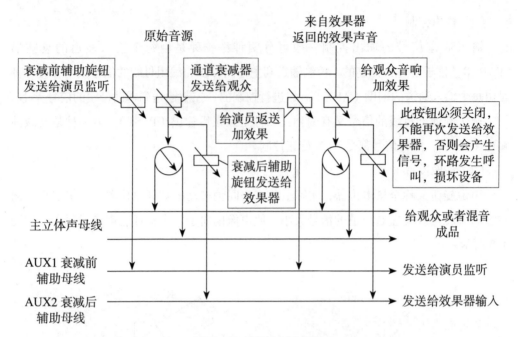

图 4-9　声像控制电路

（二）母线输出部分

调音台的输出单元从母线开始，一般包括主输出（MAIN OUT）、编组输出（GROUP OUT）、矩阵输出（MATRIX OUT）、辅助输出（AUX OUT）。前面已介绍主输出、编组输出和辅助输出，下面仅介绍矩阵输出。

各种声信号可以单独编入矩阵母线，从矩阵母线送出的声信号，经过混合放大，分成多组，每组信号大小可调，然后混合，混合后的信号通过矩阵输出进行大小调节，隔离放大，最后送出矩阵声信号。

各个输入通道，在其推子后都设置了进入矩阵母线的按键，在矩阵母线上载入不同类型的音乐信号，例如：某一输入通道输入鼓声信号，在矩阵母线上 1 载入鼓声，将该路上的 M1 按键按下；某一输入通道输入笛子声信号，在矩阵母线 2 载入笛子声，将该路上的 M2 按键按下；某一输入通道输入小提琴声信号，在矩阵母线 3 载入小提琴声，将该路上 M3 按键按下；某一输入通道输入小号声信号，在矩阵母线 4 载入小号声，将该路上 M4 按键按下。这样，调节矩阵输出前的 16 方阵的调节钮，便可以在矩阵输出端产生以不同乐音为主体的演奏音乐。

（三）主控部分

一般由辅助（AUX）主控、立体声（STEREO）主控组成。

辅助主控包括与输入组件上相同数量的辅助放大器，立体声主控包括振荡器

（OSC）、对讲器（TALK ROCK）、演播室监听（STUDIO MONITOR）、调音控制室监听（CONTROL ROOM MONITOR）、监听源选择（SOURCE SELECTOR）、哑音电路（MUTE）、单独选听（SOLO，独奏）、立体声主推子（MASTER FADER）、耳机放大器（HEAD PHONE）等，前面已介绍。

（四）信号监视部分

在调音台的输入部分和输出部分都有显示单元，以指示各路声音信号的大小。显示器件有 LED（发光二极管）、VU 表和 PPM 表三种，其中 LED 一般用于输入指示，VU 表和 PPM 表一般用于输出指示。

VU 表采用平均值检波（二极管桥式整流器），并按交流信号的有效值确定刻度，用对数和百分数表示，将 0VU 参考电平定在满刻度 70% 左右（满刻度下 3dB 处），如图 4-10 所示。

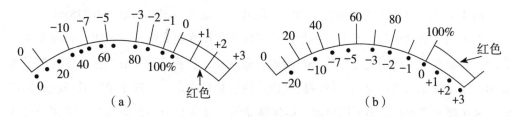

图 4-10　VU 表的两种刻度

标准音量表的 0VU（100%）相当于被测信号电平为 +4dB（以 0.775V 为 0dB），相当于交流信号均方根值为 1.228V，不过在使用时可插入衰减器，如图 4-11 所示。

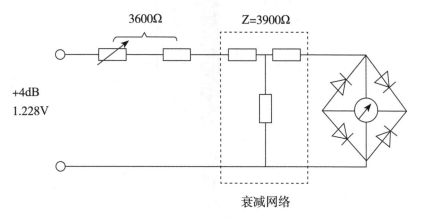

图 4-11　音量表插入衰减网络示意图

一般来说，VU 表适用于瞬态较小的连续信号，对数字信号电平最好用 PPM 表指示。PPM 表的种类很多，我国采用的是 IEC 承认的 ANSI（美国）和 DIN（德国）标准的 PPM 表，如图 4-12 所示。

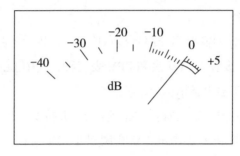

图 4-12 DIN 标准 PPM 表

图 4-12 中，0 刻度为满刻度的 80%，此处灵敏度为 +6dB（0dB 为 0.775V）。

在大型录音制作调音台上，各个声道的仪表都用光栅式电子柱状表，可减小占用空间。光栅式仪表使用光电器件进行指示，有发光二极管显示、液晶显示、等离子体显示。采用发光二极管显示，指示精度由二极管数目决定，一般用于较低档次的调音台；采用液晶显示和等离子体显示，能连续显示，没有 LED 的闪烁现象，适用于大型调音台。

某些仪表带有一个转换开关，可在峰值方式和音量方式间转换，如图 4-13 所示。

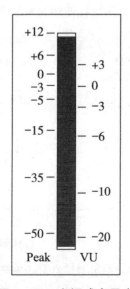

图 4-13 光栅式音量表

随着立体声节目的普及，调音台上又安装了相位表或相关表，主要显示左、右立体声输出信号间的相位关系。相位表有指针式，也有光栅式，指针式相位表如图 4-14 所示。

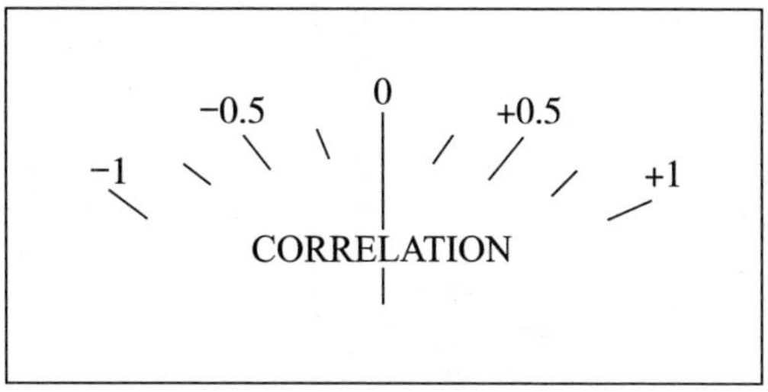

图 4-14　指针式相位表

在相位表或相关表中，通过信号的相关系数来表示信号间的瞬间相位差。当表头读数为 +1 时，表示信号间相位差为 0°，两信号完全同相；当表头读数为 -1 时，表示信号间相位差为 180°，两信号完全反相；当表头读数为 0 时，表示信号间相位差为 90°，或者其中一路无信号；当表头读数在 0 与 1 之间时，表示信号间相位差在 0° 与 90° 之间；当表头读数在 0 与 -1 之间时，表示信号间相位差在 90° 与 180° 之间。

在实际使用中，还经常用相位表判断节目是单声道还是立体声的节目。

（五）接口部分（跳线盘）

调音台每个模块的输入和输出都装在接口盘上，接口盘一般装在调音台的背部，通过接口盘可以进行各种声音信号的交换工作，接口盘的接口越全面、数量越多，可供连接的外部设备就越多，录音制作也就越灵活。

专业调音台的接口盘一般应包括所有通道的标准接口（MIC IN/LINE IN、插入送出 / 插入返回、LINE OUT）、所有辅助送出及辅助返回接口、主输出母线插入送出和插入返回（L、R）接口、OSC 的送出接口、组输出的插入送出和插入返回及监听返回的接口、多轨机的磁带送出和返回的接口、一些并联的接口、外部设备的送出和返回的接口等。

INSERT 接口原理如图 4-15 所示。

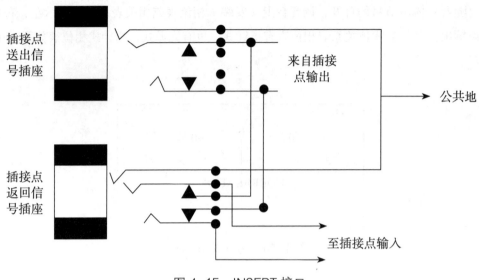

插接点
送出信
号插座

来自插接
点输出

公共地

插接点
返回信
号插座

至插接点输入

图 4-15　INSERT 接口

将上面插孔输出的信号通过簧片与下面的插孔连接，可以保证信号畅通。如果
插头插入下面的插孔，簧片将弹开，由上面插孔送来的信号将被断开，下面插头送
来的信号进入调音台。上面插孔的簧片是不用的，当插头插入时将不影响信号走向
（有的调音台也会断开簧片），只是为外接设备提供一个激励信号（标称电平为线路
电平）。

在一些小型调音台中，没有专门的跳线盘，INSERT 接口就设在面板上。为了减少
插接点所占的面板空间，一般只采用一个 1/4 英寸（6.35mm）立体声耳机插座就可以
完成信号的发送和返回，如图 4-16 所示。

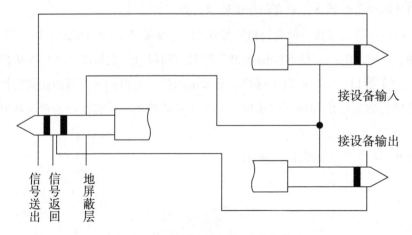

接设备输入

接设备输出

信号送出　信号返回　地屏蔽层

图 4-16　INSERT 接口连接线

第 2 节　数字音频工作站

20 世纪 90 年代中期以来，随着采用数字技术处理音频信号技术的出现和成熟，尤其是计算机软硬件技术和多媒体技术的日趋完善，各种性能优、功能齐、质量好的自动化程序高的数字化产品纷纷面市。数字音频工作站（DAW）已经发展成为专门的计算机化硬盘录音系统，且基于此能够实现基本和先进的编辑和信号处理功能。

一、定义

工作站是一种用来处理、交换信息和查询数据的计算机系统。数字音频工作站（Digital Audio Workstation，简称 DAW）是一种用来处理、交换音频信息的计算机系统。它是随着数字技术的发展和计算机技术的突飞猛进，将两者相结合的新型设备。数字音频工作站的出现，实现了广播系统高质量的节目录制和自动化播出，同时也创造了更加良好的高效的工作环境。

在多媒体数字音频应用中，使用音频工作站有很多优点。

（一）处理长样本文件的能力。硬盘录音时间只受硬盘本身大小的限制（通常 44.1KHz 取样频率、16 比特精度下 1 分钟立体声信号需要 10.5MB 硬盘存储器）。

（二）随机存取编辑。因为信号记录在硬盘上，节目中任何点可以随即访问，不论它们以什么顺序记录。无损编辑在丝毫不改变或影响原始录音文件的情况下允许信号片段安排在节目中的任何次序上。一旦编辑结束，这些片段可以连续重放来产生一个演奏，或者个别的在一个指定的 SMPTE 时间码地址上重放。

（三）DSP 数字信号处理。可以在一个片断或整个样本文件上实现，不管是实时的还是非实时的，这一切都对信号没有损害。

除了上述这些优点，以计算机为基础的数字音频设备还能够综合进行与数字视频、音频和 MIDI 制作有关的一些工作。

二、应用

计算机音频工作站主要用于对声音信号的录音、剪辑、处理和缩混。但细分起来，它的应用可以分为以下几个方面。

（一）声音剪辑和 CD 刻录

在这种场合下，计算机音频工作站不是用于从头制作音乐，而是主要对现成的音乐进行剪辑处理，或是将现成的音乐制成 CD 唱片。比如，它可以使音乐进行重新剪接、为歌曲伴奏移调（但不改变音乐速度）、变化舞蹈音乐的长度（但不改变音乐的音调）、将音乐中的噪声去除，或是将各种现成音乐制作成 CD 唱片等。因此，在这种场合中计算机音频工作站需要录放和处理的音频轨数只要立体声 2 个音轨就可以了。

（二）日常音乐录制

这时，计算机音频工作站主要用于录制各种日常所用的音乐，例如歌曲伴奏、舞蹈音乐、晚会音乐、影视音乐等。

在这种场合下，计算机音频工作站不会对音乐中的每一种乐器或音色进行单轨录音，一般它是将已做好的 MIDI 音乐录为立体声的两个音频轨，将 MIDI 音乐中需要单独调整的个别音色录为单独的几个音频轨，再录几个轨的人声和声学乐器。MIDI（Musical Instrument Digital Interface）是乐器数字接口，是 20 世纪 80 年代初为解决电声乐器之间的通信问题而提出的。MIDI 传输的不是声音信号，而是音符、控制参数等指令，它指示 MIDI 设备要做什么、怎么做，如演奏哪个音符、多大音量等。它们被统一表示成 MIDI 消息（MIDI Message）。MIDI 是一个国际通信标准，是用以确定电脑音乐程序、合成器和其他电子音响的设备互相交换信息与控制信号的方法。MIDI 系统实际就是一个作曲、配器、电子模拟的演奏系统。从一个 MIDI 设备转送到另一个 MIDI 设备上去的数据就是 MIDI 消息。MIDI 数据不是数字的音频波形，而是音乐代码或称电子乐谱。

因此，在这种场合中计算机音频工作站需要录放和处理的音频轨数为 8 个到 16 个。计算机音频工作站的这种应用方式是目前国内个人工作室中用得最多的。

（三）大规模音乐录音和混音

这是大型专业录音棚中的工作方式，主要用于录制对声音要求最高的音乐作品，目前在国内主要是用于为一些大牌歌星做专辑，或是为一流音乐家录制专人 CD 等。

这种工作方式需要将音乐中的每一种乐器或音轨都录为一个单独的音频轨甚至是一个立体声轨，以便对每个乐器或音色单独做均衡、效果和动态处理，以做出在动态、宽度和深度等方面都有极好表现的音乐作品。

因此，在这种场合中计算机音频工作站需要录放和处理的音频轨数为 24 个到 32 个，甚至更多。用于这种目的的计算机音频工作站是顶级的了，价格也是最昂贵的，动辄以万元计。

（四）影视音乐的制作与合成

这种场合所用的计算机音频工作站与制作日常音乐时所用的差不多，但这种计算机音频工作站可以将视频节目输入计算机，或是与视频编辑机保持同步运作，因此它能够使人看着画面的同时，根据计算机屏幕中的视频窗或专门显示器中的画面变化同步地进行配乐和配音工作。

（五）多媒体音乐制作与合成

计算机在这种场合下作为音频工作站在计算机上使用的多媒体软件，如游戏软件、教学软件、电子书籍等进行配音和配乐。由于计算机音频工作站是一种录制音乐的工具，因此利用它来为多媒体软件配音配乐是再合适不过的了。做这种工作很简单，利用计算机音频软件将做好的视频文件调出，然后看着画面同步录入语言或音乐即可。

三、类型

数字音频工作站主要有两种基本的类型：一类是使用专用主机的专门音频处理系统，另一类是通过在标准的桌面计算机安装添加硬件和软件的方法实现的音频工作站。大多数系统都是采用后者这种模式建立的，因为专门系统要比以桌面计算机为基础的系统贵很多（虽然并不一定总是如此）。

（一）使用专用主机的专门音频处理系统

在早期的硬磁盘音频系统中，对制造商而言，要开发出专门的系统是要投入相当大的资金的。这主要是因为当时生产的桌面计算机还不能胜任此项重任，并且大容量的存储媒体的应用也不如现在这么广泛，而且还需要各种不同的接口和专门的文件存储技术；另外一个原因就是在开发之初，市场的规模较小，可观的研究设计投入难以在短期内收回。

专门的系统具有一些明显的优点，这也是它们在专业应用中受欢迎的原因之一。专门的系统不单单只是一个鼠标和一个键盘，而是通过设计一个专门接口来实现用户对系统的控制，这样可以使相应的设备设计更加符合人体学要求。它可以通过触摸屏和专门的控制器实现各种功能的控制，其中也用到了连续可调的旋转和推拉式控制器。目前将较便宜的专用编辑系统通过一个接口连接到主计算机上，以便进行更全面的显示和控制功能的做法也是十分普通的。

（二）以桌面计算机为主机的音频工作站

许多桌面计算机（PC 机、苹果机）均缺乏对数字音频和视频信号直接处理的能力，但是可以通过增设第三方开发的硬件和软件来将一个桌面计算机转变成一台 AV 工作站，使其具备对伴随数字视频的几乎无限数量的声轨的音频信号进行存储的能力。通常的方法是在计算机的扩展槽上安装一块或一组音频信号处理卡（声卡）。

在此介绍及讨论的数字音频工作站都指的是以计算机为基础的工作站。不管采用哪种方式的工作站，从应用角度来说主要分为以下几类。

1. 录制工作站

该工作站主要用于音频节目录制，同时可进行各类节目登录入库和管理。各部门根据本部门节目需要采集相关节目信源，由节目录制人员完成整个节目录制、编辑和入库。工作站内含两轨节目录制模块，音频模拟和数字（AES/EBU）输入、输出可选，仿磁带录音操作，实时录放音切入、切出，具备多种插入录音方式，可调用丰富的节目库内容，具有多种节目分类方式，可直接进行节目制作和定时单、节目单的编排，使节目编辑和剪接准确、方便。

2. 编辑工作站

编辑工作站提供节目库综合查询和编排功能，可编辑节目串连单和节目定时单，根据节目年度运算表修改节目定时，为值班节目编辑提供节目编排及播出时间表设置，同时，可预置节目播出及结束之淡入和淡出。在典型情况下，节目编辑可以按播出时间表将各栏目板块节目编好并设置相应播出时间，播出站可据此全自动播出，无须人工干预，准时无误。

3. 播出工作站

播出工作站可以进行各类节目的播出，播出完全自动化，节目检索快捷迅速，从开始检索到播出不超过 3 秒，同时具有多种播出方式：录播节目播出；直播节目播出；定时节目播出。

从广义上说，凡是能够输入输出音频信号并做加工处理的计算机都可以称为计算机音频工作站。也就是说，只要往计算机中插入一块声卡并装上相应软件，计算机就变成音频工作站了。

但是，从专业的角度来说，计算机音频工作站应该具有如下特征：能够以符合专业要求的音质录入和播放声音；能够同时播放至少 8 个音频轨；具有全面、快捷和精细的音频剪辑功能；具有完善的混音功能。

因此，专业的计算机音频工作站必须为操作提供足够的混音工具。这主要是指它能够提供压缩、限幅、均衡、混响、延时、合唱、回旋等信号处理效果。当然，这些效果的算法品质也要能够达到专业要求。

四、构成

从硬件角度来说，数字音频工作站的构成可以归结为以下几个部分：计算机控制部分、核心音频处理部分、数据存储设备及其他外部设备，如图 4-17 所示。

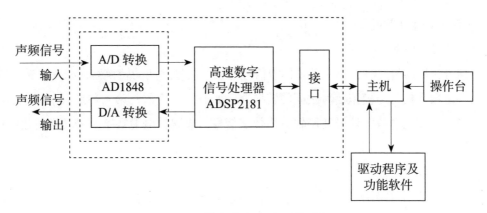

图 4-17　数字音频工作站构成框图

从软件角度来说，数字音频工作站可分为以下几个模块：操作平台、音频处理界面、文件格式、第三方软件及其他相关软件。下面从这两种角度来详尽阐述数字音频工作站的构成及实现。

（一）计算机控制部分

与普通计算机一样，数字音频工作站的主机装有各种音视频卡、信号压缩卡、增强卡等硬件辅助设备。通过总线在各功能模块间直接建立数据传输关系，其中，数字或模拟音频接口的数量决定可录音音轨的数量。

（二）核心音频处理部分

以计算机为基础的数字音频工作站的核心部分其实就是高质量的音频信号处理卡。在音频工作站中，声音的好坏直接关系到系统的可应用性，而声音的好坏完全取决于所采用的音频信号处理卡的优劣，音频信号处理卡的质量则取决于它所采用的 A/D、D/A 转换器。

专业的音频卡都是由专业的数字信号处理（DSP）芯片为核心，辅以各种专业的数字音频效果处理芯片共同构成的，它能够完成音频处理所要求的对信息的长时间连续处理和实时完成，并且对算术运算，特别是乘法运算有较强运算能力。同时，这种专业卡还具有极其专业和优秀的 A/D、D/A 转换器，以及更高的采样频率、更多的比特精度，加上各种专业的音频处理芯片（DSP），能够实现处理过程中更高质量、更完善的功能。提供的各种专业音频接口，也使用户在实际工作中更加得心应手。

（三）数据存储设备

存储器分为主存储器和辅助存储器，主存储器是 CPU 能由地址线直接寻址的存储器，又称为内存；辅助存储器是 CPU 以输入 / 输出方式存取数据的存储器，又称外存，指磁盘或硬盘。

（四）其他外部设备

1. 信号转换器

信号转换器有三种：第一种是模拟信号与数字信号之间的转换器，如 A/D 转换器；第二种是数字信号与模拟信号之间的转换器，如 D/A 转换器；第三种是数字接口之间的转换器，如光缆数字信号转同轴电缆数字信号，或同轴电缆数字信号转光缆数字信号的转换器。

2. 遥控台

在数字音频工作站中，为方便混音，通常会在屏幕上提供一个虚拟的调音台，使用户能够对各轨的音量、声像等进行调节。但是，许多习惯于传统录音工艺的用户不愿意使用鼠标进行混音，而更喜欢用推杆、旋钮控制音量、声像等。数字音频工作站使用的遥控台的外观就类似于普通的调音台，上面也有一排排推杆、旋钮和按键。

（五）数字音频工作站应用软件

用于计算机音频工作站的软件主要分为三大类：全功能软件、单一功能软件和插件程序。

全功能软件是真正意义上的音频工作站软件，因为它能对音频信号进行录音、剪辑、处理、混音，甚至还可以直接刻制出 CD 母盘。也就是说，音频节目的整个制作工作，都可以利用这种软件来全部完成。

目前世界上较为著名的全功能通用软件有 Vegas、Cool-Edit 和 Nuendo 等，一般来说它们对硬件的要求不高，适用性较广泛，当然还有许多与硬件配套使用的专业软件，如 X-track、Pro-Tools、Pulsar-Ⅱ等。

单一功能软件一般来说需要与配套的硬件板卡共同工作才能发挥它的作用，因此往往出现在一些专业级工作站中，它们的功能强大，有独立开发的 DSP 处理系统，与硬件板卡的结合更加彻底、全面，性能也更加优秀。

无论是实时处理项目，还是独立处理音频文件，都可以使用 Audio-Suite 插件。多数实时插件都有 Audio-Suite 版本，以此来节省 DSP 能进行永久不变的效果赋予。也有一些 Audio-Suite 插件，实时的处理没有实际好处，如常态化效果、声音替换、相应倒置等。

（六）应用案例

一个广播电台的音频网络系统如图 4-18 所示。

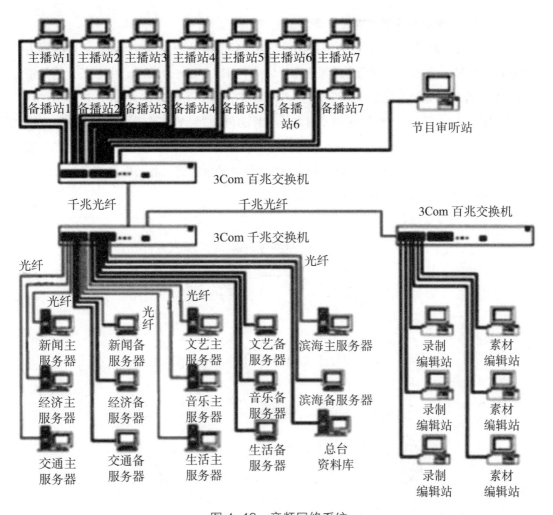

图 4-18 音频网络系统

　　网络系统主干为千兆光纤，各站点到交换机为百兆带宽，保证了音频节目的高速传送与共享。7 台主服务器和总台资料库构成的服务器群，在逻辑上划分为新闻、经济、交通、文艺、音乐、生活、滨海和总台资料库 8 个域，构成 8 个相对独立的客户 / 服务器子系统。所谓相对独立，是指每个节目都可以脱离其他节目的软、硬件系统而独立运行。但为了使 7 个节目能够方便地互相交流，使节目审听工作方便快捷，必须使这些相对独立的系统能够实现资源共享。

五、5.1 声道环绕声制作

　　5.1 声道就是使用 5 个喇叭和 1 个超低音扬声器来播放声音的一种方式。

（一）5.1声道环绕声的构成原理

5.1代表着前左置、中置、前右置、后左置、后右置5个全频带声道，频率范围为20Hz—20kHz；再加一个超低音效果声道，频率范围为3Hz—120Hz，由于其传输频带只有其他通道带宽的十分之一，算不上一个完整的声道，所以被称为0.1声道。通过在制作室前方同一平面上设置L/C/R（前左置/中置/前右置）扬声器，在控制室后方设置SL/SR（后左置/后右置）扬声器，每只扬声器都以相等的距离朝向圆心，构成全景重放声场。当听音者在圆心附近听音时，能感受到来自四面八方的全景声音效果，这就是环绕声的基本原理，如图4-19所示。

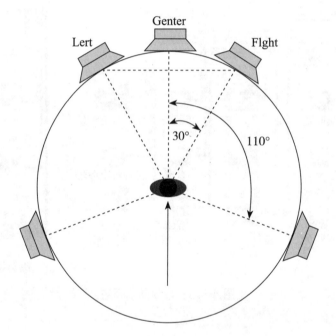

图4-19　5.1声道环绕声的基本原理

（二）常见的5.1声道环绕立体声技术

5.1声道环绕立体声从数字编解码格式标准来分，有美国杜比（DOLBY）研究室开发的AC-3、世界标准化组织（ISO）属下的运动图像专家小组（MPEG）制定的MPEG-2标准、美国数码影院系统公司（Digital Theater System）研发的数字家庭影院系统DTS等。

1. 杜比AC-3数字技术

杜比AC-3数字技术，具备单声道、立体声和5.1环绕声功能，在数字电视、DVD、影院系统等多方面得到广泛的应用，也是广播电视领域应用最为普及的数字音频压缩技术标准。目前它已被美国的高清晰度电视（HDTV）、欧洲的数字视频广播（DVB）、澳大利亚等国家的数字广播电视作为数字音频系统的标准。杜比 AC-3 采用的是一种柔性的音频数据压缩技术。它以心理声学原理为基础，只记录那些能被人的听觉所感知的声音信号，达到减少数据量而又不降低音质的目的。杜比 AC-3 的动态范围至少可以达到 20bit 的水平。采样频率可为 32kHz、44kHz 或 48kHz。比特率是可变的，最低为 32kbps（单声道方式），最高为 640kbps，典型值为 384kbps（5.1 声道家用数字环绕声系统）和 192kbps（双声道立体声系统），能适应多种不同编码方式的需求。杜比 AC-3 标准在影音重放中虽然能满足声音质量的需要，但应用在较高级的多声道音乐录音，或极为讲究音效的电影音响制作中，就有些力不从心了。这是因为高保真的数码多声道音频重放，必须采用更高的取样率、量化精度和分离度。

2.MPEG-2 标准

运动图像专家小组（MPEG）制定的 MPEG-2 标准，利用数字压缩编码技术对信号进行有效压缩。对音频来说，主要是利用感知性编码系统使其能达到 1：8 的压缩比，同时保证声音质量的损失最小。MPEG-2 系统支持 5.1 多声道环绕声，也就是利用 5 个独立全频带通道和一个十分之一频带的低频效应通道来实现多声道环绕声效果的。MPEG-2 的应用相对 AC-3 来说市场占有率很小，而 AC-3 则在许多领域已得到广泛应用。

3.DTS

DTS（Digital Theater System）数字剧院系统，是由美国数码影院系统公司开发的一种数码环绕声多声道系统。在解压还原时，可以完整地恢复原始的音频信息，对数字音频信息没有任何删减。DTS 能听到更多的细节，整个空间感及移动感会更加优良，更加清楚。在家用领域，能够提供比目前 CD 唱片更为优异的声音品质，可以满足发烧友们最挑剔的要求。

（三）高清电视中的 5.1 声道环绕声制作

高清电视制作中的 5.1 声道环绕声技术与高清电视传输中的 5.1 声道环绕声技术不同。

1.高清电视传输中的 5.1 声道环绕声技术——杜比数字

高清电视音频其实就是数字环绕声，高清数字电视与模拟电视最大的区别是其不但能提升电视节目的画面质量，而且能够实现 5.1 数字环绕声的音频的播出。高清数字电视，不仅画面高清晰，而且音频的环绕声也是一个重要组成部分。目前流行的高清音频解码格式主要有杜比环绕声（Dolby Surround）、杜比定向逻辑环绕声（Dolby Pro-Logic）、杜比 AC-3（Dolby Digital）、DTS 等。杜比数字（杜比 AC-3）是当今最流行的高清音频解码格式，不过在世界各国制定的数字电视标准中，也有不同的选择应用，概括来说主要有 ATSC、DVB 和 ISDB 三种标准体系。ATSC 规定的音频格式是杜比数字，主要应用于美国、加拿大、阿根廷、韩国等国家。杜比数字，是电视信号传输过程中的一种环绕声编解码技术，通过编码，PCM 信号变成含有元数据的杜比数字信号 AC-3，与视频信号一起经 MPEG 编码，再复用打包后，经有线数字电视传输链路传送至家庭用户机顶盒。解复用后机顶盒内置的杜比数字解码电路，会根据在节目制作端事先设置好的元数据参数，还原出音频。

2. 高清电视制作中的 5.1 声道环绕声技术——杜比 E

高清制作中无法使用杜比数字技术。传统音频系统伴音 PCM 信号数据量大而且只有 2—4 个声道，不便在电视系统中传输和存储，所以就需要运用压缩编码技术，把数据量庞大的多声道音频信号压缩成能够在容量有限的信道和媒介中传输存储的数据。当然这个经编码压缩的数据在经过信道传输或媒介存储后解码还原出来的 PCM 信号，失真率要越小越好，以保证还音质量。概括地说，就是在技术上要能把大数据量的原始信号在容量有限的信道中做"有损"的压缩编码传输，使得传输和存储后再解码还原出来的信号，尽可能接近编码传输前的原始信号，同时要能使整个"编码—传输—解码"的过程变得更加简单。杜比 E 压缩编码技术，可以在一个 AES/EBU 空间内容纳 8 个声道的数字音频信号和元数据，这一技术可以使得基于两声道的电视广播系统，只需简单改动即可具备多声道音频的处理能力。使用杜比 E 编码后，5.1 音频可以在标准 AES/EBU 音频信号路径中传输。

3. 5.1 声道伴音制作

5.1 声道节目的制作一般分为前期和后期两个阶段。

（1）硬件要求

首先，要有杜比技术认可的声音控制室。一般的声音控制室的标准特性是它必须有良好的吸声效果和足够的听音空间以及一整套的录音、混音设备。而一个有杜比技术认可的声音控制室除了必须达到一般声音控制室的标准，它还必须有可以采集声音并且进行编辑的音频工作站以及良好的符合 5.1 声道系统的监听环境。其次，需要有足够的制作 5.1 节目的设备，比如话筒、支持 5.1 声道的数字调音台、能制作出 5.1 声道节目的效果器、满足 5.1 声道系统重放效果的监听音箱等。这些设备既是制作 5.1 声道节目的基础，又是制作 5.1 声道节目的关键。这些设备的优良程度，直接决定着节目的优良程度。如果没有很好的拾音，在后期混音的时候必然会发生声音素材紊乱不堪、难以取舍的情况；如果没有很好的监听，即使在控制室中制作时觉得满意的节目，到了别的放音环境会出现有杂音或声音不清晰等各种问题。所以，在制作之前准备好一整套能够正确制作出 5.1 声道节目的设备是必须的。

（2）拾音技术

前期制作主要是拾音，也称声音采集。

环绕声拾音技术基本上可分为三类：第一类是以双通道立体声主话筒拾音技术（例如 M/S、X/Y、ORTF、A/B 等）为基础，多只话筒按照一定方式设置，相互距离较近甚至重叠在一起，拾取（或经过简单的处理而得到）5 个通道信号。第二类是用几只话筒（例如 3 只）分别拾取前方左、中、右方向主要声源信息，要用另几只话筒（例如 2 只或更多）拾取后方及空间信息。这两类拾音方式各有特点，前者通过一组话筒信号力求在一个平面内 360° 范围对声源的声像进行定位，而后者是对前方的主要声源进行精确定位，而拾取的后方及空间（混响）信息则以适当比例分配到前方及环绕通道，从而形成 5 通道信号。第三类则可视为这两者或与其他拾音方法的混合使用。

（3）后期制作

后期制作是将前期采集到的声音素材进行艺术的后期混音，其中包括对声音进行修饰，以及加上一些效果。环绕声制作的目标是向听音者提供真实的现场感，犹如置身于体育比赛、音乐会或电视演播室等实景之中。从大的方面来分类，环绕声制作可分为两种类型：一类是以声场表现为主，典型的如管弦乐节目制作；另一类是凭借经验采用多声道分配与合成技术创作出新的效果。例如，体育比赛不论是室内或是室外，运动员和观众都热气很高，情绪激动，十分适合于以环绕声来表现。在后期制作过程中，我们要首先进行环绕声六个方面的基本设计，即六类表现方法：环绕气氛、飞跃过渡、水平旋转、领先声场与余音效果、垂直下落、声像强调。做好设计方案之后，就可以根据自己的经验做出理想的、接近大片的震撼音效。我们现在已经进入了高清影音时代，新品迭出的高清液晶电视、等离子电视等高清设备，不仅让我们看到了栩栩如生的画面，而且也让我们越来越多地接触到多声道环绕声。随着超高清电视的推广应用，多声道环绕声技术必将迎来大发展。

▶ ▶ ▶ 思考与练习

1. 什么是调音台？

2. 简述调音台的功能。

3. 简述调音台的结构。

4. 简述 VU 表与 PPM 表的区别。

5. 什么是数字音频工作站？

6. 简述数字音频工作站的应用。

7. 简述录制工作站、编辑工作站、播出工作站的区别。

8. 简述计算机音频工作站的特征。

9. 简述数字音频工作站的硬件和软件构成。

10. 简述三种信号转换器的区别。

11. 简述数字音频工作站中遥控台的作用。

12. 简述数字音频工作站的软件分类及其特点。

13. 简述 5.1 声道环绕声的原理。

14. 简述 5.1 声道环绕声的制作。

第5章 电视节目制作系统

电视节目制作系统又分为前期制作系统和后期制作系统，前期制作系统有演播室、转播车、飞行箱等系统，后期制作系统有非线性编辑系统。

第1节 前期制作系统

前期制作系统是用于电视节目前期制作的专业技术系统，为节目制作提供摄像、切换、视频信号处理、录制、调音、传输、特技、通联、同步、时钟、供配电等系统级技术支持。前期制作系统按照信宿可分为直播系统和录播系统两类。其中直播系统以信号通过天线发射至卫星或地面中继、接收台站为功能终点；录播系统以信号录制到磁带、硬盘等载体为功能终点。按照系统存放位置可分为演播室系统、转播车系统和飞行箱系统等。

演播室系统是所有视频、音频、通话等设备存放在电视中心演播室的制作系统，通常用于室内节目直播和录制。演播室系统具有设备位置、接线固定，安全度高，功能完善，集成度中等，使用舒适度高的特点。代表系统有新闻演播室、剧院等。

转播车系统是系统设备存放在电视车上的制作系统，通常用于户外节目直播和录制。转播车系统相对演播室系统集成度高，系统复杂完善，在一台大型电视车上往往集成有十几到二十几个有线讯道和几个无线讯道。车内还有完整的供配电系统和空调系统，对侧拉结构的转播车还有车载液压控制系统，属于集广播电视技术、网络通信技术、液压技术、工业控制技术和金属加工技术于一体的高科技集合系统。代表系统有高清转播车、卫星直播车、微波通信车、音频车等。

飞行箱系统是系统存放在密封箱体上的制作系统，可用于各种户外节目制作，系统相对简单灵活，可根据节目需要对系统进行增删，由于每次外出需进行箱体搬运，与转播车系统相比人力、时间成本增加，但对场地的适应能力较强，适合在艰苦和车辆难以到达的地方工作。

以上三种系统还包括多个子系统：如视频系统、音频系统、通话系统、同步系统、TALLY 系统、时钟系统、控制系统等。

一、视频系统和音频系统

视频系统是处理视频信号的子系统，视频系统的设备和线量占整个制作系统的一半以上。视频系统的设备主要有摄像机、三脚架、视频切换台、视频矩阵、视频周边设备、监视器、录像机、波监等，直播系统通常还配有字幕机和图文工作站。视频系统架构通常是以视频切换台和矩阵为核心的星状结构，所有信号由前者进行处理和调度，由输出通道进行输出，直播系统通常配有两条或多条输出通道以保证播出安全。音频系统是处理音频信号的子系统，主要设备有调音台、音频周边设备、音箱等。音频系统通常以调音台和矩阵为核心进行处理和信号调度。

视频系统和音频系统框图如图 5-1 所示。

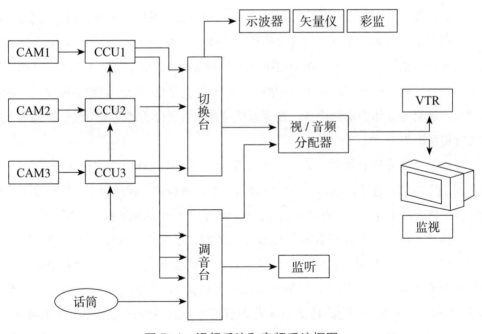

图 5-1　视频系统和音频系统框图

系统中的主要设备包括摄像机（含 CCU）、话筒、特技切换台、调音台、视音频分配（放大）器、录像机（VTR）、监视（听）器、测试仪器等，图中的监视器、示波器等可对整个系统各部分的信号（包括外来信号）进行监测、监听、监视。还有未画出部分，如同步机、字幕、动画、台标、时钟信号发生器、帧同步器、矩阵开关、接线柜、跳线柜、通信联络等。

摄像机和话筒是信号源，内部信号源还有 VTR、CG 等，其中 VTR 是后期节目加工制作最主要的信号源。

外来信号源有电影电视转换信号、微波传输信号、卫星转发信号，这些信号需要采用帧同步信号进行相位、幅度校准。

切换台和调音台是核心设备，对多路图像信号和声音信号进行加工处理。

监视分主监、预监，监看正在播出和下一步要切出的图像。

波形示波器和矢量示波器是监测设备，对信号技术指标进行测试。

视频分配器（VDA），有的分配器带放大功能，负责把一个视频信号分成多路，送到多台设备中。

系统有如下特点：

（一）演播室视频部分核心设备是视频切换台，所有视频信号都要经过切换台进行切换和处理。音频部分的核心设备是数字调音台。

（二）信号源：切换台输入信号源来自摄像机、数字（模拟）录像机、电视电影机（Telecine）和字幕机（CG）、存储器、本地（台内其他部门来的）信号及外来节目源（台外来的）等。

（三）信号格式：数字视频切换台的输入和输出信号要采用 SDI 接口，对 4 : 3 图像格式，其信号传输速率为 270Mb/s。在向数字化过渡的时期，数字切换台还备有各种配件，以便能输入输出模拟复合全电视信号、模拟分量信号以及并行数字分量信号。

二、通话系统

通话系统是用于节目制作的各工种相互通信联系（通联）的子系统，是在节目转播过程中不可缺少的一部分，主要作用是方便导演、摄像、技术、音响、主持人、灯光、现场相关工作人员等进行相互交流配合。

随着电视制作的分工越来越细，工种越来越多，通话系统的重要性与日俱增。通话系统分为二线和四线通话系统。常用通话设备包括通话矩阵、通话主站、通话面板、2—4 线转换器、电话耦合器、通话腰包、无线通话主站和对讲机等。

（一）包含于视频系统内的通话系统

由摄像机和 CCU 的通话通道构成，将话筒和耳机分别插入摄像机和 CCU 的对应插孔即可使用，如图 5-2 所示。

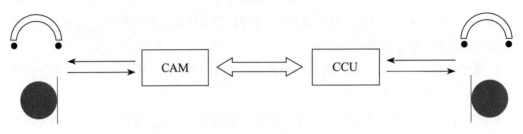

图 5-2　包含于视频系统内的通话系统

（二）包含于音频系统内的通话系统

由调音台的对讲通道和正常音频通道构成，如中断节目制作与播出，制作或直播时应停止使用，如图 5-3 所示。

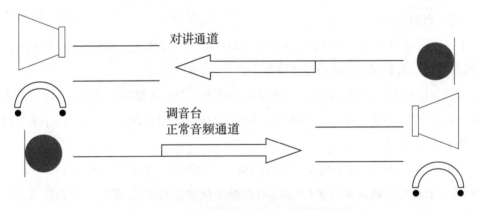

对讲通道

调音台
正常音频通道

图 5-3　包含于音频系统内的通话系统

（三）专用通话系统

在大、中型系统使用，由不同方式构成。

一种演播室通话系统如图 5-4 所示，通话主站有两个通道，通道 A 连接一个两线转四线摄像机通话接口（有四个通道），再通过 CCU 连接摄像机（包含于视频系统内的通话系统），导播可与摄像师通话；通道 B 通过接口板连接多个双向腰包，导播可与主持人、灯光师通话，双向腰包为便携式头戴耳机用户站。

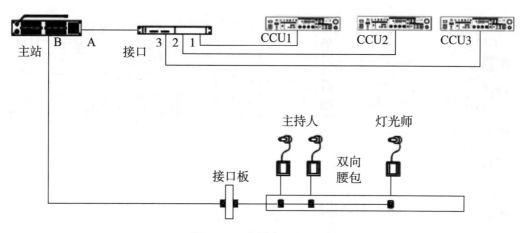

图 5-4　演播室通话系统

两种转播车通话系统如图 5-5 所示。

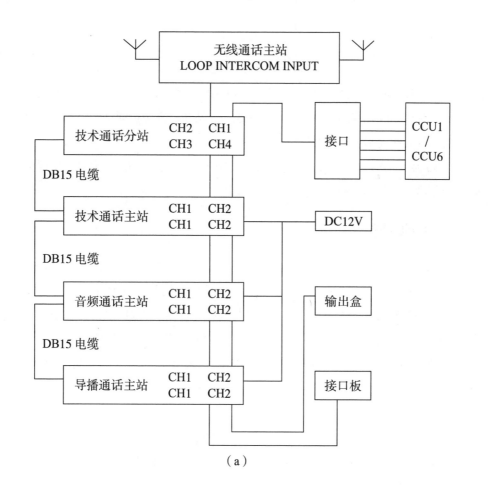

（a）

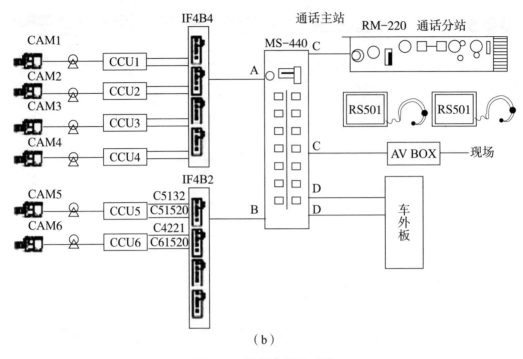

（b）

图 5-5 转播车通话系统

图（a）中，导播区有一台通话主站，音频区有一台通话主站，技术区有一台通话主站和一台通话分站及无线通话主站，技术区通话分站通过摄像机通话接口连接 CCU 和摄像机，技术区无线通话主站与对讲机联络。

图（b）中，MS-440 有四个通道，RM-220 有两个通道，IF4B 为摄像机通话接口，RS501 为便携式头戴耳机用户站。

三、同步系统

电视系统中所有设备都需要进行同步处理以保证信号质量，其中视频系统通常使用黑场信号和三电平信号作为同步信号，音频系统使用黑场和字时钟进行同步。由于同步信号与电视内容本身并无关系，故通常将其与视频、音频系统剥离出来成为独立系统。

电视台通常设置有同步机，产生各种所需的同步信号。这些信号在幅度、频率、相位、波形等方面的特性都有严格规定，可由一个标准的定时信号通过一定的处理和变换来产生。当然现在大多数视频设备上均配备了同步脉冲解码器，它们只需要一个彩色黑场信号，即可自行分离出所需的各种同步信号，最终实现与系统完全同步。所谓的黑场信号也就是黑色的彩色全电视信号，它包含了彩色全电视信号中所有的同步信息，因此，我们可以用黑场信号发生器来代替同步信号发生器。

产生上述同步信号的同步机应具有以下几个功能。

（一）实现上述各同步脉冲间严格的频率关系，然后用它来形成各种形状的同步脉冲，称为定时部分。

（二）由定时部分来的信号形成上述种种规定波形标准的同步脉冲，并保证它们有严格的时间相位关系，这一部分叫作同步脉冲形成部分。

（三）把产生合乎标准的同步信号放大到规定的幅度，通过低阻负载馈送给需要点，这由脉冲分配放大器来实现。

（四）具有台从锁相和台主锁相的功能。

在电视系统中，信号来源多种多样，为了对不同基准的信号进行同步切换，就必须解决它们与电视中心的彩色同步锁相问题。两路不同步的信号混合切换时，两者之间几纳秒的误差会引起彩色失真，几微秒的误差会使图像水平位移，几行或更大的误差会使图像垂直移动，以至跳动、翻滚直接影响图像质量。为了解决外来信号和本地信号同步的问题，就需要同步锁相，同步锁相分为台从锁相和台主锁相。

台从锁相是使本地同步机跟踪外来的同步信号。在锁相电路中首先从外来信号中分离出行同步脉冲、场同步脉冲、色度副载频信号和 PAL 开关信号，然后将外来信号的行同步、副载波与本地产生的行同步、副载波在鉴相器中进行相位比较，所得误差电压控制本地同步机的相应振荡器，调节其振荡频率，使本地的行同步及副载波与外来的严格一致。将分离出的场同步直接送到本地同步脉冲形成电路去进行复位，强迫本地场同步与外来的场同步相位一致。用分离出的 PAL 开关信号直接对本地的 P 脉冲形成电路复位，使本地的 P 脉冲与外来的相位一致。

台主锁相是使外来信号的同步和副载频与本地信号的同步和副载频同频同相。在用多部转播车同时转播时，或在一个地方联播几个电视台的节目时，或有线电视台用某种方式对接收的不同节目进行加扰时，都需要采用台主锁相方式。

现在很多情况下都用帧同步机完成台主锁相的工作，不需要采用鉴相器锁相反馈系统就可以使外来的信号与本地信号进行混合、划变、键控等特技切换。利用帧同步机进行台主锁相的原理如图 5-6 所示。

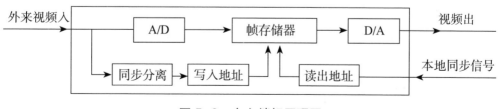

图 5-6　台主锁相原理图

外来的视频信号经 A/D 转换器将模拟信号变成数字信号。每个像素的数据被写入帧存储器的预定地址内。写入地址受输入视频信号的同步控制，同步信号经同步分离电路获得。帧存储器可存储一帧图像信号，每一帧地址都按同一顺序重复，存储器中的数据一帧帧地刷新，一帧信号被读出时，下一帧信号同时被写入。存储器中的数据按读出地址顺序逐一读出，并经 D/A 转换恢复成原始的模拟信号。读出地址受本地基准同步信号控制。帧存储器在视频信号的输入和输出之间起到缓冲和隔离作用，由于写入和读出彼此独立，受不同的同步信号源控制，读出时钟锁相于本地基准同步，与输入信号的同步无关，达到外地信号与本地信号同步的目的。

演播室或转播车的同步系统通常采用两台主备同步机和一台自动倒换器作为核心，经过视频分配器将同步信号送给所有设备，如图 5-7 所示。

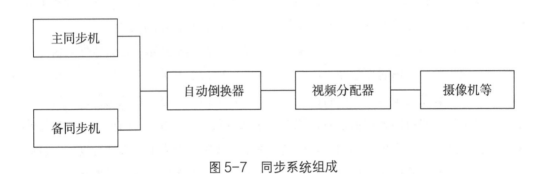

图 5-7　同步系统组成

一种演播室同步系统如图 5-8 所示。

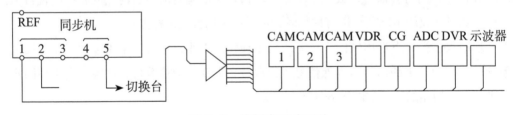

图 5-8　演播室同步系统

图 5-8 中，同步机 REF 端输入外来同步信号，在视频系统中，同步机输出一路同步信号进模拟视频分配器，再将同步信号送到各个设备进行同一基准的锁相，使所有视频信号在时间和相位上一致，保证系统同步。同时发生一路数字同步信号给数字切换台作为基准信号。

由于视频信号进行数字处理的特点，数字视频信号在进行数字处理中特别是在演播室系统运算处理时，不可避免地会产生时间的滞后，并最终带来音频超前视频的现象。通常在 1 帧（40ms）内的延时可不进行处理，但当视频延迟有可能超出此范围时必须进行音频的延时处理。

四、TALLY 系统

在电视演播室节目制作过程中，导播需要对每个工作岗位的节目制作人员进行指挥协调工作。除了采用内部通话系统，另一种最常用的方式就是演播室 TALLY 系统，TALLY 是切换指示的英文。它主要可以用于以下内容：播出状态的信号提示，通过提示传递约定信息，用于系统的自动控制。

TALLY 系统的两种组成方式如图 5-9 所示。

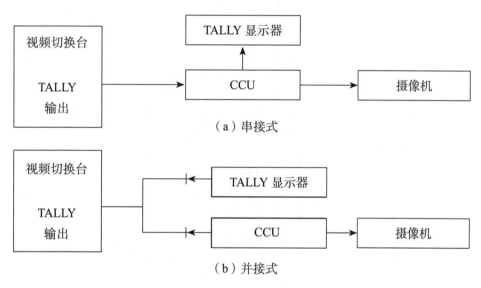

图 5-9　TALLY 系统的两种组成方式

TALLY 控制系统由一台控制器和若干 TALLY 灯组成，控制器可与任何切换台、播控台和矩阵接口相连接，各 TALLY 灯之间的连线为总线结构。每一个 TALLY 灯选定的显示点阵都已存入内部的 EPROM（是一种断电后仍能保留数据的计算机储存芯片——即非易失性，又称非挥发性），当有切换动作时，相应 TALLY 灯自动变色，关电后不影响下一次显示。

在演播室中，TALLY 系统通常是以视频切换台为中心，当切换台输出某一路视频信号时，由切换台的 TALLY 接口输出该路对应的提示信号，由它送到摄像机或电视墙上的 TALLY 显示器上，对系统的操作进行提示。通过视觉提示来协调各个岗位的工作人员，及时了解节目的进展状态。

TALLY 系统通过总线将矩阵、切换台、摄像系统、数显 TALLY 灯连接在一起，提供 TALLY 信号的传输、主备 TALLY 信号的切换功能，还提供源名信息的显示和切换矩阵的控制功能。

一种演播室 TALLY 系统如图 5-10 所示。

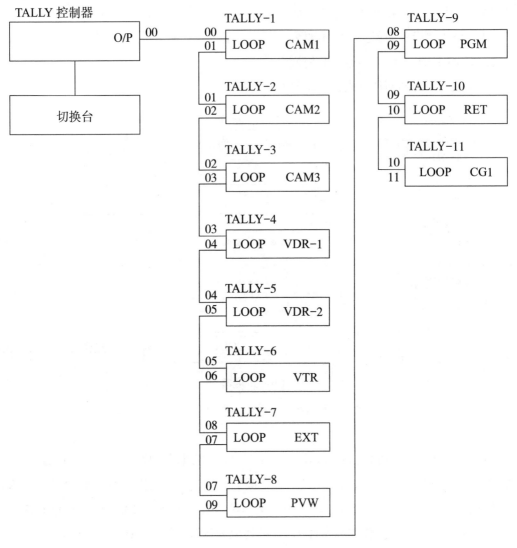

图 5-10　演播室 TALLY 系统

一种转播车 TALLY 系统如图 5-11 所示。

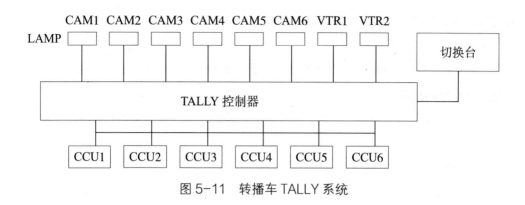

图 5-11 转播车 TALLY 系统

五、时钟系统

时钟系统用于向工作人员提示当前时间和倒计时信息，以及为录像机提供时码。

主要介绍三种时钟信号源：GPS 时钟信号，中央电视台节目场逆程中带有的标准时钟信号，天文台发布的长短波标准时钟信号及独立运行的高稳定度时钟。

（一）GPS（Global Positioning System）全球定位系统

1. GPS 时钟系统

GPS 的前身是美国军方研制的一种子午仪卫星定位系统（Transit），GPS 可以提供车辆定位、防盗、反劫、行驶路线监控及呼叫指挥等功能。要实现以上所有功能必须具备 GPS 终端、传输网络和监控平台三个要素。

GPS 卫星导航定位系统可提供高精度、全天时、全天候的导航、定位和授时服务，授时性能优异；高精度、低成本；安全可靠；全天候；覆盖范围广。

GPS 时钟也是基于最新型 GPS 高精度定位授时模块开发的基础型授时应用产品。能够按照用户需求输出符合规约的时间信息格式，从而完成同步授时服务。其主要原理是通过 GPS 或其他卫星导航系统的信号晶振，从而实现高精度的频率和时间信号输出，是目前达到纳秒级授时精度和稳定度在 1E12 量级频率输出的最有效方式。

2. 作用

（1）它可以为全台提供一个 GPS 校正的标准的统一时间。

（2）它还可以显示包括年、月、日、星期、农历、温度和全球各时区的当前时间，并且提供与计算机通信的 RS232 接口，可以使计算机网络及其他系统与母钟同步、自动校准管理机的时间。

其主要作用是为整个电视台的工作人员提供准确的时间服务，同时也为计算机系统及其他弱电子系统提供标准的时间源。各办公室内及其他通道内的时钟可以为工作人员提供准确的时间信息；向其他系统提供的时钟信息为整个演播室运行提供了标准的时间，保证了整个电视台系统运行的准时、安全。

3. GPS 时钟系统的组成

地面 GPS 信号接收机：具有时差校正功能，能将卫星传输的滞后时间差予以补偿，使之与北京时间相同。

母钟：接收标准时间信号、分配发送时间信号给所属子系统的装置。

子钟：接收母钟所发送的信号进行显示的装置。

（二）中央电视台节目场逆程中带有的标准时钟信号

可简单理解为从中央电视台节目信号中提取的时间基准信号。即中央电视台节目的时钟。场逆程中的 16 行基准时间信号，自动时钟在准确的分离处含有国家标准的第 16 行电视信号，由内部电脑程序对其进行分析后用于校对内钟，输出 24 位串行压缩码给倒计时控制器，从而准确地实现倒计时功能。各个地方电视台普遍采用该种时钟系统。

（三）天文台发布的长波、短波标准时钟信号及独立运行的高稳定度时钟

BPL 长波授时系统是国家授时中心主要授时手段。1979 年建成试播，1983 年开始正式授时服务，1986 年通过国家级技术鉴定。该项成果荣获 1988 年国家科技进步一等奖。

BPL 长波授时台是我国目前唯一微秒量级的高精度授时系统，信号覆盖我国整个陆地和近海海域。

国家授时中心（原陕西天文台）是从事时间频率科学研究、时频系统技术研发并承担国家授时服务的社会公益型研究所。中心承担着我国的标准时间（原子时和协调世界时系统）的产生、保持和发布任务，并代表我国参加国际原子时合作。陕西天文台始建于 1966 年，2001 年更名为中国科学院国家授时中心。

高稳定度时钟一般内含能够独立运行的高稳定实时时钟芯片，能够静态运行，提供时间信号。

第 2 节　非线性编辑系统

非线性是指信息存储的样式与接受信息的顺序不相关。如基于磁盘的记录方式就属于二维的非线性存储载体，可以任何方式随机读取磁盘上的信息，不同镜头的读取不必遵守特定的顺序可以任意跨越，即能够随机地进行检索和读取。磁盘是一种典型的存储设备，还有光盘、半导体存储器件。

非线性编辑是相对于线性编辑而言的基于磁盘存储的编辑方式。其原理是以计算机为平台，运用基于二维寻址检索、可随机存取（random-access）的磁盘存储系统和智能化信息处理技术，对视频数据以非线性方式进行处理。非线性编辑方式能够实现视频材料的任意编排组合和反复修改，为电视节目制作带来极大的便利性和灵活性。

由计算机非线性编辑制作设备组成的系统称为非线性编辑系统，非线性编辑系统是一个扩展的计算机系统，简单地说，一台高性能多媒体计算机，配上专用的视频图像压缩解压缩卡，再加上一个大容量高速硬盘或硬盘阵列便构成了一个非线性编辑系统的基本硬件系统。再加上相应的制作软件就组成了一套完整的非线性编辑系统。最根本的特征就是借助于计算机软、硬件技术使视音频信号在数字化环境中进行制作合成。

一、发展过程

非线性编辑系统的发展经历了三个过程。

（一）传统的板卡型非编系统

这个时期大约持续到 2002 年，其特点是大量采用国外基于硬件编解码的板卡。

（二）MPEG-2 非编系统

为了更好地降低成本、节约资源，人们一直在研究更有效的压缩方法。最为明显的变化是从非压缩到 M-JPEG 压缩，再到 MPEG-2 压缩。2002 年以后开始出现基于 MPEG-2 技术的板卡以及相应的非编系统和网络系统。

（三）CPU+GPU 的非编系统

随着计算机硬件的功能不断增强、运算速度大幅提升，计算机的浮点运算能力大大提高，使得一般的图像处理可以摆脱硬件板卡的束缚，出现了以软件图像编解码和各种软件处理图像为特色的新型非编。由此引发了板卡型非编和基于计算机自身运算并借助硬件加速的软件型非编共同争夺市场的局面。从发展趋势看，CPU+GPU 的基于软件处理图像的非编系统逐渐成为技术先进性的代表，即所谓的第三代非编。

二、非线性编辑的工作过程

非线性编辑的工作过程是：把输入的各种模拟视频信号经视频卡和音频卡转换成数字信号（即 A/D 模数转换），采用数字压缩技术，存入计算机硬盘中，将传统电视节目后期制作系统中的切换台、数字特技、录像机、录音机、编辑机、调音台、字幕机、图形创作系统等设备功能，用一台计算机来进行处理，再将处理后的数据送到视音频卡进行数字解压及 D/A 数模转换，完成从输入到输出的整个过程，如图 5-12 所示。

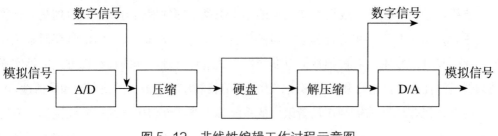

图 5-12 非线性编辑工作过程示意图

三、非线性编辑系统的分类

（一）按计算机基础平台分类

1. 基于 MAC（Macintosh）操作系统

2. 基于 PC 机平台

3. 基于图形工作站

基于图形工作站的非线性编辑系统具有更强的图形图像处理能力，但价格稍显昂贵。

（二）按压缩方法分类

主要是指对视频信号的压缩方法，可分为 Motion—JPEG 压缩、MPEG 压缩、DV 及其改进格式压缩等。

其他还包括使用小波变换压缩方法的系统和无损压缩系统以及不压缩系统等。

（三）按制作时效类型分类

主要有实时生成型系统、非实时生成型系统。

（四）按节目应用域分类

主要有数字电影制作系统、高清电视制作系统、标清电视制作系统、多媒体视频制作系统。

（五）按信号类型与工作流程分类

基于模拟视频信号（Analog Video Signal）流程的系统、基于数字视频信号（Digital Video Signal）流程的系统、基于数字视频文件（Digital Video Files）流程的系统。

（六）按编辑模式分类

主要有时间线（Time Line）编辑模式、树状（Tree Structure）编辑模式。

"时间线"的概念是数字非线性编辑系统独有的。它将视频画面编成系列，其编辑顺序以时空统一的制图方式在"时间线"上显示出来，并可展开编辑顺序的视频画面系列为一连串单帧画面镜头，同时还可实时显示这些画面所用的时间长度。在音频轨上可同步显示所有音频信号波形。由于"时间线"以图的形式显示编辑顺序，编辑工作主要在"时间线"上进行，因此"时间线"又称"故事板"。在传统的线性磁带编辑过程中，就无法像这样将一段节目顺序及时间长度整个显示出来供编辑者非常方便直观地观看。

（七）其他分类方法

还可按独立单机系统和网络系统分类，按输出数字电视信号的格式分类，按系统的特技处理能力分类，按系统软硬件的开放情况划分，按系统的质量可分为广播电视级、多媒体制作级、家用影音级等。

四、非线性编辑系统的构成

非线性编辑系统就是借助于计算机软、硬件技术达到视频信号在数字化环境中进行制作合成的系统。一个典型的非线性编辑系统一般由硬件（包括计算机、硬盘、视音频处理卡以及外围设备）和软件（非线性编辑系统软件、二维动画软件、三维动画软件、视音频处理软件）构成，系统结构如图 5-13 所示。

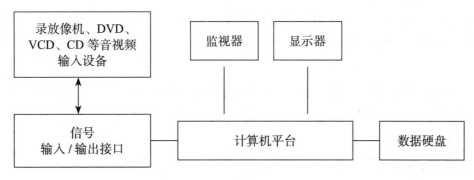

图 5-13　非线性编辑系统结构图

（一）计算机硬件平台

计算机属于基础硬件平台，任何一个非线性编辑系统都必须建立在一台多媒体计算机上，主要完成数据存储管理、音频处理、视频处理、字幕特技处理和软件运行等任务，它的性能和稳定性决定了整个系统的运行状态。

（二）视音频处理卡

视频卡是视频处理子系统所在的板卡，又称视频编辑卡（Video Editing Card），也可称为非编卡。视频处理子系统主要完成视频信号的输入与输出处理（I/O）、压缩与解压缩（Codec），有些独立的非线编系统有视频混合（Mix）、特技（DVE）处理、图文字幕（GFB）的专用板卡，有些是特技字幕软件实现叠加功能；音频处理子系统根据用户设置完成音频信号的采样、量化、编码等数字化处理以及存储读取处理。

视频处理系统又分成单通道和多通道系统。

单通道系统有两项任务：一是视频采集，二是视频回放。单通道系统只有一个压缩/解压缩通道，一般在硬件上没有数字特技、数字混合和字幕叠加部分，只完成视音频信息的采集、压缩、解压缩和转换输出。

双通道系统有两路视频压缩/解压缩通道，其硬件结构包括外部视音频输入模块、压缩采集和压缩回放模块、图文产生模块、二维数字特技模块、三维数字特技模块、多层叠加模块、预览输出及主输出模块。

（三）大容量存储介质

非线性编辑系统需存储的是大量的视音频素材，数据量极大，因此需要大容量的存储媒体，硬盘是目前最理想的存储媒介。硬盘容量虽然越来越大，但也难以满足系统的需要，磁盘阵列成为发展趋势。

目前非线性编辑系统中使用的 RAID 分为三种类型：第一种类型是独立于计算机的磁盘阵列，具有独立的机箱和供电系统；第二种类型是软件 RAID，软件 RAID 必须在操作系统建立后才能创建；第三种类型是 RAID 卡，这种方式介于独立磁盘阵列和软件 RAID 之间，它可分担一部分 CPU 的负担，但必须在操作系统建立后才能创建。

以网络存储为核心的存储技术也正在改变人们共享信息的方法。典型的网络存储技术有 DAS（Direct Attached Storage）、NAS（Network Attached Storage）、SAN（Storage Area Network）等。

（四）外围设备

外围设备主要由录放像机、DVD、VCD、CD 等音视频设备组成。

（五）接口

非线性编辑系统中的各个部件都是独立存在的，计算机内部接口将它们连接在一起，使视音频数据可以进行传输。同时，非线性编辑系统与外部设备进行数据交换也需要外部接口。

SDI（Serial Digital Interface，串行数字接口）是把数据流通过单一通道顺序传送的接口。它是最先出现的用于视频制作领域的数字接口。

SDTI 接口是由 SDI 接口发展而来，支持多种格式，如 DVCPRO、DVCPRO 50、DVCAM、MPEG-2 等，可用于高于实时的速度传输。

FDDI 光纤分布式数据接口以光纤作为信号数据的传输通道，传输带宽可实现 1Gb/s，甚至 2Gb/s 以上的数据传输。

IEEE-1394 接口将视音频信号和控制信号集中在一条线上，便于连接。可保证在传输视音频信号时的实时显示。

五、非线性编辑软件

非线性编辑软件包括专用型软件和第三方软件。能与非线性卡相连、直接进行视频采集输入和输出的软件称为专用型软件，是由非线性编辑系统开发商根据其选用的非线性卡的特点而专门开发的软件，可以直接调用非线性卡内数字特技模块而形成实时特技或短时间内生成特技，从而大大加快了节目的编辑速度，同时也可以直接驱动非线性编辑卡对素材进行上载和下载，是用户完成一般编辑的主要手段。第三方软件是指非线性编辑系统开发商以外的软件公司提供的软件。这些软件不能直接控制非线性卡进行输入 / 输出，但可以对已进入硬盘阵列的视音频素材进行加工处理和编辑，或制作出二维和三维图像再与那些视频素材合成，合成后的作品再由输入 / 输出软件输出。这些软件的品种非常丰富，功能十分强大，有些甚至是从工作站转移过来的。非线性编辑系统之所以能做到效果变幻莫测，吸引众人的视线，完全取决于第三方软件。

非线性编辑软件可以实现以下传统电视设备的功能：硬盘录像机；编辑控制器；切换台；数字特技机；字幕和图形创作系统；动画制作与合成；数字录音机、音源和调音台。

按照硬件平台的分类方法，非线性编辑软件也可分为三类：运行于 PC 机上的非线性编辑软件，运行于 MAC 机上的非线性编辑软件，运行于工作站上的非线性编辑软件。

六、非线性编辑的操作流程

任何非线性编辑的操作流程，都可以简单地看成采集、编辑与后期处理、输出这样三个步骤。当然由于不同软件功能的差异，其使用流程还可以进一步细化。

（一）素材采集与输入

采集就是利用非线性编辑软件，将模拟视频、音频信号转换成数字信号存储到计算机中，或者将外部的数字视频存储到计算机中，成为可以处理的素材。输入主要是把其他软件处理过的图像、声音等导入软件中。

当视频采集卡正确安装后，可以利用非线性编辑软件带的采集程序进行采集。一般有如下采集方法。

1. 单帧静止画面 / 多帧动态画面连续采集

2. 手动采集

3. 自动采集

4. 批量采集

（二）素材编辑与后期处理

采集好的素材已经存储在计算机硬盘中，通过非线性编辑软件中的相关命令将其调入编辑界面中。一般可以一次调入一个文件或多个文件，也可以调入一个文件夹中的文件。编辑之前的重要一步是将采集好的素材浏览一遍，做到心中有数，以便高效率地进行编辑，一般都在浏览窗口中进行。

任意自由地设定视频展开的信息，可以逐帧展开，也可以以秒、分为单位展开。然后调用非线性编辑软件提供的各种手段来剪辑、排列、衔接各种素材，同时添加各种特效，进行二维、三维的镜头过渡以及叠加字幕等。具体的过程可以包括如下内容：

素材浏览；编辑点定位；素材长度调整；素材的组接；素材的复制和重复使用；软切换；联机编辑和脱机编辑；特技；字幕；声音编辑；动画制作与合成。

（三）非线性编辑节目输出

非线性编辑系统可以用三种方法输出制作完成的节目。

1. 输出到录像带上

2. 输出 EDL 表

3. 直接用硬盘播出

输出节目的视频格式可以是 SD（标清）、HD（高清）、HD FULL（全高清）等。

七、非线性编辑网络

非线性编辑网络是指利用计算机网络将各自孤立的非线性编辑工作站连接起来，实现资源共享、协同节目制作、数据传输、素材管理以及媒体资产管理等功能的网络，全称为"专用的非线性编辑与管理的网络平台"。

非线性编辑网络的工作原理是：首先将来自磁带放像机信号、卫星信号或其他视音频信号的节目素材通过采集上载将各种视音频信号转换为数字信号存储在网络存储器（如磁盘阵列）中，非线性编辑工作站可搜索、下载或调用存储器上的视音频数据，再进行剪辑、串联、添加字幕、添加特技等编辑操作，最后将完成制作的节目送到下载端录制成播出带或直接通过数字化的播出系统实时播出。

网络系统中不同的码率和格式，用于制作、存储、播出、广域网发布等不同的应用领域。功能强大复杂，操作注重人性化的视音频编辑系统，支持时间线和复杂的故事板操作，提供丰富的软特技资源，内嵌功能强大的图文字幕系统，支持各种信号和接口。

（一）逻辑架构

非线性编辑网络系统不仅包含可以直接看到的应用软件和各种硬件设备，还有隐藏在系统之内的业务流程，支持系统运转。系统的逻辑架构如图 5-14 所示。

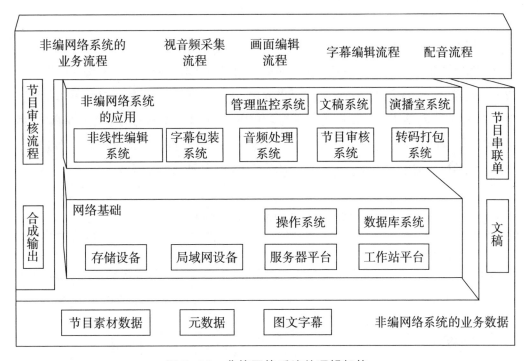

图 5-14　非编网络系统的逻辑架构

典型的非线性编辑网络系统是集视音频素材采集、电视节目编辑制作、配音、节目生产管理等功能于一体，并具备与演播室播出系统、媒体资产管理系统、摄像设备的数据交换接口的电视节目制作一体化业务系统。

（二）存储容量与带宽计算

在非线性编辑网络系统中，中央存储体提供存储空间和网络带宽，是系统的核心部分。

假设根据台内收录存储业务需求，在线存储容量需求是高清 1 小时 / 天，标清 10 小时 / 每天，预计按照高、标清要求存储 15 天计算。如果按照高清素材采集码率是 240Mbps、标清采集码率是 50Mbps 计算，单位小时存储空间计算公式如下。

耗费的存储空间 = 格式码率（Mb/s）× 时间（s）

标清码流：50 Mb/s × 3600s＝180000Mb＝22500MB ≈ 22.5GB

基本容量需求 = 每小时耗费的空间 × 存储时间需求

＝22.5GB × 10 小时 × 15 天 ＝3375GB ≈ 3.38TB

高清码流：240 Mb/s × 3600＝864000Mb＝108000MB ≈ 108GB

基本容量需求 = 每小时耗费的空间 × 存储时间需求

＝108GB × 1 小时 × 15 天 ＝1620GB ≈ 1.62TB

总有效容量：1.62＋3.38＝5TB

物理容量需求：5TB/0.8＝6.25TB

网络需要的总访问带宽为各个工作站点峰值带宽之和。假设整个非编系统有上下载工作站各 2 台、编辑工作站 3 台，只采取单一码流、MPEG-2I 帧，高清编辑制作码率为 240Mb/s，那么上载工作站的码率为 240Mb/s，下载工作站的码率为 480Mb/s（两层视频），编辑工作站的码率为 480Mb/s（两层视频），根据以上信息可以计算出整个非编系统的带宽需求，如表 5-1 所示。编辑工作站支持两层实时视频。

表 5-1　非编系统的带宽需求

工作站类型	数量	占用码率（高清 240Mb/s）
上载工作站	2	2 × 240
下载工作站	2	2 × 480
编辑工作站	3	3 × 480/3 × 960
总计	7	2880/4320

（三）网络技术

目前非编网络已经形成了 FC 网 + 以太网的双网结构、双路采集、脱机编辑、联机播出的工作模式。

双网结构的中心思想是综合 FC-SAN 网和以太网的优点，将播出画面的质量与编辑时看到的画面质量分开管理，如图 5-15 所示。

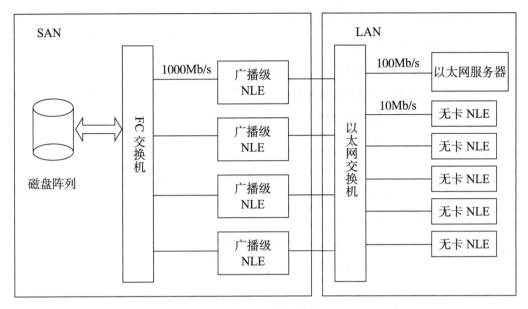

图 5-15　双网结构

　　FC-SAN 负责实时的高质量广播级视频数据流的传送、存储、共享和管理。以太网 LAN 负责系统管理信息、低质量的视频数据流、音频数据流 / 文稿数据等的传送、存储和共享。FC-SAN 管理软件负责对网络共享信息的读写权限进行管理和控制。

▶▶▶ 思考与练习

　　1. 简述直播系统与录播系统的区别。

　　2. 简述演播室系统、转播车系统、飞行箱系统的特点。

　　3. 简述视音频系统的组成。

　　4. 简述通话系统的作用。

　　5. 简述专用通话系统的组成。

　　6. 什么是黑场信号？

　　7. 简述同步机的功能。

　　8. 什么是台从锁相、台主锁相？

　　9. 简述同步系统的组成。

　　10. 什么是 TALLY 系统？

　　11. 简述 TALLY 系统的作用。

　　12. 简述 TALLY 系统的组成。

　　13. 简述时钟系统的作用。

14. 简述三种时钟系统的特点。

15. 什么是非线性编辑？

16. 简述非线性编辑的工作过程。

17. 简述非线性编辑系统的构成。

18. 简述视频处理单通道系统与双通道系统的区别。

19. 什么是磁盘阵列？

20. 简述非线性编辑软件的功能。

21. 简述非线性编辑的操作流程。

22. 简述采集及其方法。

23. 简述素材编辑与后期处理的具体过程。

24. 简述非线性编辑节目输出的方法及其区别。

25. 什么是非线性编辑网络？

26. 简述非线性编辑网络的工作原理。

27. 简述典型的非线性编辑网络系统的功能与数据交换接口。

28. 简述双网结构及其任务。

第6章　电视节目播出系统

电视节目播出系统有 4G/5G 直播系统、网络直播系统、硬盘播出系统。

第 1 节　4G/5G 直播系统

4G/5G 直播是一种通过依托第四 / 五代移动通信技术实现录影与广播同步进行的技术手段。

一、4G 直播技术

在电视新闻行业，现场记者只需拿一台安装 4G 通信模块的摄像机，就可以将现场拍摄的视频传送到电视台编辑系统，进行实时电视播放，真正做到了随时随地现场直播，完全可以不用电视直播车。不仅是电视媒体行业，在 4G 时代，每个普通人都能进行现场直播，任何人都能成为高速信息源，拿起 4G 手机就能成为视频直播的发布者。4G 直播使流媒体直播突破线缆传输的限制，视频直播行业迎来无线高清直播时代。

（一）4G 直播系统组成

4G 直播系统由 4G 移动终端、4G 基站、4G 媒体服务器、4G 新闻工作站、4G 直播工作站等组成，如图 6-1 所示。

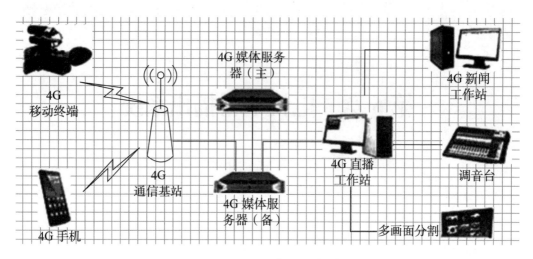

图 6-1　4G 直播系统组成

由图 6-1 可以看到，4G 移动终端将视音频进行编码，视频流进行切分后通过网络传输模块发送到 4G 基站，在 Internet 网络中通过宽带网络连接到通信机房，4G 媒体服务器接收回传来的切分数据流，并合成为一个数据流，送到 4G 录播工作站进行 SDI 信号传输和文件录制，SDI 信号通过传输切换台用于直播，录制的文件作为新闻素材编辑后再利用。系统主要包括以下几个主要部分。

1. 视音频采集移动终端

把视频信号转换成视频数据流并切分流数据，并将数据通过多个数据端发送到 4G 网络。4G 传输终端配合摄像机使用，可以采用专业摄像机，也支持手持型 DV，无线通信类型为 4G（LTE/WIMAX）、WiFi、ETHERNET 等多信道混用，支持多卡绑定，传输文件格式为 H.264，码率可达到 500Kbps—5Mbps。

2. 4G 媒体服务器

安装在中心机房或者演播室的 4G 媒体服务器，由视频服务器和存储组成，用于接收移动终端通过 4G 网络实时回传的视频流，进行 IP 数据流的接收、合成数据包及控制命令转发，同时连接和管理存储服务器中的视音频信号，以及管理系统中的各种设备和资源，通过以太网发送给后端输出服务器。传输终端静态接入时，至少支持 20 路D1 的稳定可靠连接。该服务器可以互为热备份，以保证数据安全接收。

3. 4G 服务管理系统

系统集计算机网络、通信网络及智能化为一体，是综合信息化管理平台，实现素材的收集、分发、管理，同时还提供了信道情况监测以及用户权限管理功能，能够让台内技术人员实时控制 / 监测各路全段信号的直播、转发等情况，通过该管理平台，台内人员可以实时与现场人员方便地通信、调度，并对 4G 移动终端信道情况进行监测，同时提供用户管理功能，方便分级管理，系统的数据业务能够实时进行数据处理，通过对数据的合成、纠错、封装，提供给音视频流媒体转发及预览，方便管理。

4. 视音频输出工作站

用于接收 4G 服务器发送的数据包，然后通过解码输出供播出使用的 SDI 信号。工作站的广播级视音频板卡可以支持 4 路 SDI 信号同时输出，同时监看 4G 服务器接收的视频信号，可以支持最多 20 路信号源选择，还可以直接把指定的监看信号回录成文件保存在本地硬盘，供后期制作使用，使用非常方便。为确保系统的安全性，视音频输出工作站可以配备两套互为备份。

（二）4G 直播系统实例

在 4G 网络的大数据时代，各互联网商家都推出了云服务。本文介绍的奥点云流媒体直播服务 LSS（Live Streaming Service）就是为直播业务而开发的大大降低系统构建成本的流媒体直播云服务，方便用户快捷搭建自己的视频直播业务。

用户通过流媒体直播服务 LSS 就可开通直播发布，并且可快速获取 HTML 播放代码，将直播视频嵌入自己的网站业务中，支持 WINDOWS、IOS、ANDROID 多终端播放，如图 6-2 所示。

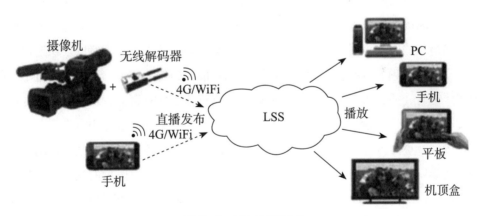

图 6-2　4G 直播系统

LSS 提供的是云服务，网络覆盖全国各地区，能够满足全国不同网络用户需求，并且支撑 7×24 小时服务，提供更高稳定性保障，不存在单点故障问题。同时，现场直播的音视频内容可设置自动存储在云端，历史视频备份存储，也可以给错过机会没在现场同时又没赶上看直播的观众进行回看点播，分享刚刚过去的精彩。

随着移动通信技术的发展，4G 直播系统在电视媒体的应用必然越来越多，它会从一种辅助方式演变为一种重要方式，甚至可能带给电视媒体巨大的变革。微博、社交网络等的兴起证明，双向互动是现代媒体发展的方向，电视媒体也将向全媒体、融媒体的方向发展，作为能够开展双向视音频综合业务的传输平台技术，必将在未来产生深刻影响。

二、5G 高清电视直播系统

5G 网络作为第五代移动通信网络，其峰值理论传输速度可达每秒数十 Gb，比现在4G 网络的传输速度快数百倍。而 5G 的毫秒级低时延让人们的视觉和听觉几乎感受不到距离带来的差异，为媒体行业实现远程、多地、高清、稳定的实时直播提供了可能。

（一）系统架构

5G 高清电视直播系统由信号源、编码、传输、解码、播出等部分组成，与传统架构的区别在于各部分的技术、设备的优化。信号源更加开放灵活，如手机、DVD、摄像机等，而技术的进步也提高了这些设备拍摄的画面质量；编码依然是目前流行的技术方式，传输则用 5G 网络，有其他网络信号补充。

（二）硬件客户端

硬件客户端是采集视频信号并且进行数据传输的功能模块。主要特点是：第一，能够通过简单高效的操作完成直播工作，帮助直播记者应对复杂多变的采访现场；第二，网络自动接入与自适应功能，快速进行网络连接，并且对当前网络状态进行判断，自动寻找最佳的网络信号完成直播工作，根据实际的网络带宽、延时以及稳定性等需求选择合适的视频、音频编码与传输参数，达到最佳的传输效果，可以在信号不佳的区域提醒记者，并且可以通过其他辅助设备完成直播工作；第三，负载均衡，在进行数据传输时利用多信道传输将数据传输压力分摊到各个不同的信道中，降低对单一信道的依赖性，更好地完成高清画面的传输；第四，由于直播环境的复杂性，网络信号的稳定性难以保证，为应对网络抖动，可以设置缓冲区，将编码后的视频、音频数据存入缓冲区，并且从缓冲区进行数据调用发送，解码器也从缓冲区进行调用解码播放，以确保视音频数据传输的稳定性，4G 系统设置缓冲区存在困难，而 5G 系统因自身速度优势，避免了缓冲区的延时，提升了对户外环境的容忍度；第五，智能天线，这是4G 的关键技术，也是 5G 的重要技术，可以实现自动分析无线阵列信号、完成自动追踪以及其他智能化功能，进一步提升系统性能，降低信号间干扰，节约系统成本；第六，自动备份存储，即使是直播，在直播完成后也需要进行二次编辑与播放，甚至由于直播环境恶劣，也需要进行后期加工才能得到高质量画面，因此需要可以实现自动存储的固态存储器。

第2节 网络直播系统

网络直播系统可以把活动现场的音频或视频信号经压缩后，传送到多媒体服务器上，在 Internet 上供广大网友或授权特定人群收听或收看。

现在网络直播系统分软件直播和硬件直播，硬件直播的优势在于网络延迟低，唇音同步，同时还支持客户端分辨率自适应调整。

一个完整的流媒体系统应包括以下几个组成部分，如图6-3所示。

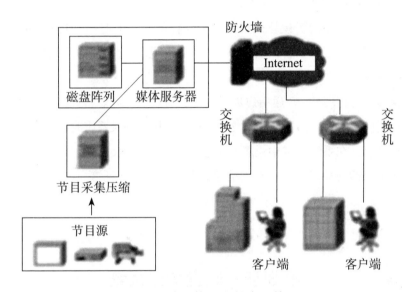

图6-3 流媒体系统基本拓扑图

节目源：提供电视节目信号。压缩采集：用于创建、捕捉和编辑多媒体数据，形成流媒体格式，这可以由带视音频硬件接口的计算机和运行其上的制作软件共同完成。服务器：存放和控制流媒体的数据。网络：适合多媒体传输协议或实时传输协议的网络。客户端：浏览流媒体文件。

网络视频直播系统应用流媒体技术在网络上进行直播，同时支持进行录播（系统自动录制，方便用户随时点播），用户访问指定的直播网站页面（URL），其访问请求导向发布服务器节点，获得流媒体数据，通过网页浏览器直接观看直播视频内容。

网络视频直播系统具有以下功能。

节目 / 频道管理：为用户传送不同码率的视频提供了方便，用户可以给不同的频道设定不同的视频码率进行直播或存储，根据用户的需求提供对音视频采集的选择。

定时存储：在视频采集频道中，可以在进行直播的同时保存视频节目。系统还给用户提供一套更完善的自动保存机制，用户可以控制某一频道在不同时间段进行保存。

定时启动：为用户提供定时启动某路频道功能，可以根据用户自定义时间进行设置。

定时传送：根据存储的文件节目，可以通过定时传送技术直接进行 VOD 节目的制作和上传。

自动录制：在直播的同时进行录制，提供视频点播系统供用户收看。

预览控制：在采集服务器上，管理员可以通过预览进行对采集设备的图像预览，可以进行 1 路、4 路、8 路和 16 路的选择。

系统监控：记录系统各模块的日志，记录管理员／用户操作日志，如采集工作站在直播时出现问题的记录、管理员操作步骤、服务器运行出现的问题等，查看正在直播节目的码流数、播放状态等。

用户管理：对管理员／普通用户进行管理，可添加／删除／修改用户属性，修改用户权限，对用户频道直播收看进行计费、统计，在用户登录系统时进行认证。

与点播结合：在系统配置中设置直播系统和点播系统的交互参数，就可以直接或定时将采集下来的视频资源上传到点播系统服务器中，并且直接制作成一个节目进行点播。

第3节　硬盘播出系统

电视播控中心是电视台的核心部门，是电视台内外信号汇集的中枢。由制作中心、新闻中心等部门制作的节目，卫星、微波接收的节目，光缆、电缆引入的节目，都要送到电视播控中心，按照预先编排好的节目顺序，实时切换播出，再通过电缆、光缆、微波等方式送到发射台、微波站、有线电视机房、卫星上行站等传输机房，最后在电视屏幕上得到显示。

模拟播出系统以切换台为核心，以人工操作为主要播出方式。数字化全自动硬盘播出系统以视频服务器为核心，组成播出网络，实现了网络化、智能化、资源共享、安全高效。

电视节目播出系统经历了手动播出、半自动播出和全自动播出三个阶段，全自动播出阶段采用以视音频服务器为核心的硬盘自动播出系统，与硬盘自动播出系统并行工作的是一套热备份的硬盘自动播出系统，又称影子灾备系统。

一、相关概念

（一）播控中心

播控中心是电视台内担负着各个频道电视节目播出控制任务的技术场所，每一个频道都用一个播出切换台进行播出节目切换，将播出节目信号按节目表安排的时间顺序传送给总控制室，由总控制室再送给发射台或卫星地球站等地。播出控制都采用自动控制系统，但可手动干预。

（二）总控机房

总控机房是电视节目播出链路的信号中枢，在这里对参与播出的各种视音频信号、静止图像信号、卫星接收信号、现场直播的微波信号以及播出信号进行监测、调校、处理和调度，并向播控中心和演播室传送外来信号；在这里产生基准同步信号，对所有播出信号进行同步处理，为全台提供基准同步信号，实现全台各种信号的同步；在这里提供一个精确同步的标准时间，对全台时钟进行精确同步，保证播出时间的统一和准确；在这里建立一个有效实用的内部通话系统，协调各播出部门及现场直播的工作。

（三）传统的自动播出系统

传统的自动播出系统是以数字切换台为中心、数字录像机为节目源，控制数字录像机与数字切换台协调工作，实现自动播出的技术系统。这种系统基于工控机控制并配合自动装带系统（机械手），存在录像机卡带、定期更换磁鼓、更改节目表的过程复杂等缺点。

（四）数字播控系统

数字播控系统是以视音频服务器为核心，利用数据库技术进行管理，通过计算机网络传输控制和管理信息，并对设备进行监控，自动播出电视节目的技术系统。自动播出系统控制视音频服务器与切换台协调工作，实现数字播出。数字播控主要有两种应用形式：计算机全自动非线性播控方式和计算机嵌入式受控插播方式。

1. 计算机全自动非线性播控方式

由计算机根据给定的全天的包含所有节目的播出时间表，按顺序自动控制有关设备（主要是视音频服务器）依次播放。除此之外，自动播控系统还有实时修改节目播出时间表的编辑能力，在正常运行时，操作者只需监视运行是否正常或临时修改节目播出时间表。

2.计算机嵌入式受控插播方式

插播系统内的计算机接收来自切换台或其他自动播出系统的信号，根据给定的包含某一类或几类节目的播出时间表，按顺序自动控制有关设备依次播放，也有实时修改播出时间表的编辑能力。插播系统是嵌入在电视台内的全台播控系统中针对部分节目播出时间表的受控播出系统，如广告插播。操作者也只需监视运行是否正常或临时修改节目播出时间表。

（五）帧精确

帧精确是指电视节目录入视频服务器时要根据给定的入点帧和出点帧一帧不多、一帧不少地录入。节目播出时要按照给定的时间点开始，时间点也要精确到帧；实时响应 GPI 的外来播出信号，时间点也要精确到帧；播出时节目之间或节目与广告之间要精确到帧；播出时视频切换与音频切换同步要精确到帧。数字播控时，直接由计算机控制从视频服务器将离散存储的节目和广告实时串行播出，帧精确成为评价数字播控系统的一个重要指标。

（六）多频道独立式播控系统

多频道独立式播控系统是指每个频道各有一套独立的播出控制系统。这种系统是传统的结构，各频道互不影响，其播控系统独立操作，安全性高，但资源不能共享。

（七）集中式播控系统

集中式播控系统是指共用切换台、共用播控矩阵等信号通道的播出控制系统。这种系统共用切换台和播控矩阵，能实现最大限度的资源共享。

二、视频服务器

视频服务器是一种对视音频数据进行压缩、存储及处理的专用计算机设备。

（一）视频服务器的构成

视频服务器由视音频压缩编码器、海量存储设备、输入/输出通道、网络接口、视音频接口、RS422 串行接口、协议接口、软件接口、视音频交叉点矩阵等构成。

1.视音频压缩编码器

因视频信号数字化以后的数据量很大，故要采用压缩技术将视频数据在满足技术指标要求的条件下尽可能地进行高压缩比的压缩，以满足存储和传输的要求。视频服务器一般采用 M-JPEG、MPEG-2、DV、AVS 等压缩编码方式，用户可以根据实际情况选择压缩码率和压缩结构，以适合于各种不同的制作和播出场合，达到既节省硬盘空间、增加节目存储量，又能保证制作和播出质量的目的。

2. 海量存储设备

视频服务器采用高速、宽带的 SCSI 接口硬盘或最先进的 FC 接口硬盘作为视音频素材的存储介质，同时视音频数据的硬盘扩充也比较灵活。

3. 输入 / 输出通道

视频服务器具备多通道输入 / 输出，使多路录入、播出能同时进行。

4. 网络接口

视频服务器都有网络接口，以方便组网、实现数据共享。一般都有 FC 和以太网接口，FC 光纤网采用 IP 协议作为视频服务器之间快速、实时复制和移动素材的交换网络，以太网用于传送控制数据和状态检测信息。

5. 视音频接口

视频服务器都有视音频接口和模拟监视视频接口，能方便监视各通道的视频信号，输入 / 输出信号可以在模拟、分量、SDI 中选择。

6. RS422 串行接口

视频服务器都有多个 RS422 串行通信接口，每个接口都可通过 RS422 由外部计算机控制节目存储和播出。

7. 协议接口

视频服务器除了提供各种控制硬件的接口，还提供协议接口，如 RS422，除支持 RS422 的 Profile 协议以外，还支持 Louth、Odetics、BVW 等通过 RS422 控制的协议。

8. 软件接口

视频服务器提供开放的软件接口，以供用户或第三方厂商开发和构建新的应用方式。

9. 视音频交叉点矩阵

视频服务器都有视音频交叉点矩阵，能灵活调度视频服务器内的视音频信号，实现视音频素材的共享，同时可保证技术指标不受损伤。

（二）视频服务器的体系结构

不同的应用对视频服务器有不同的技术要求，视频服务器可采用不同的体系结构：基于通用计算机的结构；基于高级工作站的结构；基于专用硬件平台的结构；分布式层次结构。

（三）视频服务器的压缩格式

数字压缩技术也就是通常所说的编码方式，是视频服务器的技术核心，也是选择视频服务器的重要考察对象。前面已经介绍比较流行的数字压缩编码格式有 M-JPEG、DV、MPEG-2、AVS 等，某些产品还有互联网中常用的小波压缩和 MPEG-4 压缩。

（四）视频服务器的信号输入

视频服务器的信号输入（素材上载）方式有三种：视频信号（模拟／数字）方式、压缩数据流方式、网络文件传输方式。

（五）视频服务器的存储技术

为了保证视频数据的存储安全和播出安全，一般视频服务器都采用冗余磁盘阵列 RAID（Redundant Array of Independent）技术来避免因硬盘损坏而导致数据丢失的可能。

比较流行的 RAID 技术有三种：RAID1、RAID3、RAID5。大部分视频服务器都采用 RAID3 技术（也有采用 RAID5），而且带有 FC 接口，采用纯软件 RAID 的服务器很少。

一个较大的流媒体服务系统一般应具备 1000—10000 小时的节目存储量，净存储数据达上百 TB。视频服务器有两种网络存储结构，即分布存储结构和集中存储结构。

1. 分布存储结构

这种结构采用磁盘阵列分布在多个节点的方式来存储数据，各节点通过内部高速网络互连。

2. 集中存储结构

这种结构将现有的 SAN 或 NAS 系统作为视频服务器的存储部分。

视频服务器存储系统的容错方式经历了如下发展过程。

（1）单机运行

早期的视频服务器结构非常简单，大多只采用一次 RAID3 或 RAID5 技术进行基本的容错保护，组成独立的单一系统，只用于备份信号源辅助播出，不满足大中型多频道播出要求，如图 6-4 所示。

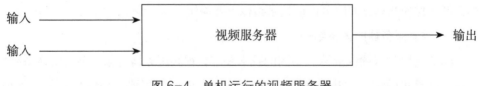

图 6-4　单机运行的视频服务器

（2）双机热备份

这种系统的主备机具有完全一样的结构和内容，文件上载到主机时，备机做一对一拷贝，主备机之间采用 SCSI 接口或 FC 互连，能满足广告播出系统和小型单频道播出系统的要求，如图 6-5 所示。

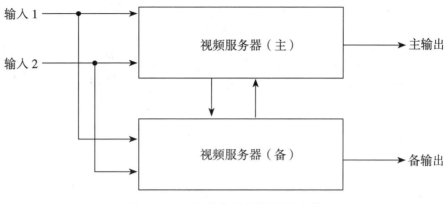

图6-5　双机热备份的视频服务器

（3）主—缓存（Main-Buffer）配置

这种方式中，主机是拥有全部内容的中心存储服务器，并连接几个存储量较小的服务器作为缓存器，用于各个频道的播出（称为播出服务器）。如某个缓存服务器出现故障，主服务器将自动取代它；如主服务器出现故障，缓存服务器可用它自己的存储数据继续播出。系统自动管理服务器间的内容分配，适合大存储量、多频道播出。

（4）网络环境中容错

这种方式中，视频服务器节点本身不负责大容量的节目存储，而通过交换机与采用 RAID3 或 RAID5 的大容量集中存储硬盘盘塔相连。

（5）基于 RAID 平方技术的容错结构

在数据写入时，把一块数据分成相等的若干小块，同时计算出该小块的奇偶校验和，把各小块数据及其奇偶校验和并行存储到各个服务器节点的硬盘中，类似于 RAID5 技术。故障节点数据恢复后，可自动重新写入该节点，实现了故障节点自动恢复。在视频服务器内部的硬盘阵列再次采用 RAID5 技术，每个节点通常有 8—12 个硬盘构成 RAID5 磁盘阵列，实现了多级故障自动恢复功能。任何一个服务器损坏，均可由其余服务器恢复丢失的数据，任何一个硬盘损坏，也可由其他硬盘恢复丢失的数据，这种技术又称为 RAID 平方技术。若系统内有 n 个节点，则硬盘有效利用率可达（n-1）/n 倍，节点越多有效利用率越高，硬盘的有效利用率可提高到67%—80%。但是，至少要有 3 个节点，如果只有 2 个节点，则有效利用率与镜像主备方式相同。

这种结构中，服务器节点间采用点对点互连的双向拓扑结构，如图6-6所示。

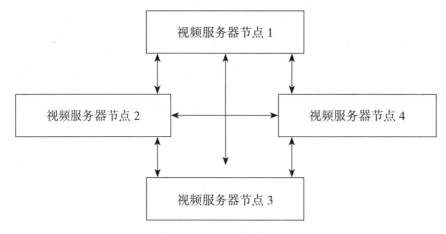

图 6-6　RAID 平方技术

（六）视频服务器的组网技术

主流视频服务器都采用 FC 光纤网作为视频服务器之间快速、实时复制和移动素材的交换网络。FC（Fibre Channel）是 ANSI 为网络和通道输入 / 输出接口建立的一个标准，与传统的输入 / 输出接口技术（如 PCI、SCSI 等）不同，它是一种综合的通道技术。它既支持输入 / 输出通道技术，又支持多种网络协议（如 HIPPI、IPI、SCSI、IP、ATM 等），支持点对点、仲裁环、交换等多种拓扑结构。FC 包含通道的特性，兼具网络的特点，描述了从连接两个设备的单条电缆到由以交换机为核心连接许多设备的网络结构。

（七）视频服务器的控制协议

视频服务器多采用 Louth 控制协议，Louth 的全称是 Video Disk Communications Protocol，一种基于主从控制方法，在控制设备和受控设备之间进行通信，以控制设备实施主控制，是一种点对点的拓扑结构，符合开放系统互联（OSI）参考模型。层一是物理层，包括电气与机械的技术规格；层二是数据链路层，包括信息通过物理链路的传输同步和错误控制；层三和层四提供网络功能；层五是会话层，规定了在应用之间通信的控制结构，即为交互应用提供建立、管理和拆除、终止连接的手段；层六是表达层，提供控制语言。

（八）视频服务器的特点

1.将多通道、录制、播放等功能集于一体。

2.用硬盘作为记录载体，具有非线性特点。

3.素材在硬盘还未形成完整文件时，便可由输出通道调出播放，非常适用于延时播出和视频点播（VOD）等领域。

4.容易实现向前或向后的变速播放，传统的录像机要经过特技设备才能实现变速播放。

（九）视频服务器的应用

视频服务器在电视领域的应用主要有两个方面：一是利用视频服务器实现视频点播和延时直播；二是利用视频服务器构建自动播出系统。视频服务器采用开放式软硬件平台和标准或通用接口协议，使基于视频服务器的多通道数字播出系统扩展能力较强、能够与未来全数字、全硬盘、网络化、多频道资源共享模式的节目制作和播出体系相衔接。全硬盘或盘带结合的基于视频服务器的多通道数字播出系统可以实现播出差错隔离和故障隔离，也可以实现延时播出。

1.在视频点播系统的应用

视频点播按其实时性和交互性分为两种：准视频点播（NVOD，Near Video On Demand）和真视频点播（TVOD，True Video On Demand），真视频点播又简称为视频点播（VOD）。

基于 CATV 网和 PSTN 网的 NVOD 系统的结构如图 6-7 所示。

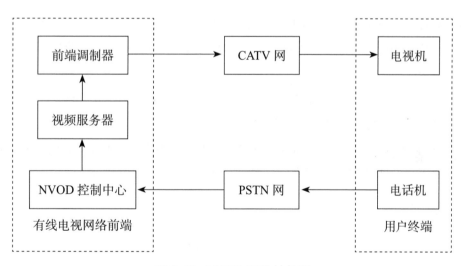

图 6-7　NVOD 系统结构图

图 6-7 中，利用 CATV 网作为宽带下行信道，利用 PSTN 网作为窄带上行信道。视频服务器是核心，利用其多通道特性和素材可共享特性，实现一个节目相隔一段时间重播，点播者能在等待较短的时间内看到自己点播的节目。如：在视频服务器内一个时间长度为 N 的节目，经视频服务器 8 个输出通道分别输出，第二通道相对于第一通道延时 N/8 时间播放，第三通道相对于第二通道延时 N/8 时间播放，以此类

推。每个通道的节目循环播放，那么第一通道下一次开始播放的时间相对第八通道也是延时 N/8 时间播放。这样，相邻通道播放的是相同节目，但时间间隔均为 N/8。用户点播时，其点播信息经节目请求计算机处理后，由节目播放控制计算机将马上要播放的通道号、授权等信息返送给用户接收设备，用户在 N/8 时间内就可看到自己点播的节目。

VOD 系统一般由前端系统、网络系统及客户系统三部分组成，前端系统由视频服务器各种档案管理服务器以及控制网络部分的设备组成。

2. 在电视延时直播的应用

延时技术在电视节目直播中的应用，可以有效地应对突发状况，保证电视节目直播安全，利用视频服务器很容易实现延时直播。

根据演播室内视音频系统所处的不同位置，延时系统可以分为前端延时和后端延时两种方式。

前端延时是将演播室外的视音频信号先通过延时器进行处理，然后与话筒、摄像机、录像机等设备一起接入演播室内。这种方式适合外来信号接入，因为外来信号具有比较强的不确定性。如在体育比赛的直播中，演播室内需要有即时信号和延时信号，主持人对着延时画面进行解说，出现突发状况时，工作人员有一定的反应和处理时间，导播只要切换预先准备好的广告等其他画面播出即可，等外来信号恢复正常后再切换回来，继续直播。

后端延时具有较为多样的方式，其中较为常用的是将相关视音频信号送到播出室之前就进行延时。如将延时时间设为 15 秒，则电视直播中的所有活动都需要比正式播出时间提前 15 秒。这种方式适合参与人员较多的新闻类或综艺类节目直播，出现突发状况时，工作人员有 15 秒时间进行处理，切换台切出垫播的录像机画面，15 秒后恢复正常播出。

3. 在电视自动播出系统的应用

自动播出系统以视频服务器为核心，利用数据库技术进行管理，通过计算机网络传输控制和管理信息并对设备进行监控，通过高速视频网络传输播出节目数据。自动播出系统控制视音频服务器与切换台（或矩阵）协调工作，实现数字播出。在这种播出方案中，服务器的组合主要有两类结构：一类是采用主备视音频服务器的方式；另一类是 Media Cluster 方式，又称为服务器群集方式。

在主备方式中，服务器镜像配置、工作完全相同、通过光纤通道互连，如图 6-8所示。

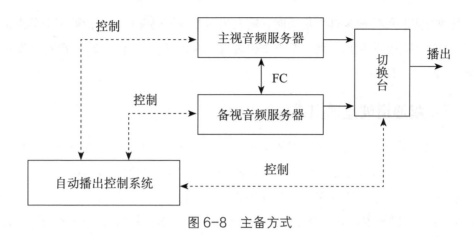

图 6-8　主备方式

图 6-8 中，每个服务器内的硬盘均采用 RAID 技术，任何一个服务器上载的内容同时自动镜像拷贝到另一个服务器中，两个服务器保持同步运行，备服务器处于等待模式，主服务器一旦出现故障，备服务器立刻接替工作。

在群集方式中，多个服务器通过网络组合起来，每个服务器为一个节点，整个系统的数据存储采用 RAID 平方技术。

三个节点的输入 / 输出配置如图 6-9 所示。

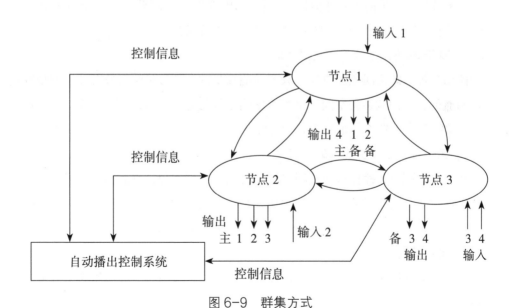

图 6-9　群集方式

图 6-9 中，每个节点有四个 I/O 口用于录入或输出，码率低时可有 6 个 I/O 口。每个节点输入的数据通过网络均衡分配都可被各个节点共享，因此若有一个节点出现故

障，其他节点仍可完成素材采集功能。输出采用主备解码配置，无论哪一个节点出现故障，都能保证正常播出。如：节点 2 出现故障时，其主输出 1、2、3 路可立即由备输出 1、2、3 路替代。

三、双通道硬盘播出系统

硬盘播出系统由节目数字化媒体系统、播出系统、播出管理系统和通道分控系统组成。节目数字化媒体系统由收录服务器或上载工作站等软硬件设备构成，播出系统以视频服务器为核心，配备各类型与播出相关的工作站、服务器及周边设备（切换台、矩阵），播出管理系统由系统设备监测、监录服务器、播出系统监控服务器等软硬件设备构成，通道分控系统以主备视频服务器播出信号为主播信号源，以应急录像机信号、外来信号（演播馆、数字电视实验室、非编实验室等）、矩阵调度信号、垫片信号、测试信号等为备播信号源。

两个通道全部采用切换器的方式播出。播出信号的监看采用大屏幕多画面分割监看的方式实现。配置独立的台标和字幕系统，通过切换台的下游键实现台标字幕的混合且字幕系统设计为播出联动结构，播出系统可方便地对字幕系统进行控制。信号传输方式采用模拟复合信号（CVBS）。

本方案选用了先进的控制通信技术，利用 IP 网络集中控制器将发控端及被控端的信号全都接转成网络 IP 的方式进行控制，具有如下特点。

（一）基于 IP 方式的协议使端口共享

发控端与被控端之间的随意性，只要是能接受的、端口是绝对放开的、通信间的协议是畅通的，它们就不受空间、位置等影响可以与对方通信，端口与端口之间的转换也就非常简单、容易了，如图 6-10 所示。

（二）实现对 422 设备的精确控制

正常播出情况下，播控机通过网络控制视频服务器实现精确到帧的节目播出，同时播控机通过 422 服务器随时可以控制切换台、切换器以及应急录像机，在需要时准确地控制切换器切换到需要播出的通道实现自动播出切换，如图 6-11 所示。

（三）支持离线播出

系统支持离线播出功能，即在播出控制服务器出现故障时，播出视频服务器仍然能够根据本地节目单进行播出，提高系统的安全性。

（四）支持扩展升级

在扩展升级时只需要增加 IP 网络集中控制器的数量，即可增加系统中可控制的设备数量。

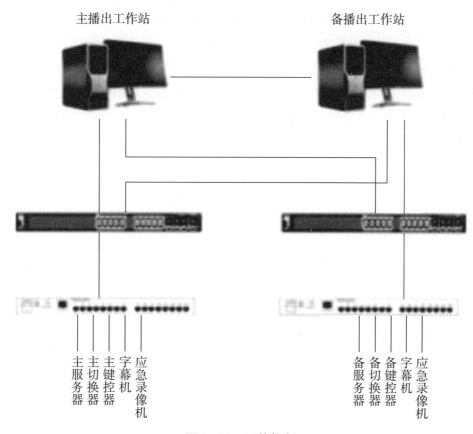

主播出工作站　　　　　　　　备播出工作站

主服务器　主切换器　主键控器　字幕机　应急录像机　　　　备服务器　备切换器　备键控器　字幕机　应急录像机

图 6-10　网络控制

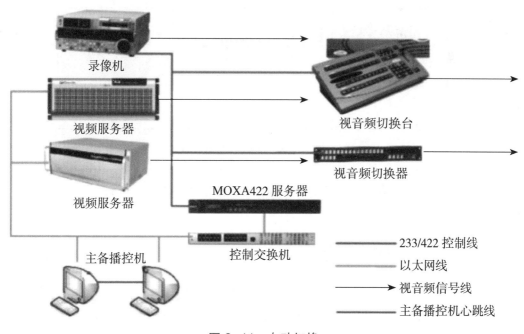

录像机

视频服务器

视频服务器

MOXA422 服务器

视音频切换台

视音频切换器

主备播控机

控制交换机

———— 233/422 控制线

———— 以太网线

———→ 视音频信号线

———— 主备播控机心跳线

图 6-11　自动切换

素材上载是将节目素材通过采集方式存储于服务器或盘塔的硬盘中供播出使用。

播控软件采用模块化结构，各功能模块既相对独立，又协调一致、紧密配合，具有先进的管理机制，安全的操作流程。其主要模块如下：节目串联单编辑模块；播出编辑、控制模块；广告串编模块；自动技审模块；系统功能管理模块、播出统计模块。所有软件模块构架于 SQLSERVER2008 数据库结构之下，各个模块的相互关系如图 6-12 所示。

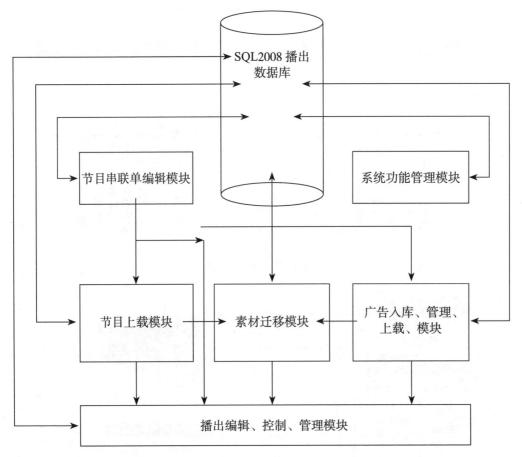

图 6-12　基于 SQLSERVER2008 数据库下各个模块的相互关系

四、网络硬盘播出系统

系统由五部分组成：视音频服务器、数字媒体中心管理、自动播出控制子系统、播出切换台与台标字幕、视音频质量自动监测子系统，如图 6-13 所示。

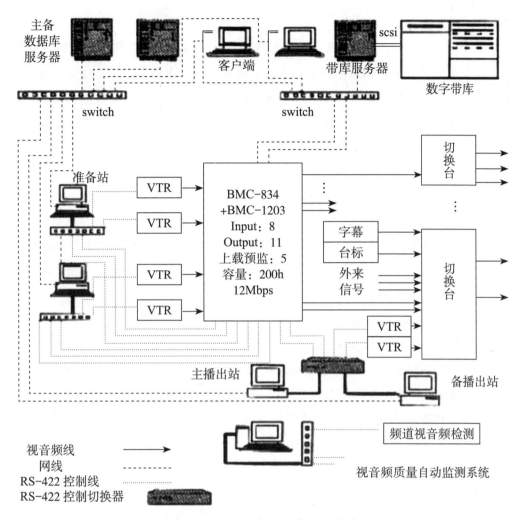

图 6-13　网络硬盘播出系统组成

（一）视音频服务器

采用两套服务器构成服务器网络，一套是由 4 个视音频服务器组成的 BMC-834，可供两个频道播出用；另一套是 BMC-1203 视音频服务器，负责影视频道硬盘播出。两套服务器之间通过网络连接，视音频服务器与数据流带库之间也通过网络连接，可以实现节目共享和交换。

（二）自动播出控制子系统

由五部分组成：主备数据库服务器、主备播出站和 RS-422 控制切换器、上载站、交换机（Switch）和远程故障诊断。

主备数据库服务器装有网络中心数据库，由许多数据模块组成，包括素材索引库、档案库、播出模块、广告模块。

每个频道都采用主备播出站同步控制播出，通过 RS-422 控制切换器进行切换。主备播出站在播出前通过网络从数据库服务器中调出播出表单，也可在播出站现做播出单，开播后主备播出站自动与网络断开，网络中的任何异常都不会影响播出控制系统正常工作。每个播出站都可同时控制切换台、录像机、视音频服务器协调工作。根据用户需要，可实现全硬盘播出、盘带混合播出或全录像机播出及延时播出。

准备站为上载站，每个上载站可同时控制 2 台 VTR、2 个编码板和 1 个录后解码预监，主要完成 5 项任务。一是素材库管理维护，二是制作播出单，三是控制视音频服务器、录像机等设备上载素材，四是播出节目预先测试，五是档案管理。

交换机主要用于网络数据交换，远程故障诊断可定期检查用户视音频服务器、自动播出系统的工作状况。

（三）切换台与台标字幕

播出切换台可输入 16 路 Primary、2 路 Key 和 Key Fill，可输出 2 路 Program、2 路 LAP（Look Ahead Preview）、2 路 Cleanfeed、4 条有双路输出的辅助母线（Aux Bus），可以输入数字音频嵌入数字视频的信号或分离的视音频信号并可调整音频电平。

为了保证播出可靠性，每个频道配 1 个 16 选 1 开关，其输出配 1 个键控器，切换台出现故障时，用 16 选 1 开关输出并有台标输出，由 1 个 2 选 1 开关选择切换台输出或 16 选 1 开关输出。

（四）视音频质量自动监测子系统

由 2 台数字示波器和 1 台视音频质量自动监测工作站完成 4 项工作：同时显示播出频道输出信号波形、矢量、动态图像、音频幅值和相位；实时监测视音频信号质量的 32 项内容，如幅值、音量、消隐行、时码等；实时对故障自动进行记录，实时用声音、图像进行报警，根据用户要求打印故障时间、类型、出现频率等；给出故障统计分析结果，供技术人员分析、查找故障原因。

（五）数字媒体中心管理

包含 2 台客户端、1 台带库服务器、交换机和数字带库，用于上载和长久保存节目素材并重复使用。通过客户端、交换机与视音频服务器相连，进行数据交换。可使网络多频道硬盘自动播出控制系统与数字中心存储带库协调工作，实现数字播出与存储的自动化管理。有 6 个模块：系统管理、带库管理、素材管理、数据库管理、查询统计、帮助。

五、标清和高清共用的硬盘播出系统

以硬盘服务器为主，配置数据流磁带库作为近线存储，标清和高清共用硬盘存储系统，上载、存储、播出相对独立，互不影响，如图6-14所示。

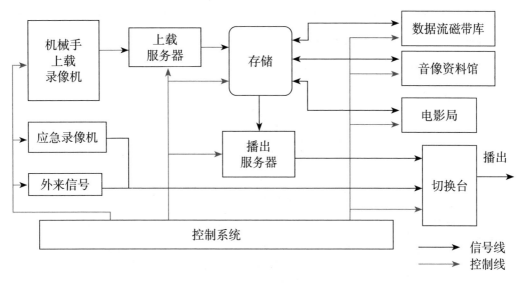

图 6-14　标清与高清共用播出系统

图6-14中，机械手和上载录像机主要用于素材上载，一旦硬盘系统不能正常工作，即可转为传统机械手自动播出方式。近线存储系统能存储一个月的节目，预留两个外部接口，用于与电影局和音像资料馆连接。

标清采用MOEG-2 4：2：2P@ML IBBP GOP，数据率为4—25Mb/s，这种压缩标准便于与非编系统兼容。标清上载用20个编码通道，其中16个用于机械手内的录像机上载，另4个用于应急上载通道；高清上载用3个编码通道，其中2个用于录像机上载，另1个作为应急使用。上载部分配备了相应的解码通道，标清18个，高清2个，以便实时监看。

播出系统为每套节目配备主备通道，有4套机械手用于8套节目的自动上载，在硬盘服务器崩溃时，可应急播出；机械手内部设置16台录像机（每套机械手4台）。此外还配置4台应急播出录像机，每2套节目共用1台应急录像机。

采用嵌入音频方式，每套节目都配备数字切换台和应急矩阵，用于信号处理和播出。

近线存储配置5台磁带机，采用数据流磁带。资料保存时间按30天计算，存储容量约为 30TB，选 200GB 数据流磁带，约 150 盘。

数据迁移带宽是指在线存储和近线存储之间数据传输所占用的带宽，数据传输是双向的。从在线迁至近线，每天需要在播出结束后 4 小时内完成，每小时带宽约为 966GB，若用 35MB/s 的磁带机，则需 3 台；从近线迁至在线，迁移量较少，迁移时间也可长一些，只需 1 台磁带机。

采用分布式归档管理，近线存储系统由迁移管理服务器、迁移服务器、磁带库控制服务器和磁带库组成，迁移服务器为主备工作方式。

网络控制结构如图 6-15 所示。

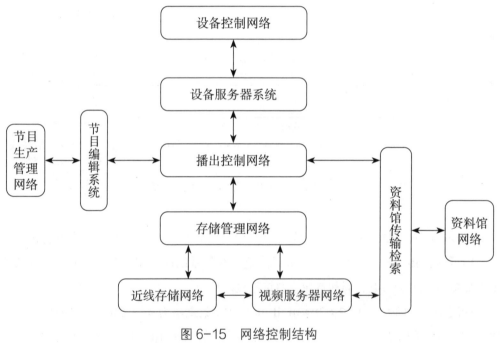

图 6-15　网络控制结构

六、超高清电视硬盘播出系统

（一）4K 超高清电视播出系统

1. 基带 4×3G-SDI 架构

基带 4×3G-SDI 架构是一种比较稳定的架构模式，周边设备的应用技术比较成熟。在该架构下，数字分量串行接口（serial digital interface, SDI）标准单路最高传输容量为 3 Gbps，需要应用 4 条同轴电缆同时捆绑传送，完成 1 路 4K 信号的传输。在应用过程中，由于 4 条电缆同时捆绑传送 1 路 4K 信号，所以会影响整个系统的稳定性，使系统的复杂性增加，设备的数量、电缆数量等都会大幅度增加。在该架构下，4 路信号必须完全同步，才能确保电视画面实现完美拼接，最终形成一个 4K 图像。

2. 基带 12G-SDI 架构

基带 12G-SDI 架构是指应用单根 12G 电缆完成 4K 超高清信号传输的架构。该技术一方面能够发挥传统 SDI 的成熟性和稳定性，另一方面还能够大幅度降低系统的复杂程度，有效减少系统中的连线，使实践应用更加方便。然而，当前 12G-SDI 同轴电缆的传输距离较短，在应用中存在较多局限，会影响播出系统设备的布局。除此之外，12G-SDI 架构缺乏周边支持设备，这会影响该架构在 4K 超高清电视系统中的应用和发展。

3. IP 架构

在信号源日益增多的背景下，IP 带宽的优势能够充分凸显出来。自 2007 年开始，IP 化演进就已经获得了发展。在 2017 年，美国电影电视工程师协会（SMPTE）发布了无压缩的标准 ST 2110-10/20/21/30。在该标准下，IP 架构能够将 SDI 基带信号进行 IP 化的封装，在封装的过程中，原本嵌入的视音频信号、辅助信号能够得到单独处理，实现 IP 打包，最终在一个全 IP 系统当中实现信号传输。从当前 4K 超高清电视播出系统的发展来看，IP 化转型依然面临着较多问题，但可以肯定的是，IP 化转型是建设 4K 超高清电视播出系统的关键要求，在 SMPTE2110-10/20/21/30 协议标准下，IP 转化能够全面精简 4K 超高清电视播出系统的架构，满足多种类信号传输的需求，降低资源消耗，节省网络带宽，提高 4K 超高清电视播出系统的实用性。

（二）8K 超高清电视播出系统

CCTV-8K 超高清频道于 2022 年 1 月 24 日开播，系统采用软件定义的全 IP 化系统架构，基于 ST2110 标准的无压缩 IP 信号作为系统内调度与系统间交互的信号格式，针对各级信号建立了以 IP 信号调度矩阵为核心的多格式信号资源池，包括运算资源、存储资源、网络资源等。在核心播出控制上，实现了业务模块的虚拟化部署，通过网络控制协议对视频服务器进行控制播出。

七、电视播出系统的同步定时

电视播出系统可用卫星发送的标准时间信号作为时间基准信号，也可用 CCTV 节目在场逆程第 16 行传送的标准时间信号作为时间基准信号。

▶ ▶ ▶ 思考与练习

1. 简述 4G/5G 直播系统的组成。

2. 简述网络直播系统的组成。

3. 简述电视播控中心及其功能。

4. 简述模拟播出与硬盘播出的区别。

5. 简述总控机房及其功能。

6. 什么是视频服务器？

7. 简述视频服务器的构成。

8. 简述视频服务器的体系结构。

9. 简述视频服务器的信号输入方式。

10. 简述视频服务器的存储技术。

11. 简述视频服务器的组网技术。

12. 简述硬盘播出系统的组成。

第 7 章 虚拟演播室与在线包装系统

计算机技术与电视技术结合，产生了虚拟演播室技术与在线包装技术。

第 1 节 VR/AR/MR 技术

一、VR 技术

VR 技术即虚拟现实技术，又称灵境技术，最早是美国军方开发研究出来的一种计算机仿真技术，其概念由美国 VPL 公司的创建人拉尼尔（Jaron Lanier）于 20 世纪 80 年代提出。虚拟现实融合了数字图像处理、计算机图形学、多媒体技术、计算机仿真技术、传感器技术、显示技术、人体工程学等多个信息技术分支，以计算机技术为主，模拟生成一个三维虚拟环境，用户通过专业传感设备，融入虚拟环境。在这个虚拟世界中，人与虚拟世界进行自然地交互，能实时产生与真实世界相同的感觉，从而产生身临其境的虚幻感。目前虚拟现实技术已经成为信息领域中继多媒体技术、网络技术之后备受人们关注及研究、开发与应用的热点，也是目前发展最快的一项多学科综合技术。

（一）虚拟现实技术的概念

虚拟和现实两个基本对立的概念联合在一起，形成了一种新的技术，关于虚拟现实技术的定义，有多种不同的提法，主要从狭义和广义两种角度来分析。

狭义的定义认为所谓虚拟现实技术就是一种先进的人机交互方式。在这种情况下，虚拟现实技术被称为"基于自然的人机接口"，在虚拟现实环境中，用户看到的是彩色的、立体的、随视点不同而变换的景象，听到的是虚拟环境中的声音，感受到虚拟环境反馈给手脚的作用力，由此产生一种身临其境的感觉。

广义的定义认为所谓虚拟现实技术是对虚拟想象或真实的、多感官的三维虚拟世界的模拟，不仅是一种人机交互接口，更是对虚拟世界内部的模拟。

虚拟现实系统中的"现实"（即所虚拟的环境）大致可分为三种情况。

第一种情况是模仿真实世界中的环境。

第二种情况是人类主观构造的环境。例如，用于影视制作或电子游戏的三维动画。环境是虚构的，几何模型和物理模型可以完全虚构。

第三种情况是模仿真实世界中人类不可见的环境。例如，分子的结构，空气中速度、温度、压力的分布等。

综上，虚拟现实技术的定义可以归纳为：虚拟现实技术是指采用以计算机技术为核心的现代高科技手段生成逼真的视觉、听觉、触觉、嗅觉、味觉等一体化的虚拟环境，用户借助一些特殊的输入/输出设备，采用自然的方式与虚拟世界中的物体进行交互，相互影响，从而产生亲临真实环境的感受的技术。

（二）虚拟现实技术的特征

虚拟现实系统提供了一种先进的人机接口，通过为用户提供视觉、听觉、触觉等多种直观而自然的实时感知交互方法，最大限度地方便用户的操作，从而减轻用户的负担，提高工作效率。虚拟现实的基本特征如下所述。

1. 多感知性（Multi-Sensory）

多感知性是指除了视觉感知以外，还有听觉感知、力觉感知、触觉感知、运动感知等，理想的虚拟现实系统应该能模拟一切人类所具有的感知功能。由于相关技术的限制，特别是传感器技术，目前可以实现的感知功能主要包括视觉、听觉、力觉、触觉、运动等，其他的正在研究和完善中。

2. 沉浸性（Immersion）

沉浸性又称浸入性，是指用户感觉到好像完全置身于虚拟世界之中一样，被虚拟世界所包围。虚拟现实技术的主要特征就是让用户觉得自己是计算机系统创建的虚拟世界中的一部分，使用户由被动的观察者变成主动的参与者，理想的虚拟世界可以达到使用户难以分辨真假的程度。

目前在虚拟现实系统中，研究较为成熟的主要是视觉沉浸、听觉沉浸、触觉沉浸、嗅觉沉浸。为了提供给用户身临其境的逼真感觉，视觉通道应该满足一些要求：显示的像素应该足够小，使人不至于感觉到像素的不连续；显示的频率应该足够高，使人不至于感觉到画面的不连续；要提供具有双目视差的图形，形成立体视觉；要有足够大的视场，最理想的是显示画面充满整个视场。在虚拟现实系统中，产生视觉沉浸是十分重要的，向用户提供立体三维效果及较宽的视野，同时随着人的运动，场景也随之实时改变。较理想的视觉沉浸环境是在洞穴式显示设备中，采用多面立体投影系统可得到较强的视觉效果。

声音通道是除视觉外的另一个重要感觉通道，在虚拟现实系统中，让用户感觉到的是三维虚拟声音，与普通立体声不同，普通立体声可以使人感觉声音来自于某个平面，而三维虚拟声音可以使听者感觉到声音来自围绕双耳的一个球形中的任何位置。

触觉在虚拟现实系统中的体验还非常简陋，目前能够称得上有影响力的产品就是力反馈手套，力反馈手套的原理比较简单，就是在手套内部五个手指头和掌心的部位安装震动器件，这些震动器件根据指令能够进行不同强度的震动，在一些特定虚拟现实领域（比如虚拟手术）提供着至关重要的体验。从现有技术来说，还无法达到与真实世界完全相同的触觉沉浸。

嗅觉模拟的开发是最近几年的一个课题，在日本开发出一种嗅觉模拟器，只要把虚拟空间中的水果放到鼻尖上一闻，装置就会在鼻尖处释放出水果的香味。其基本原理是这一装置的使用者先把能放出香味的环状的嗅觉提示装置套在手上，头上戴着图像显示器，就可以看到虚拟空间的事物。

3. 交互性（Interactivity）

在传统的多媒体技术中，人机交互主要通过键盘与鼠标进行，而虚拟现实系统强调人与虚拟世界之间要以自然的方式进行，如人的走动、头的转动等，借助于硬件设备，以自然方式与虚拟世界进行实时交互，产生与真实世界中一样的感知。这里的实时性是指虚拟现实系统能够快速响应用户的输入，例如头转动后能立即在场景中产生相应的变化，并得到相应的其他反馈。没有人机交互的实时性，就会失去真实感。

4. 构想性（Imagination）

构想性也叫想象性，是指虚拟的环境是人想象出来的，体现出设计者相应的思想。虚拟现实系统的开发是虚拟现实技术与设计者并行操作，为发挥它们的创造性而设计的，为人类认识世界提供了一种全新的方法和手段，可以使人类突破时间与空间，经历世界上早已发生或尚未发生的事件。

沉浸感、交互性、构想性这三个特性的英文单词的第一个字母均以 I 开头，所以这三个特性也被习惯称为虚拟现实的 3I 特征。

（三）虚拟现实系统的组成

一个典型的虚拟现实系统主要由计算机、应用软件系统、数据库、输入 / 输出设备等组成。

1. 专业图形处理计算机

计算机在虚拟现实系统中处于核心的地位，是系统的心脏，是 VR 的引擎，主要负责从输入设备中读取数据、访问与任务相关的数据库，执行任务要求的实时计算，从而实时更新虚拟世界的状态，并把结果反馈给输出显示设备。由于虚拟世界是一个复杂的场景，系统很难预测所有用户的动作，也就很难在内存中存储所有相应状态，因此虚拟世界需要实时绘制和删除，以至于大大地增加了计算量，这对计算机的配置提出了极高的要求。

2. 应用软件系统

虚拟现实的应用软件系统是实现 VR 技术应用的关键，提供了工具包和场景图，主要完成虚拟世界中对象的几何模型、物理模型、行为模型的建立和管理；三维立体声的生成、三维场景的实时绘制；虚拟世界数据库的建立与管理等。目前这方面国外的软件较成熟，如 MultiGen Creator、VEGA、EON Studio 和 Virtool 等。国内的软件中比较有名的当属中视典公司的 VRP 软件等。

应用软件系统具体来说，又可以包括以下内容。

（1）三维场景编辑器

用于可视化三维场景的模型导入和后期编辑、交互制作、特效制作、界面设计、打包发布的工具，主要面向美工，可广泛应用于旅游景点、文物古建、工业产品、工厂校园、房产旅游等行业场景的制作。

（2）二次开发工具包

使用 SDK 可用于各行业开发出集 VR 场景、数据库、业务系统等多种资源于一体的大型系统。用户可在此基础之上开发出自己所需要的高效仿真软件，应用范围如下。

数字城市行业：城市规划、城市资讯系统。

规划：厂房规划平台、资产管理平台。

工业：电力仿真系统、工控仿真系统、虚拟装配平台、设备管理系统。

石油：辅助生产决策系统、设备管理系统、应急救援演练。

交通行业：道路桥梁规划设计系统、城市交通仿真系统、铁道仿真系统。

文博行业：虚拟博物馆系统、虚拟美术馆系统。

家具设计：家具设计平台、室内装修平台。

军事：电子沙盘系统、虚拟战场。

地理：气候、植被、水利模拟。

教育：各学科课件管理平台。

（3）3D 互联网平台

3D 互联网平台将三维场景编辑器的编辑成果发布到互联网，并且可让客户通过互联网对三维场景进行浏览与互动。直接面向所有互联网用户。

（4）虚拟社区系统

三维虚拟社区系统实现角色在虚拟世界的互动与交流，角色以化身形式登录三维仿真场景，角色彼此可以相见，可以通过文字、语音、视频进行聊天，亦可进行肢体互动。它的出现使三维场景不再是孤立的单体场景，而是一个生机勃勃的社会系统，是未来人们网上生活的重要组成部分。

（5）虚拟旅游平台

激发学生学习兴趣，培养导游职业意识，培养学生创新思维，积累讲解专项知识，架起学生与社会联系的桥梁，全方位提升学生讲解能力，让单纯的考试变成互动教学与考核双模式。

（6）虚拟展馆

虚拟展馆是针对各类科博馆、体验中心、大型展会等行业，将展馆、陈列品以及临时展品移植到互联网上进行展示、宣传与教育的三维互动体验解决方案。它将传统展馆与互联网和三维虚拟技术相结合，打破了时间与空间的限制、最大化地提升了现实展馆及展品的宣传效果与社会价值，使得公众通过互联网即能真实感受展馆及展品，并能在线参与各种互动体验，网络三维虚拟展馆将成为未来最具价值的展示手段。

（7）数字城市平台

数字城市平台具备建筑设计和城市规划方面的专业功能，如数据库查询、实时测量、通视分析、高度调整、分层显示、动态导航、日照分析等，主要面向建筑设计、城市规划的相关研究和管理部门。

（8）粒子特效编辑器

粒子特效编辑器支持特效的脚本配置功能，可以模拟雾、雪、雨、烟火、山崩地裂等各种特殊效果，使得制作粒子特效简单而灵活。

（9）物理引擎系统

物理引擎系统通过为刚性物体赋予真实的物理属性的方式来计算它们的运动、旋转和碰撞反应。为每个游戏使用物理引擎并不是完全必要的——简单的"牛顿"物理（比如加速和减速）也可以在一定程度上通过编程或编写脚本来实现。然而，当游戏需要比较复杂的物体碰撞、滚动、滑动或者弹跳的时候（比如赛车类游戏或者保龄球游戏），通过编程的方法就比较困难了。物理引擎使用对象属性（动量、扭矩或者弹性）来模拟刚体行为，这不仅可以得到更加真实的结果，对开发人员来说也比编写行为脚本要更加容易掌握。

（10）立体投影软件融合系统

立体投影软件融合系统实现软件边缘融合、软件弧形校正，消除通道间的硬边、使画面过渡自然无接缝。同时实现动画、角色、特效等动态物体在通道之间无缝穿越。

（11）工业仿真平台

工业仿真平台是集工业逻辑仿真、三维可视化虚拟表现、虚拟外设交互等功能于一体的工业仿真虚拟现实软件。模型化、角色化、事件化的虚拟模拟，使演练更接近真实情况，降低演练和培训成本、降低演练风险。主要面向石油、电力、机械、重工、船舶、钢铁、矿山、应急等行业。

3. 数据库

数据库用来存放整个虚拟世界中所有对象模型的相关信息。在虚拟世界中，场景需要实时绘制，大量的虚拟对象需要保存、调用和更新，所以需要数据库对对象模型进行分类管理。

4. 输入设备

输入设备是虚拟现实系统的输入接口，其功能是检测用户的输入信号，并通过传感器输入计算机。基于不同的功能和目的，输入设备除了包括传统的鼠标、键盘外，还包括用于手姿输入的数据手套、身体姿态的数据衣、语音交互的麦克风等，以解决多个感觉通道的交互。

5. 输出设备

输出设备是虚拟现实系统的输出接口，是对输入的反馈，其功能是由计算机生成的信息通过传感器传给输出设备，输出设备以不同的感觉通道（视觉、听觉、触觉）反馈给用户。输出设备除了包括屏幕外，还包括声音反馈的立体声耳机、力反馈的数据手套以及大屏幕立体显示系统等。

（四）虚拟现实系统的分类

在实际应用中，我们根据虚拟现实技术对"沉浸性"程度的高低和交互程度的不同，划分了4种典型类型：沉浸式虚拟现实系统、桌面式虚拟现实系统、增强式虚拟现实系统、分布式虚拟现实系统。其中桌面式虚拟现实系统技术简单，实用性强，成本较低，在实际应用中较为广泛。

1. 沉浸式虚拟现实系统

沉浸式虚拟现实系统（Immersive VR）是一种高级的、较理想的虚拟现实系统，它提供参与者完全沉浸的体验，使用户有一种置身于虚拟世界之中的感觉。其明显的特点是：采用洞穴式立体显示装置或头盔式显示器等设备，把用户的视觉、听觉和其他感觉封闭起来，产生虚拟视觉，利用数据手套把用户的手感通道封闭起来，产生虚拟触动感。系统采用语音识别器让参与者对系统主机下达操作命令，同时，头、手、眼均有相应的跟踪器追踪，使系统达到尽可能高的实时性。

常见的沉浸式虚拟现实系统有基于头盔式显示器的系统和投影式虚拟现实系统等。基于头盔式虚拟现实系统是采用头盔显示器来实现单用户的立体视觉输出、立体声音输入，使用户完全投入虚拟环境中。投影式虚拟现实系统采用一个或多个大屏幕来实现大画面的立体视觉效果和立体声音效果，使多个用户具有完全投入的感觉。

2. 桌面式虚拟现实系统

桌面式虚拟现实系统（Desktop VR）也称窗口虚拟现实系统，是利用中低端图形工作站等设备，以计算机屏幕作为用户观察虚拟世界的一个窗口，采用立体图形、自然交互等技术，产生三维立体空间的交互场景。用户使用位置跟踪器、数据手套、力反馈器、三维鼠标等输入设备，实现与虚拟世界的交互。

在一些虚拟现实专业软件的辅助下，使用者可以在仿真环境中进行各种设计。使用的硬件主要是立体眼镜和一些交互设备。立体眼镜用来观看计算机屏幕中的虚拟三维场景，能够使用户产生一定程度的沉浸感。有时为了增强桌面式虚拟现实系统的投入效果，达到增大屏幕范围和多人观看的目的，在系统中还可以借助于专业的投影设备。桌面式虚拟现实系统的特点是：用户处于不完全沉浸的环境，对硬件设备要求较低。虽然缺乏完全沉浸式效果，但其应用仍然普遍，因为成本相对沉浸式虚拟现实系统来说要低得多。桌面式虚拟现实系统往往被认为是初级的、刚刚从事虚拟现实研究工作的必经阶段。

3. 增强式虚拟现实系统

增强式虚拟现实系统（Aggrandize VR）的产生得益于 20 世纪 60 年代以来计算机图形学技术的迅速发展，借助计算机图形技术和可视化技术产生现实环境中不存在的虚拟对象，并通过传感技术将虚拟对象叠加到真实环境中。用户既可以看到真实世界，也可以看到叠加在真实世界的虚拟对象，既可以减少对构成复杂真实环境的计算，又可以对实际物体进行操作，达到亦真亦幻的境界。

增强式虚拟现实系统的特点是：真实世界和虚拟世界融为一体，具有实时人机交互功能，用户可以跟两个世界进行交互，方便工作。常见的增强式虚拟现实系统包括：基于台式图形显示器的系统、基于单眼显示器的系统、基于光学透视式头盔显示器的系统、基于视频透视式头盔显示器的系统。增强式虚拟现实系统的应用潜力相当巨大，在医学可视化、虚拟训练、娱乐与艺术等领域具有广泛的应用。

4. 分布式虚拟现实系统

近年来，随着计算机和通信技术的同步发展，特别是网络技术的迅速崛起，使得分布式信息系统得到快速应用，分布式虚拟现实系统（Distributed VR）就是一个典型实例。分布式虚拟现实系统是一个基于网络的可供异地多用户同时参与的分布式虚拟环境，使每个用户同时参与到一个虚拟空间，计算机通过网络与其他用户进行交互，共同体验虚拟经历，以达到协同工作的目的。分布式虚拟现实系统的特点是：具有共享的虚拟工作空间，具有伪实体的行为真实感，支持实时交互，多个用户以多种方式相互通信，资源信息共享，允许用户自然操纵虚拟世界中的对象。

根据分布式系统所运行的共享应用系统的个数，可以把分布式虚拟现实系统分为集中式和复制式结构。集中式结构是指在中心服务器上运行一份共享应用系统，中心服务器对多个参与者的操作进行管理，结构简单，比较容易实现。缺点是由于输入和输出都要对其他所有的工作站广播，因此，对网络通信带宽有较高的要求。复制式结构是指在每个参与者所在的机器上复制中心服务器，每个参与者进程都有一份共享应用系统。服务器接收来自其他工作站的输入信息，并把信息传送到运行在本地机上的应用系统中，由应用系统进行所需的计算并产生必要的输出。复制式结构的优点是所需网络带宽较小。缺点是结构较复杂，在维护共享应用系统中的多个备份的信息或状态一致性方面比较困难。

分布式虚拟现实系统在远程教育、工程技术、电子商务、远程医疗、大规模军事训练等领域有着极为广泛的应用前景。

（五）虚拟现实系统的应用领域

由于能够再现真实的环境，并且人们可以介入其中参与交互，使得虚拟现实系统可以在许多方面得到广泛应用。随着各种技术的深度融合，相互促进，虚拟现实技术在教育、军事、工业、艺术与娱乐、医疗、城市仿真、科学计算可视化等领域的应用都有极大的发展。

1. 教育

传统的教育方式，通过印在书本上的图文与课堂上多媒体的展示来获取知识，这样学习一会儿就渐显疲惫，学习效果较差，然而玩过英雄联盟者都知道此游戏为什么如此吸引人，其本质就是回到场景，参与其过程。

虚拟现实技术能将三维空间的事物清楚地表达出来，能使学习者直接、自然地与虚拟环境中的各种对象进行交互作用，并通过多种形式参与到事件的发展变化过程中去，从而获得最大的控制和操作整个环境的自由度。这种呈现多维信息的虚拟学习和培训环境，将为学习者掌握一门新知识、新技能提供最直观、最有效的方式。在很多教育与培训领域，诸如虚拟实验室、立体观念、生态教学、特殊教育、仿真实验、专业领域的训练等应用中具有明显的优势和特征。例如，学生学习某种机械装置，如水轮发电机的组成、结构、工作原理时，传统教学方法都是利用图示或者放录像的方式向学生展示，但是这种方法难以使学生对这种装置的运行过程、状态及内部原理有一个明确的了解。而虚拟现实技术就可以充分显示其优势：它不仅可以直观地向学生展示出水轮发电机的复杂结构、工作原理以及工作时各个零件的运行状态，而且还可以模仿出各部件在出现故障时的表现和原因，向学生提供对虚拟事物进行全面的考察、操纵乃至维修的模拟训练机会，从而使教学和实验效果事半功倍。

2. 军事

在军事上，虚拟现实的最新技术成果往往被率先应用于航天和军事训练，利用虚拟现实技术可以模拟新式武器如飞机的操纵和训练，以取代危险的实际操作。利用虚拟现实仿真实际环境，可以在虚拟的或者仿真的环境中进行大规模的军事实习的模拟。虚拟现实的模拟场景如同真实战场一样，操作人员可以体验到真实的攻击和被攻击的感觉。这将有利于从虚拟武器及战场顺利地过渡到真实武器和战场环境，这对各种军事活动的影响将是极为深远、广泛的。迄今，虚拟现实技术在军事中发挥着越来越重要的作用。

3. 工业

虚拟现实技术已大量应用于工业领域。对汽车工业而言，虚拟现实技术既是一个最新的技术开发方法，更是一个复杂的仿真工具，它旨在建立一种人工环境，人们可以在这种环境中以一种自然的方式从事驾驶、操作和设计等实时活动。并且虚拟现实技术也可以广泛用于汽车设计、实验和培训等方面，例如，在产品设计中借助虚拟现实技术建立的三维汽车模型，可显示汽车的悬挂、底盘、内饰直至每个焊接点，设计者可确定每个部件的质量，了解各个部件的运行性能。这种三维模式准确性很高，汽车制造商可按得到的计算机数据直接进行大规模生产。虚拟现实技术在 CAD、技术教育和培训等领域也有大量应用。在建筑行业中，虚拟现实技术可以作为那些制作精良的建筑效果图的更进一步拓展。它能形成交互的三维建筑场景，人们可以在建筑物内自由行走，可以操作和控制建筑物内的设备和房间装饰。一方面，设计者可以从场景的感知中了解、发现设计上的不足；另一方面，用户可以在虚拟环境中感受到真实的建筑空间，从而做出自己的评判。

4. 艺术与娱乐

由于在娱乐方面对虚拟现实技术的要求不是太高，故近几年来 VR 技术在该方面发展最为迅速。作为显示信息的载体，VR 技术在未来艺术领域方面所具有的潜在应用能力也不可低估。VR 技术所具有的临场参与感与交互能力可以将静态的艺术（比如油画、雕刻等）转化为动态的，可以使欣赏者更好地欣赏作者的艺术。VR 技术提高了艺术表现能力，例如，敦煌"九层楼"实景与虚拟三维效果。

三维游戏也是虚拟现实技术最先应用的领域，游戏在保持其实时性和交互性的同时，逼真度和沉浸感正在一步步提高和加强。

5. 医疗

在医学教育和培训方面，医生见习和实习复杂手术的机会是有限的，而在 VR 系统中却可以反复实践不同的操作。VR 技术将能对危险的、不能失误的、缺少或难以提供真实演练的操作反复地进行十分逼真的练习。目前，国外很多医院和医学院已开始用数字模型训练外科医生。其做法是将 X 光扫描、超声波探测、核磁共振等手段获得的信息综合起来，建立起非常接近真实人体和器官的仿真模型。

6. 城市仿真

由于城市规划的关联性和前瞻性要求较高，城市规划一直是对全新的可视化技术需求较为迫切的领域之一。从总体规划到城市设计，在规划的各个阶段，通过对现状和未来的描绘（身临其境的城市空间感受、实时景观分析、建筑高度控制、多方案城市空间比较等），为改善生活环境，以及形成各具特色的城市风格提供了强有力的支持。规划决策者、规划设计者、城市建设管理者以及公众，在城市规划中扮演着不同的角色，有效的合作是保证城市规划最终成功的前提。VR 技术为这种合作提供了最理想的桥梁，运用 VR 技术能够使政府规划部门、项目开发商、工程人员及公众可从任意角度实时互动真实地看到规划效果，更好地掌握城市的形态和理解规划师的设计意图，这样决策者的宏观决策将成为城市规划更有机的组成部分，公众的参与也能真正得到实现，这是传统手段如平面图、效果图、沙盘乃至动画等所不能达到的。

7. 科学计算可视化

在科学研究中人们总会遇到大量的随机数据，为了从中得到有价值的规律和结论，需要对这些数据进行分析，而科学可视化功能就是将大量字母、数字数据转化成比原始数据更容易理解的可视图像，并允许参与者借助可视虚拟设备检查这些"可见"的数据。它通常被用于建设分子结构、地震、地球环境的各组成成分的数字模型。

在 VR 技术支持下的科学计算可视化与传统的数据仿真之间存在着一定的差异，例如为了设计出阻力小的机翼，人们必须分析机翼的空气动力学特性。因此人们发明了风洞试验方法，通过使用烟雾气体使得人们可以用肉眼直接观察到气体与机翼的作用情况，从而大大提高了人们对机翼动力学特性的了解。虚拟风洞的目的是让工程师分析多旋涡的复杂三维性质和效果、空气循环区域、旋涡被破坏时的乱流等，而这些分析利用通常的数据仿真是很难做到可视化的。

二、AR 技术

（一）概念

AR 技术即增强现实（Augmented Reality，简称 AR）技术，是在虚拟现实基础上发展起来的一类虚拟世界与真实世界结合的新技术，将计算机生成的虚拟物体或其他信息实时地、动态地与用户看到的真实环境进行融合，真实的环境和虚拟的物体实时地叠加到了同一个画面或空间，被人类感官所感知，从而达到超越现实的感官体验。如图 7-1 所示。

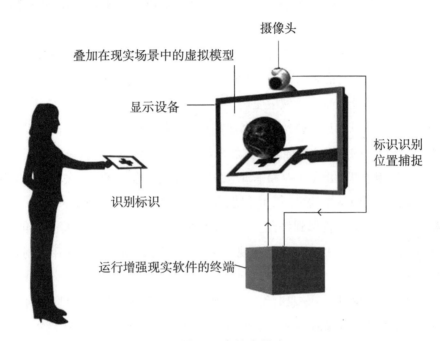

图 7-1　增强现实技术基本原理

　　增强现实的实现主要依靠两种硬件。一种是能够采集真实世界信息的硬件，采集的信息包括影像数据、位置数据、方向数据，以及其他形式的数据。另一种是在重现实时媒体时能够融入虚拟内容的硬件，并且要能够以一种有意义的、有用的方式来融入虚拟内容。

　　近年来随着移动设备的快速发展，方便了在移动设备上的开发，为程序开发提供了新的平台。人们对移动平台和一般平台上的增强现实开发的兴趣呈爆炸式增长，乐高（LEGO）公司在一次基于增强现实的市场营销活动中，将增强现实装置安置在玩具店里，当客户把玩具箱子对准摄像头时就能够在显示器中看到完全融入实时摄像头视频中的完整三维模型。

　　增强现实技术概念的提出虽然已经距离现在很多年，但与计算机其他技术相比算是一个较新的研究领域。增强现实系统的首次引入是在 20 世纪 60 年代中期，由著名计算机图形学之父伊凡·苏泽兰（Ivan Sutherland）成功研制出光学透视头戴式显示器系统（See-Through Head-Mounted Display，简称 STHMD），该显示器采用光学传感技术，这是最早的增强现实原型系统。

1970 年 1 月 1 日，苏泽兰在大学实验室里请他的一位学生参加演示，这位学生用这一奇妙的头盔，看到了一个边长约 5 厘米的立方体框线图飘浮在他面前，当他转头时，还可以看到这一发光的立方体的侧面，这是人类第一次真正看到了虚拟的不存在的物体。

20 世纪 90 年代以前，许多基于虚拟现实和增强现实技术效果的美好设想，往往受到硬件技术与软件平台的制约，而且当时硬件设备体积庞大，使用起来较为不便，导致增强现实技术只能在特殊领域中使用，比如军事作战、医疗手术。20 世纪 90 年代初期和中期，Caudell 和波音公司的同事都在开发头戴式显示器系统，让工程师能够使用叠加在电路板上的数字化增强现实图解来组装整理电路板上的复杂电线束。在整个 90 年代，业界相继开发出了工业和军事增强现实应用，也尝试过多次艺术与增强现实技术的结合试验。1994 年的第一个增强现实戏剧作品 *Dancing in Cyberspace* 产生，在这个作品中，舞者会与投影到舞台上的虚拟内容进行交互。在 20 世纪 90 年代末期，Hirokazu Kato 创建的 ARToolKit 是增强现实的另一个重大进步，是一个用于创建增强现实应用的强大工具库。

历史的变迁让我们进入信息时代，在 2000 年左右国内又跨入了互联网时代，信息使人们的生活发生了飞跃性改变，未来对信息的需求不止局限于体积庞大的计算机，人们更需要便携性和随时性。移动终端设备功能的集成化为开发移动增强现实系统奠定了基础，iOS/Android 手机设备上已经出现越来越多的增强现实应用，利用移动平台实时采集现场真实信息并与虚拟图像进行融合，使得产品三维动态展示更加友好和智能。直接看来，增强现实技术能为我们提供现实中无法直接获知的信息，可以突破时间空间甚至突破虚拟与现实的界限，将各种资料以信息的形式连接到一起。

如谷歌 2012 年 4 月发布的"拓展现实"眼镜，即谷歌眼镜（Google Project Glass），微软公司于 2015 年推出的增强现实设备 HoloLens 眼镜，增强现实创业公司 Magic Leap 累计获得 14 亿美元风险投资，耗时三年，推出了首款产品 Magic Leap One，这些都表现了各大传统企业和高新企业试图抢占这一领域先机的决心。2017 年 8 月，谷歌正式发布 Android 平台的增强现实软件工具开发包 ARCore，ARCore（用于构建 AR 应用程序的软件平台）是利用云端软件和数码设备硬件结合，把虚拟事物运用到现实生活中的技术。ARCore 支持 13 款安卓旗舰手机，具备三大功能：水平平面检测、运动跟踪和光照估计。ARCore 通过识别平面特征并创建稀疏点云来实现运动跟踪。国内企业视辰信息科技（上海）有限公司自主研发独立的 AR 引擎 Easy AR，同时，基于 Easy AR 独立研发出 AR 一系列产品（AR 浏览器、AR 编辑器、AR 情境教育产品等）。

增强现实的种类主要有两种：一类是利用移动设备的位置和方向数据来向真实场景添加注释或融入内容的增强现实。这类应用知道摄像头观察的是什么，因为它们知道你的方位，以及面向哪个方向。基于这些数据，可以把由集中式服务或其他用户已上传的信息叠加到摄像头场景上。另一类增强现实是使用由摄像头捕获的实际图像内容来确定摄像头观察的是什么，该技术被称为计算机视觉。计算机会处理每个视频帧的每个像素，评估在时间和空间上该像素与相邻像素之间的关系，并识别图案。当前，计算机视觉技术还包括精确的面部识别算法、识别视频中的活动物体，以及识别熟悉的标记。基于计算机视觉的增强现实技术既可以用于移动设备，又可以用于非移动设备。计算机视觉算法能够用来识别包装材料、产品、衣服、艺术品或在其他环境中的很多图案。

（二）关键技术

增强现实是一个多学科交叉的研究领域，内容纷繁复杂，主要包括跟踪、注册和显示等技术。实现增强现实功能的完整框架一般有四个部分，分别是：虚拟图形渲染模块、实景采集跟踪模块、计算机图形注册模块和显示模块。如图 7-2 所示。

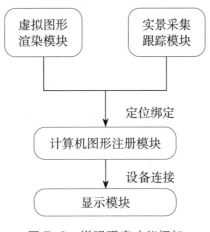

图 7-2 增强现实功能框架

1. 显示技术

增强现实系统所采用的显示技术主要可以通过普通显示器、手持式显示器、透视式头盔显示器等来实现。

普通显示器就是我们常见的桌面式或固定式显示器，给它添加一个网络摄像头，就可以完成增强现实任务。

摄像头可以捕捉空间中的图像，然后估计摄像头的位置和姿态，最后计算生成虚拟信息，并进行虚实融合，输出到普通显示器上。这类设备适合做一些科研类的开发，对商业应用显得有些笨重，比起手机和平板来说略逊一筹。

手持式显示器最常见的就是智能手机和平板电脑。这类设备体积小，携带方便。它们有摄像头作为图像输入设备，有自带的处理器，有显示单元，具备了进行 AR 开发的所有条件。在目前市面上，很多增强现实 APP 都是围绕这类设备开发的。

透视式头盔显示器实现虚拟物体和真实环境的混合显示，佩戴透视式头盔显示器的使用者既能看到外部的真实环境，又可以看到计算机生成的虚拟景物。透视式头盔显示器由三个基本部分构成：虚拟信息显示部件、真实环境显示部件、图像融合及显示部件。其中虚拟信息的显示原理与虚拟现实系统所用的沉浸式头盔显示器基本相同，图像融合及显示部件是与用户的接口。目前的透视式头盔显示器主要有基于 CCD 摄像原理的视频透视式头盔显示器和基于光学原理的光学透视式头盔显示器两种。视频透视式头盔显示器由安装在使用者头盔上的两个微型 CCD 摄像机摄取外部真实环境的图像，计算机通过计算处理将信息或图像信号叠加在摄像机的视频信号上，通过视频信号融合器实现计算机生成的虚拟景物与真实环境融合，最后通过显示系统呈现给用户。光学透视式头盔显示器则通过安装在眼睛前方的光学合成器实现对外界真实环境与虚拟场景的融合，真实环境通过透镜呈现给用户，经过光学系统放大的虚拟场景再经过反射进入眼睛，最后通过光学合成器实现真实与虚拟的融合。

2. 跟踪技术

从结构的角度看，方位跟踪系统可以分为有源跟踪系统和无源跟踪系统两类。有源跟踪系统包含发射器和接收器，将发射器和接收器两者之一固定在被跟踪的物体（如头、手等）上，而将另一个固定在相对静止的参考环境中，通过发射信号和接收信号之间的某种物理联系跟踪用户的位置和方向。无源跟踪系统没有主动信号源，只利用接收器测量某种被动信号的变化来跟踪其位置和方向的变化。例如，可将摄像机与计算机相连，采用基于计算机视觉的方式，实时计算被跟踪目标的位置和方向信息。基于计算机视觉的方位跟踪方式造价低廉、跟踪定位的精度可达到亚像素级，因此被广泛采用。

基于硬件跟踪设备获取被跟踪目标位置和方向信息的方式，也常被应用于增强现实系统中。这些硬件跟踪设备包括机电跟踪器、电磁跟踪器、超声波跟踪器、光电跟踪器和惯性跟踪器，它们的实现方法各不相同，各有优缺点，而且在现有的增强现实系统中都有应用实例。

（1）机电跟踪器

机电跟踪器是一种绝对位置传感器。通常由体积较小的机械臂构成，将一端固定在一个参考机座上，另一端固定在待测对象上。采用电位计或光学编码器作为关节传感器测量关节处的旋转角，再根据所测得的相对旋转角以及连接两个传感器之间的臂长进行动力学计算，获得六自由度方位输出。这种跟踪器性能较可靠，潜在干扰源较少，延迟时间短。但其缺点是，跟踪器测量精度受环境温度变化影响，关节传感器的分辨率低，跟踪器的工作范围受限。在一些特定的应用场合（如外科手术训练），用户的活动范围不是重要指标时，这种跟踪器才具有优势。

（2）电磁跟踪器

电磁跟踪器是应用较为广泛的一类方位跟踪器，它利用一个三轴线圈发射低频磁场，用固定在被测对象上的三轴磁接收器作为传感器感应磁场的变化信息，利用发射磁场和感应信号之间的稠合关系确定被跟踪物体的空间方位。根据三轴励磁源的形式不同，电磁跟踪器分为交流电磁跟踪器和直流电磁跟踪器。

交流电磁跟踪器的励磁源由三个磁场方向相互垂直的交流电流产生的双极磁源构成，磁接收器由三套分别测试三个励磁源的线圈构成。磁接收器感应励磁源的磁场信息，根据从励磁源到磁接收器的电磁能量传递关系计算磁接收器相对于励磁源的空间方位。受计算性能、反应时间和噪声等因素的影响，励磁源的工作频率通常为 30—120Hz。为了保证不同环境条件下的信噪比，通常使用 7—14kHz 的载波对激励波进行调制。直流电磁跟踪器的发射器（相当于励磁源）由绕立方体芯子正交缠绕的三组线圈组成，依次向发射器线圈输入直流电流，使每一组发射器线圈分别产生一个脉冲调制的直流电磁场。接收器也是由绕立方体芯子正交缠绕的三组独立线圈构成的，直流磁场方向的周期性变化在三向接收器线圈中产生交变电流，电流强度与本地直流磁场的可分辨分量成正比。可在每个测量周期获得九个数据，它们表示三组接收器线圈所感应发射磁场的大小，由电子单元执行一定的算法即可确定接收器相对于发射器的位置和方向。

交流电磁跟踪系统的接收器通常体积小，适合安装在头盔显示器上，但这种跟踪器最致命的缺点是易受环境电磁干扰。发射器产生的交流磁场对附近的电子导体特别是铁磁性物质非常敏感，交流旋转磁场在铁磁性物质中产生涡流，从而产生二级交流磁场，使得由交流励磁源产生的磁场模式发生畸变，这种畸变会引起严重的测量误差。

直流电磁跟踪器最大的优点是只在测量周期开始时产生涡流，一旦磁场达到稳态状态，就不再产生涡流。只要在测量前等待涡流衰减就可以避免涡流效应，从而可以减小畸变涡流场产生的测量误差。

（3）超声波跟踪器

利用不同声源的声音到达某一特定地点的时间差、相位差或者声压差可以进行定位与跟踪，一般有脉冲波飞行时间（time-of-flight，TOF）测量法和连续波相位相干测量法两种方式。TOF 测量法是在特定的温度条件下，通过测量声波从发射器到接收器之间的传播时间来确定传播距离的一种方法，大多数超声波跟踪器都采用这种测量方法。此方法的数据刷新率受到几个因素的限制，声波的传输速度约为 340m/s，只有当发射波的波阵面到达传感器时才可以得到有效的测量数据，而且必须允许发射器在产生脉动后发出几毫秒的声脉冲，并且在新的测量开始前等待发射脉冲消失。因为每个发射器—传感器组都需要单独的脉冲飞行序列，测量所需要的时间等于单组飞行时间乘以组合数目。这种飞行时间测量系统的精度取决于检测发射声波到达接收器准确时刻的能力，环境中诸如钥匙叮当响的声音都会影响测量精度，空气流动和传感器闭锁也会导致测量误差产生。

连续波相位相干测量法通过比较参考信号和接收到的发射信号之间的相位来确定发射源和接收器之间的距离。此方法测量精度较高，数据刷新频率高，可通过多次滤波克服环境干扰的影响，而不影响系统的精度、时间响应特性等。

与电磁跟踪器相比，超声波跟踪器最大的优点是不会受到外部磁场和铁磁性物质的影响，测量范围较大。基于声波飞行时间法的跟踪器易受伪声音脉冲的干扰，在小工作范围内具有较好的精度和时间响应特性，但是随着作用距离的增大，这类跟踪器的数据刷新频率和精度降低。而基于连续波相干测量法的跟踪器具有较高的数据刷新频率，因而有利于改善系统的精度、响应性、测量范围和鲁棒性，且不易受伪脉冲的干扰。不过上述两种跟踪器都会因为空气流动或者传感器闭锁产生误差。但如果采用适当的调制措施，就可以改善连续波相位测量法的环境特性，有望实现高精度、高数据刷新率和低延迟的声学跟踪器。

1966 年，美国 MIT 林肯实验室的 Roberts 研制了一种超声式位移跟踪器 LincolnWand，该跟踪器基于声波飞行时间测量法，使用四个发射器和一个接收器，跟踪精度和分辨率只达到 5mm；Logitech 开发了另一种基于 TOF 的超声波跟踪系统，又称为 RedBaron，其跟踪精度和分辨率也只达到几毫米。

（4）光电跟踪器

光电跟踪器（又称为视觉跟踪器）是利用环境光或控制光源发出的光，在图像投影平面上的不同时刻或者不同位置的投影，计算出被跟踪对象的方位。在有控制光源的情况下，通常使用红外光，以避免跟踪器对用户的干扰。如图 7-3 所示。

图 7-3　光学跟踪示例

从结构方式的角度看，光电跟踪器分为"外—内"（outside-in，OI）和"内—外".（inside-out，IO）两种结构方式。对"外—内"方式而言，传感器固定，发射器安装在被跟踪对象上，这意味着传感器"向内注视"远处运动的目标，这种系统需要极其昂贵的高分辨率传感器。对"内—外"方式而言，发射器固定，传感器安装在运动对象上，这意味着传感器从运动目标"向外注视"。在工作范围内使用多个发射器可以提高精度，扩展工作范围。

"内—外"式光电跟踪器的时间响应特性良好，具有数据刷新频率高，适用范围广，相位滞后小等潜在优势，更适合于实时应用。但光学系统存在虚假光线、表面模糊或光线遮挡等潜在误差因素，为了获得足够的工作范围而使用短焦镜头，导致系统测量精度降低。多发射器结构是一种解决方案，却以复杂性和成本为代价。因此，光电跟踪器必须在精度、测量范围和价格等因素之间作出折中选择，而且必须保证光路不被遮挡。

目前研究得比较火热的是 SLAM。因此，可以研究 SLAM 中的各个环节，从跟踪、建图、回环检测等角度研究如何提升 SLAM 系统的精度，以及面对复杂环境的稳定性问题。

（5）惯性跟踪器

惯性跟踪器利用陀螺的方向跟踪能力，测量三个转动自由度的角度变化；利用加速度计测量三个平动自由度的位移。以前这种方位跟踪方法常被用于飞机和导弹等飞行器的导航设备中，比较笨重。随着陀螺和加速度计的微型化，该跟踪方法在民用市场也越来越受到青睐。不需要发射源是惯性跟踪器最大的优点，然而传统的陀螺技术难以满足测量精度的要求，测量误差易随时间产生角漂移，受温度影响的漂移也比较明显，需要有温度补偿措施。新型压电式固态陀螺在上述性能方面有大幅度改善。

3.标定和注册

摄像头是基于视觉的 AR 系统的重要组件，所以在使用中必须先标定摄像头的内参数。镜头畸变可以分为径向畸变和切向畸变两种，可以通过标定来确定畸变参数，并进行校正。利用光学透射式头盔显示器进行增强显示应用开发，必须加上一个摄像头，摄像头与头盔显示器之间的位置关系需要标定。最常用的一种方法是单点主动对准法（SPAAM），这个方法要求用户佩戴头盔显示器，并且将屏幕上的一些十字光标与真实世界中的物体通过头部转动进行多次对齐，获取数据后，构建方程组求解投影矩阵。另外，还可以使用瞄准装置进行标定，该方法需要将瞄准装置与显示器上的十字叉对准，这种瞄准装置经常是作为增强现实设备的一部分，并且包括一个触发器来确认对准完成。瞄准装置有一个优势，用户不必再转动头部来完成对准，而是可以通过移动手臂来完成。

跟踪系统在进行测量时，会存在测量误差，导致位置不准。这种误差会引起注册的虚拟物体与真实场景之间不匹配的情况。所以，每一个步骤要严格控制误差，不要让误差在后面的环节中扩大。虚拟信息是通过摄像头捕捉环境，建立跟踪注册信息，然后渲染输出到头盔显示器上。整个过程的处理时间会导致虚拟信息的渲染比头部转动有所延迟。如何减少延迟也是目前增强显示技术需要重点研究的关键点。

（三）增强现实技术展望

增强现实技术已经发展了几十年，但是还没有达到巅峰。增强现实技术的推广，还必须依赖几个方面的进步：传感器技术的进步；显示技术的进步；计算能力的提高；社会信息网络的完善。

可以预期，在未来五到十年的时间里，增强现实技术将会取得重大进步。各大科技巨头也将会重点布局这个新兴领域，随之极大推动该产业的发展。增强现实技术与虚拟现实技术、人工智能技术将会紧密结合，形成下一代科技革命的发力点，极大革新人类的生活方式与生产方式。也许十年、二十年后，增强现实设备就会完全取代智能手机，成为下一代智能计算平台、社交平台和支付平台，带领人类进入全新的发展阶段。

三、MR 技术

（一）定义

MR 技术即混合现实（Mix reality）技术，包括增强现实和增强虚拟，指的是合并现实和虚拟世界而产生的新的可视化环境。在新的可视化环境里物理和数字对象共存，并实时互动。系统通常有三个主要特点：结合了虚拟和现实，在虚拟的三维中（3D 注册），实时运行。

MR＝VR＋AR＝真实世界＋虚拟世界＋数字化信息，如图 7-4 所示。

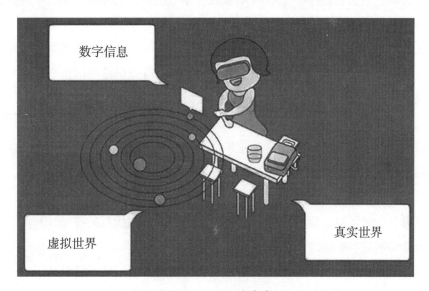

图 7-4　MR 的内容

（二）关键技术

1.感知系统

要把现实整合进虚拟，就需要 3D 建模，但是还需要运动感知，所以感知系统很重要。

图像识别：计算机系统快速和精确地分析图像并识别其中的特征的能力。

首先要把现实的东西虚拟化，也就是先用摄像头捕捉画面，但摄像头捕捉的画面都是二维的，画面是扁平的，没有立体感，所以还要把二维的图像通过计算机形成三维的虚拟图像，这叫 3D 建模。只有这样虚拟化之后，才能将其很好地融合进虚拟的 3D 世界。

同步位置和映射（SLAM）：一套用于定位一个人并同时映射环境的技术。

SLAM 是混合现实应用的关键。为了在新的、未知的、不断变化的环境中发挥作用，技术需要不断地创建这些环境的地图，然后定位和跟踪一个人在其中的运动。采用图像识别和深度传感器数据的 SLAM 算法来计算用户在物理世界中的位置。

除了 HTC 的 Vive 追踪器，感知系统里面比较出名的有 Intel 的 RealSense、微软的 Kinect 体感装置，以及一个创业公司的体感系统 Leap Motion 等。未来这些体感的硬件都会有很大的市场空间。

当然除了硬件，还有很多公司基于硬件检测到的数据做算法的分析，能够实现对运动的实时跟踪。

2. 开发工具

苹果公司就直接推出了一套为其增强现实平台做开发的系统 ARKit，并且向所有的第三方开发者开放。同时，它对另一个开发工具公司是完全兼容的，这个工具叫 Unity 3D，由 Unity 公司推出来。所以，Unity 公司应该在未来有很大的成长空间。这家公司也被很多中国公司投资，包括华山资本、掌趣，所以也是中国在全球游戏产业上有全球性布局的一个范例。

3. 显示设备

通常人们认为不管是增强现实，还是虚拟现实，都需要在头上戴一个大的头盔或大显示器。因为不管是虚拟现实的 Oculus，还是增强现实的 Mata，都是如此。但实际上苹果做了一个很好的示范，即手机本身就可以是一个显示器。我们自然可以想到，iPad 也可以是个显示器，而且苹果下定决心用 iPad 来实现所有的移动计算能力，使它未来成为移动笔记本电脑的替代品。

所以，在这个混合现实的潮流当中，还会涌现出大量的可穿戴设备，也许原来没有实现产品化的"第六感"在这个潮流当中会实现产品化，尤其是一些行业专用的可穿戴系统会大量出现。

4. 底层技术

高通推出来的骁龙 835 芯片，基本上已经能够解决虚拟现实、扩展现实的计算需求了。

从带宽方面，4G 覆盖已经完善，5G 也在普及。所以可以看到，虽然混合现实和虚拟现实产业链有所不同，但基本上还是重叠度很高。

（三）混合现实的应用

混合现实将不仅是另一个先进的游戏控制台。

同时，它将为用户的互动、应用、游戏和体验添加一个全新的世界。周围的世界将成为一个全新的画布，供用户玩耍、学习、交流和互动。

还有一些其他用途的案例。

通信：Holoportation 将允许在不同的城市或国家的设备用户坐下来，在几乎同一空间共同互动，通过 HoloLens 与自己的朋友进行全息影像通话。

教育：医科学生将会受益，可以获得关于人体解剖学更全面的观点和互动。

娱乐：微软 Hololens 已经在与美国橄榄球联盟合作，彻底改变球迷观看与实时游戏体验，以及和球员、其他球迷、广告商和赞助商的互动方式。

四、央视春晚中的高科技

2019 春晚的最大亮点之一就是全方位的科技驱动和技术创新。春晚主创团队在 4K、5G、VR、AR、AI 等多方面进行技术创新，带来一场艺术与科技完美结合的春晚。

（一）4K 直播

首次实现春晚在 4K 超高清频道直播，并全程采用 5.1 环绕声。如果用户通过中央广播电视总台 4K 超高清频道（CCTV-4K）收看春晚节目，配置 4K 超高清图像＋5.1 环绕声，能带来更高清晰度、更宽色域、更高动态范围视频和环绕声音频体验，在家就可享受到影院的视听效果。

（二）5G 应用

5G 指 5G 网络传输。有了高清晰的画质视频，意味着视频文件体积大小增加了很多，向用户端传输需要更高的技术。5G 网络传输速度可以达到 10Gbps，即每秒钟可以传输 10G 大小的文件。

两台基于 5G 网络的 4K 机位纳入深圳分会场的制作系统，用于春晚的 4K 电视直播。在长春分会场成功开展了 5G 网络 VR 实时传输。用户可在央视新闻的融媒体节目直播《我要看春晚》中看到通过 5G 网络传输的超高清 VR 全景信号，这也是 5G 网络与 VR 制作技术首次结合应用在电视融媒体节目的直播中。

（三）AR 包装

第一次采用了 4K 超高清级别的"AR 虚拟技术"，屏幕上的虚拟技术效果有了质的提升。通过真实物理运算的技术引擎，电视机前的观众欣赏到接近真实世界的虚拟效果与春晚节目进行互动。

（四）智能语音识别字幕制作

通过采集、转码和语音转写技术，1 小时的春晚视频节目只需要 5 分钟就可以完成字幕制作，准确率高达 95%。

（五）其他技术

全面运用天鹰座和无人机等多个特种设备进行拍摄；在主会场一号演播大厅使用 4K 超高清主屏和大量冰屏，为春晚带来梦幻般的舞台效果。

2020 春晚全面推进 5G、4K/8K、AI、VR/AR 等新技术的创新应用，并围绕 2020 春晚 4K/HD 直播、8K 制作、新媒体传播、舞美效果、安全播出等开展针对性的八大技术创新应用。

1.5G 网络已覆盖 2020 春晚主分会场，5G+8K/4K/VR 全面推进 5G 媒体行业应用。

主会场（央视一号演播室）、粤港澳大湾区分会场和郑州分会场已完成 5G 网络覆盖，5G+8K 为 8K 版春晚制作提供强有力的网络支撑；5G+4K 高点景观机位和 5G+4K 移动机位已接入春晚 4K 超高清电视直播系统；5G+VR 机位也接入总台 5G 新媒体平台，5G 技术将全面用于除夕夜春晚 4K 电视直播和新媒体 VR 直播。

2. 采用总台首创的 4K 伴随 HD 制作模式，2020 春晚将实现全要素 4K 超高清电视智能直播。2019 春晚的智能直播，由于技术限制，分会场的 4K 信号和 4K 视频播放服务器的信号都没能接入 4K 超高清电视直播系统参与 4K 直播。为满足 2020 春晚 4K 超高清电视伴随高清电视制作的全要素智能直播要求，春晚主分会场全部采用 4K 超高清设备，所有摄像机、播放服务器、包装虚拟均同步输出 4K 超高清和高清视频信号，按照 4K 超高清与高清一一对应的要求进行处理，并采用 IP 技术将春晚主会场（一号演播室导控室）的高清系统和主会场（第八演播室导控室）的 4K 超高清系统进行智能联动，实现 2020 春晚高清和 4K 的同步实时制作。为增强 2020 春晚的现场氛围，春晚主分会场的音频均采用 5.1 环绕声实时制作。

3. 首次制作 8K 超高清电视春晚，在春晚主会场（一号演播室）、粤港澳大湾区分会场和郑州分会场各部署 1 台可实时输出 8K 信号的讯道摄像机，通过 5G 网络将 8K 超高清电视信号传输回台进行收录。此外，还在春晚主会场（一号演播室）部署了 5 台 8K 摄像机（ENG）、2 个分会场各部署 2 台 8K 摄像机（ENG），按照 8K 超高清电视呈现的需求，对 2020 春晚节目进行现场录制，在总台超高清电视制作岛进行剪辑、渲染、调色和合成。

4. 采用总台首创的虚拟网络交互制作模式（VNIS），首次在央视频进行 2020 春晚 VR 直播。为提升 VR 直播收视体验，总台首创了虚拟网络交互制作模式（VNIS）。VNIS 系统是利用远程采集超高清分辨率的动态 VR 实景内容，通过 5G 等网络技术将高质量 VR 视频传输到总台央视频虚拟演播室 VR 渲染系统，并进行实时渲染制作，实现视觉特效与节目内容无缝结合。2020 春晚在春晚主会场（一号演播室）、粤港澳大湾区分会场和郑州分会场各部署 7 套 VR 摄像机，超高清 VR 全景信号通过 5G 网络接入台内的 VNIS 系统，再通过 VR 视频切换台，将 VNIS 系统实时输出的 VR 信号和预先精心制作的 VR 春晚节目进行集成制作，在总台央视频客户端进行 VR 直播，满足广大用户多视角全景式观看春晚的需求。

5. 首次制作发行 4K 超高清《2020·春晚》直播电影，在 4K 超高清时代，电视和电影将走向融合。从技术标准层面看，4K 电视的清晰度和 4K 电影相当，4K 电视的亮度指标是 4K 电影的 10 倍，4K 电视的色彩丰富度是 4K 电影的 1.5 倍，4K 电视和 4K 电影均为 5.1 环绕声。也就是说，在音频和视频质量方面，4K 超高清电视已达到或超越 4K 超高清电影，如图 7-5 所示。

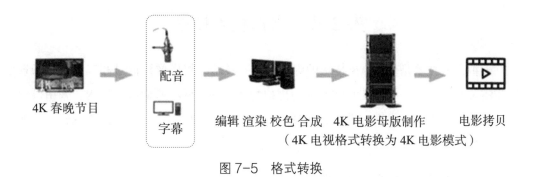

4K 春晚节目　配音　字幕　编辑 渲染 校色 合成　4K 电影母版制作　电影拷贝
（4K 电视格式转换为 4K 电影模式）

图 7-5　格式转换

6.总台最新研发的智能"控、管、监"大屏幕播放系统为 2020 春晚梦幻舞台视频播放提供安全保障。为提升 2020 春晚舞美效果，春晚主会场（一号演播室）的舞台大量使用 LED 大屏幕和 LED 立体灯矩阵，LED 大屏幕使用数量总计 121800 单元块，总面积达到 5500 平方米；LED 立体灯矩阵的珠帘总长 77000 米，灯珠数量为 77 万颗，这些 LED 显示器可根据节目需求组成近百块屏幕。为确保春晚直播的安全播出，针对春晚主会场大屏播放需求，总台自主研发了智能"控、管、监"大屏幕播放系统。该系统共使用主备播放服务器 36 台，解决了 132 个播放通道的视频文件裁切、合成、播放环节的低效率、高风险问题，满足了"全局监看、重点监测，提前预警、及时处置，本地故障、本地处理"春晚现场大屏幕安全播出要求。

7.轨道机器人、天鹰座二维索道、升降塔、无人机和在线虚拟系统等 40 多套 4K 特种设备应用于 2020 春晚直播。新中国成立 70 周年 4K 电视直播使用了大量的特种设备，大大提升了国庆盛典的视频呈现效果。2020 春晚在主分会场使用 5 套轨道机器人、1 套天鹰座二维索道、9 套摇臂、10 架无人机、2 台升降塔、2 套摄像机减震器（斯坦尼康）、1 台高速摄像、1 辆移动拍摄车和 30 多套 4K 特种拍摄制作设备；为满足春晚 4K 直播实时虚拟渲染包装需求，还投入 10 套在线虚拟系统。40 多套 4K 特种设备应用于 2020 春晚直播，大幅度提升了春晚的视觉效果。

8.智能语音文稿唱词系统应用于 2020 春晚节目制作，该系统可提供语音转写服务功能，支持多人协同和多语种字幕生产的工作模式；可通过字幕数据标注与断句模型，提供超实时、多格式的视音频语音转写功能。该系统将传统电视字幕流程简化为语音 AI 转写、核对修改、字幕生成审核三个步骤，通过人机协同方式，极大地提高了 2020 春晚的电视节目和直播电影的生产效率。

第2节　虚拟植入技术

虚拟植入技术是使用 AR 技术的虚拟演播室技术，将摄像机信号和三维虚拟场景同步渲染并合成在一起，使真实环境与虚拟物体叠加在同一画面或空间内，采用摄像机传感器实时跟踪技术回传数据，实现虚拟物体与摄像机拍摄的场景同步变化，呈现无缝衔接的完美画面。

一、虚拟植入系统构成

虚拟植入系统由跟踪系统、渲染工作站、图形创作系统三部分构成。

跟踪系统利用架设在摄像机云台上的传感器采集摄像机与实际场景的相对关系，并将摄像机的运动参数传给渲染工作站。

渲染工作站软件根据各个传感器采集的数据，计算出摄像机与实际场景的相对关系及镜头拍摄角度与焦距，并将运动参数与事先设计好的虚拟物体实时渲染合成，获得准确的空间透视关系，再与摄像机拍摄的实际场景进行叠加，得到播出画面。

图形创作系统完成三维虚拟物体的前期制作，包括虚拟物件、虚拟事件还原、虚拟动画、虚拟场景、前置虚拟数据分析、前置虚拟图片等。

二、AR 演播室

AR 演播室系统是通过增强现实技术并借助屏幕空间与真实空间的无缝衔接互动实现虚拟结合的新型互动式演播室系统。

（一）AR 系统技术特点

在实现 AR 演播室系统的增强现实技术当中，最重要的是屏幕三维缝合与三维实时渲染技术的应用。

三维缝合技术是使用多摄像头红外定位系统对摄像机位置进行定位，把摄像机的坐标信息分别匹配到不同的空间坐标系，通过程序算法对不同的空间坐标进行配对，在切换摄像机的同时读取相关摄像机的坐标信息，实时调整屏幕显示校正数据，使显示的三维空间与摄像机拍摄的空间匹配，保证摄像机在移动任意角度时拍摄到正确的屏幕立体显示内容，多机位的切换功能让多角度拍摄效果不拉伸不扭曲，达到自然过渡的效果。

三个互成 90 度的屏幕，采用普通的大屏拼接技术只是把图像从一块屏延伸到另一块屏幕上，不具备空间位置和透视关系。而三维缝合技术则把屏幕的空间位置和透视都进行了计算和校正，保证呈现画面的立体显示，如图 7-6 所示。方格线为 LED 屏模块边界（示意）。

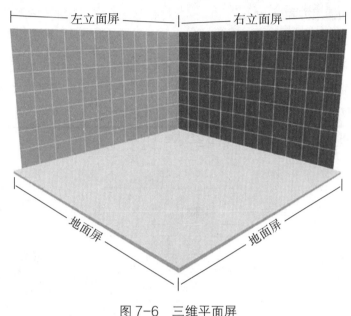

图 7-6　三维平面屏

三维缝合后的实景效果，能看到场景当中的拱门及地台虽由互成 90 度的平面屏幕显示，但在拍摄角度看不变形、不扭曲。

三维实时渲染系统用于显示仿真虚拟场景内容，它是由虚拟相机与虚拟场景面组成，把虚拟相机参数与真实摄像机进行匹配，真实 LED 显示屏幕与虚拟场景进行参数匹配，在真实摄像机移动拍摄时，真实 LED 屏幕显示虚拟场景对应平面的内容也跟随变化，形成一个穿透真实屏幕的虚拟场景空间。系统中最少可使用三块 LED 屏幕与三块虚拟场景面进行匹配组建，使得摄像机可以拍摄到真实可见的、完整的虚拟立体场景空间。

通过三维渲染技术可以把图片、视频、三维模型等内容不需要做特殊转换就可直接作为仿真环境使用，内容在任意屏幕都能无缝显示，系统支持视频开窗功能，支持一路实时视频接入，还可以支持多路硬盘内视频文件，视频内容可以在任意位置开窗播放显示。

AR 系统的主要特点有：第一，利用系统特有的三维缝合技术，把屏幕的空间位置和透视关系进行计算和校正，能保证呈现画面立体显示，直观可见；第二，无须抠像的仿真拍摄环境，从摄像机角度便可以直接看到成像效果，LED 自发光的方式保证画面的真实度，所见即所得，随录随播；第三，支持多背景类别使用，方便将照片、图片或视频进行三维还原，实现将外景"搬到"演播室的效果；第四，支持多种互动模式，在演播室现场可以使用键盘鼠标、手柄、蓝牙、无线、体感、声控来与内容互动，达到更加智能的播报方式。

（二）系统架构与组成

整个 AR 演播室除了传统的视音频灯光设备之外，主要由屏幕显示系统、场景渲染处理系统、定位跟踪系统、前景渲染及输出系统和控制服务等辅助系统组成，下文所述 AR 系统仅指除传统视音频灯光设备之外的系统部分。

系统组成可以分成物理架构和信号控制两大部分，如图 7-7 所示。

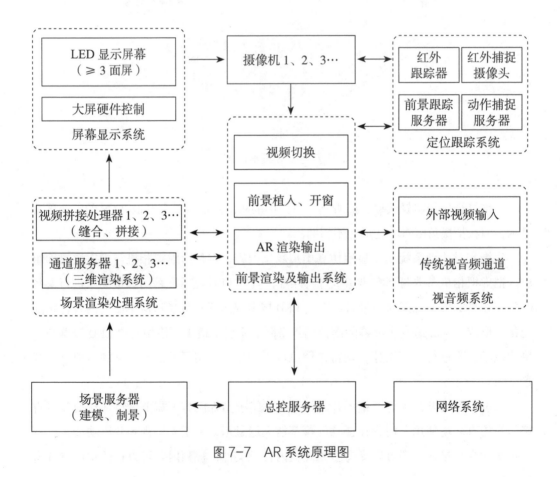

图 7-7　AR 系统原理图

1. 系统物理架构

AR 实体沉浸式全景仿真演播室系统整体物理架构根据功能不同可分为：屏幕显

示、定位跟踪、场景渲染处理、前景渲染 AR 输出、制作与控制等五个子系统。

（1）屏幕显示系统

屏幕显示系统采用 L 形布局的 LED 大屏，"L"形造型的两块背景屏采用 P1.875 规格，每块屏面积为 5.76m×3.36m，地屏采用 P4.2 规格，总面积为 6m×6m。

L 形的拍摄空间是屏幕利用率最高，投入最少的屏幕设备，具有较广的拍摄视野，在摄像机位布局时可以让主持人距后面屏幕更远，在灯光布局上也有更大的空间与自由度。

LED 屏的点间距在 1.9mm 以下摩尔纹的出现区域大幅下降，拍摄时注意调整好主持人距屏，可以有效避免摩尔纹的出现。另外 1.875 的 LED 点间距，每一块屏的显示效果具有高清显示的分辨率，整体环境甚至能达到近 4K 的显示效果，同时具有较好的性价比。

（2）定位跟踪系统

定位跟踪功能主要由红外摄像定位和动作捕捉技术实现，由六台高清红外摄像头、三机位红外标记点、跟踪服务器、红外捕捉摄像头、动作捕捉电脑服务器等设备组成，给渲染系统和背景屏信号处理系统提供跟踪控制信号。

（3）场景渲染处理系统

场景渲染处理采用三维缝合渲染技术，主要由三个通道渲染服务器和视频拼接处理器组成。负责将场景内容根据获取的跟踪控制信号进行实时缝合拼接，向屏幕显示系统提供实时缝合后的拍摄视角的场景信号。

（4）前景渲染 AR 输出系统

前景渲染 AR 输出系统采用虚拟植入、AR 渲染技术，主要由视频切换、前景虚拟植入、AR 跟踪、AR 渲染服务器组成，负责虚拟前景信号的植入与渲染输出。

（5）制作与控制系统

制作与控制系统主要由场景服务器、总控服务器和网络设备组成，完成场景制作、整个 AR 系统的操作控制功能。

2. 信号控制部分

AR 实体沉浸式全景仿真演播室系统控制分为屏幕显示系统信号处理控制、仿真系统信号处理控制两部分。

（1）屏幕显示系统信号处理控制

屏幕显示系统采用主备双路信号连接模式，确保系统安全、可靠，如图 7-8 所示。

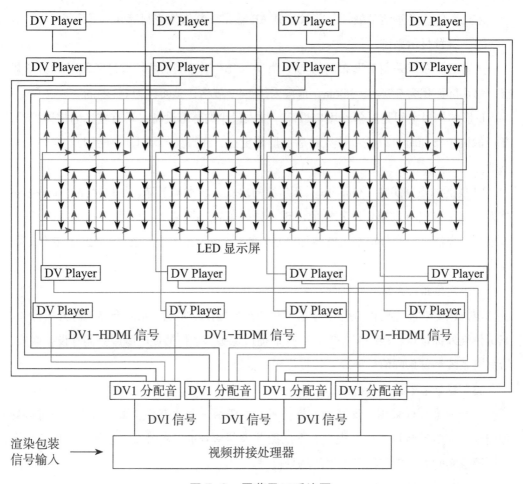

图 7-8　屏幕显示系统图

图中，灰线为主信号线，黑线为备信号线。

（2）仿真系统信号处理控制

仿真系统信号处理控制主要由红外动捕子系统、三维缝合渲染系统、AR 前景植入系统、拍摄系统、返送监看系统等五个子部分组成，共同完成节目制作时的场景设计、场景生成、跟踪拍摄、效果合成，最后形成完整的节目内容。

①红外动捕子系统

红外动捕子系统是基于红外光学系统的被动式动作捕捉与空间定位技术，实现人在空间内自由移动并与虚拟空间交互。系统中的红外动捕模块由六个高清红外摄像头、动捕电脑、网络交换机、三个通道渲染服务器和多通道控制服务器组成，如图 7-9 所示。

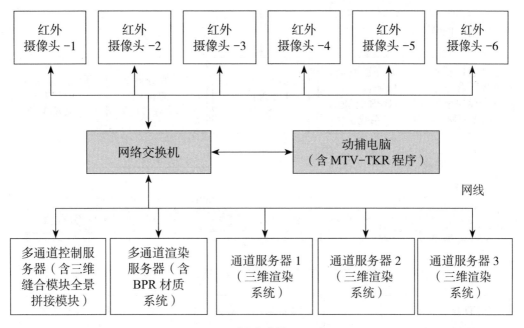

图 7-9　红外动捕子系统图

六个红外摄像头，每个红外摄像头最多可以获取 24 个标记点作为摄像机的位置信息，可以保证在不同位置与多个干扰物品情况下系统稳定工作。通过动捕电脑、网络交换机、三个通道渲染服务器和总控服务器进行数据交互，为系统的空间定位提供位置、方向、角度等数据，用于机位切换拍摄。

系统支持对三台摄像机位进行设定，可以保证摄像机的平摇俯仰与变焦操作与实景拍摄无差异。红外动捕子系统将跟踪信号送给显示系统渲染服务器，对侧面主屏及地屏中的画面进行三维校正处理，从而使摄像机能够拍摄到逼真的仿真环境。

②三维缝合渲染系统

三维缝合渲染系统用于显示完整的仿真虚拟场景。通过三维渲染技术可以把图片、视频、三维模型等内容作为仿真环境在任意屏幕立体显示出来，系统支持视频开窗功能，支持一路实时视频，另可支持硬盘视频在任意位置开四个窗口播放。

系统由四台三维缝合服务器组成，其中三台分别各对应一个通道，另有一台为总控服务器（可分成控制服务器和渲染服务器）。在系统内，网络交换机与各个通道服务器、总控服务器均是由网线连接的。外部视频输入与各个通道服务器利用相应的数据线（SDI/DVI/HDMI）相连接，各个通道服务器与视频拼接处理器利用 HDMI 数据线相连接，视频拼接处理器被大屏控制电脑所控制，视频拼接处理器又分别与 LED 显示屏利用 DVI 数据线连接，如图 7-10 所示。

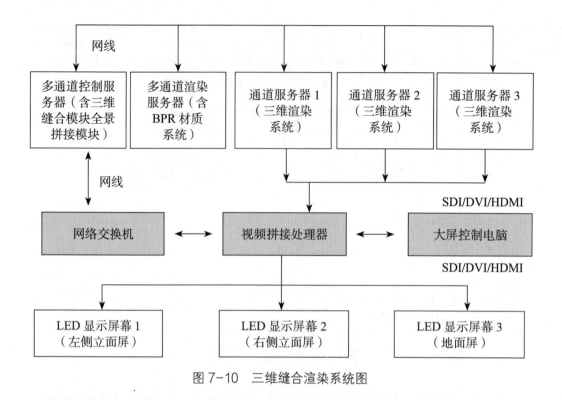

图 7-10 三维缝合渲染系统图

总控服务器通过网络交换机把修正过的摄像机坐标信息分别匹配到虚拟空间中使用，通过算法的调整把虚拟空间坐标进行匹配，通道服务器渲染后，再经过大屏控制电脑以及视频拼接处理器对 LED 屏幕的校准，呈现一个完整的三维场景空间。另外输入的外接视频信号 SDI/DVI/HDMI，经过分配器送到各个通道服务器中的视频采集卡中采集视频流进行渲染，可作为纹理贴入场景中。

③ AR 前景植入系统

AR 前景植入系统主要用于节目 AR 前景植入内容展示，以丰富制景的表现方式及更强的沉浸式体验。前景植入具有遮挡功能，可以使用相关图文、视频、动画、三维模型显示在拍摄真实人物前方，达到与后方显示仿真环境前后呼应的效果，使拍摄画面更富有空间感。前景植入还可以与拍摄中的主持人进行互动操作与控制。

该系统模块使用的引擎和仿真环境渲染引擎相同，具有良好的兼容性、稳定性和可扩展性。AR 前景植入系统同样支持主机位的平摇、俯仰以及变焦操作；支持一路实时视频的开窗，以及硬盘内视频多路开窗；通过前景植入与背景仿真可构建一个完整的节目表现形式，如图 7-11 所示。

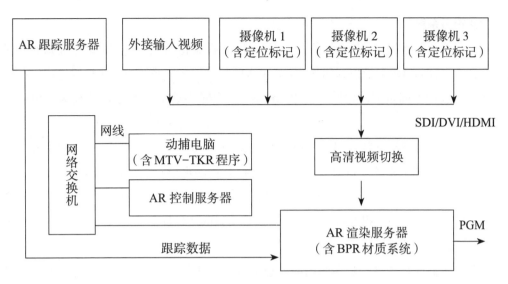

图 7-11　AR 前景植入系统图

前景植入效果如图 7-12 所示。

图 7-12　前景植入效果图

图中主持人后面为大屏显示图片，主持人前面的车子都是前景植入内容，与背景内容前后呼应。使用最新的 PBR 材质，可调节车漆、玻璃、轮毂仿真效果；使用真实的物理属性，可表现汽车的多种动作，如刹车、起步、转弯、碰撞等。

④拍摄系统

拍摄系统用于拍摄 AR 全景仿真画面，与 AR 前景植入配合得到最终合成画面，即最终合成内容由 AR 全景仿真和 AR 全景植入两部分组成。系统由三个机位组成，在机位间可以进行不同角度的切换、使用，设备型号没有局限性，标准的广播级摄像机均可使用。

在每一台摄像机安装不同数量和形状的标记点，识别为 1 号机位、2 号机位和 3 号机位，红外动捕子系统支持对三个机位的切换和移动定位，在系统使用时会实时采集各个摄像机的标记点进行机位切换时仿真环境的匹配，达到真实机位切换时拍摄环境的正常显示效果，同时摄像机拍摄的即为仿真实景的演播厅画面。

⑤返送监看系统

利用演播厅传统视音频系统内的返送监看设备即可，主要用于向主持人提供合成后尤其是叠加了前景的现场信号的返看，帮助主持人随时进行内容确认。本系统采用了 50 寸的显示屏作为主持人返看屏，对拍摄内容进行更细致的监看。

第 3 节　虚拟演播室

虚拟演播室在电视节目制作中的运用，使传统电视节目体系发生了很大的变化，它可将真实物体的镜头与计算机生成的三维图像有机地组合成一幅视频画面，从而在视觉和艺术上产生独特的效果。

一、虚拟演播室的分类与构成

虚拟演播室技术涉及计算机技术、虚拟现实技术、电视摄像技术、电视抠像技术，计算机技术和虚拟现实技术产生二维或三维虚拟场景，电视摄像技术产生真实画面，电视抠像技术将真实画面融入虚拟场景中，使电视画面具有特别的艺术效果。

（一）虚拟演播室的分类

虚拟演播室从功能上划分，可以分为二维虚拟演播室系统和三维虚拟演播室系统。二维虚拟演播室系统普遍具备遮挡功能，通常也被称为"二维半虚拟演播室系统"。

二维系统通常以一张或一组平面图像为背景，根据摄像机推、拉、摇、移的参数变化对整幅图像进行缩放或平移处理，以提供相应的背景，如图 7-13 所示。

图 7-13　二维系统示意图

例如，当摄像机推近前景图像时，在相应运动参数的控制下，图像处理器会产生一个放大的图像，与前景配合。合成之后，前景看上去就好像确实处于图像处理器产生的虚拟背景之中。由于此系统是二维系统，所以摄像机不需移动。

需要注意的是，二维系统的背景一般是事先做好的平面图像，这是二维虚拟演播室系统的重要特征，也是区别于三维虚拟演播室系统的本质特点。

三维系统是基于 OPEN-GL 或 D3D 图形渲染平台之上，采用高质量的专业 3D 图形加速处理卡，配以相应的场景处理技术来保证系统能够流畅地运行复杂的三维场景。三维系统的特点是构建真正三维的虚拟场景，三维系统调用的场景是用传统的 3D 建模工具（如 3D MAX、MAYA、SOFTIMAGE 等）建立的标准虚拟场景模型文件（*.3DS），在专业图形工作站上根据摄像机推、拉、摇、移参数的变化进行实时的三维填充和渲染，因此场景模型和实时渲染是三维虚拟演播室的重要特征。

三维虚拟场景中的景物具有真正的三维属性，随着摄像机的推、拉、摇、移，可以看到景物的侧面和背面，而且在三维场景的物体之间是有景深效果的，随着摄像机的推、拉、摇、移，物体间的空间位置关系也有相应的变化，如同真正实景搭建的效果一样。在后面章节介绍的关键技术以三维虚拟演播室为主。

（二）虚拟演播室的构成

虚拟现实技术与电视演播室抠像技术结合产生了虚拟演播室技术。在演播室构造一个蓝箱作为色键蓝背景，提供演员活动空间。同时采用同步跟踪技术，用真实摄像机的运动参数复制产生计算机三维空间的摄像机模型，使虚拟摄像机精确跟踪真实前景图像的变化，调整虚拟空间与演员画面的位置和比例，在演员与计算机生成的三维空间合成时，整个合成图像犹如同一台摄像机拍摄的完整画面。

在实际进行蓝箱设计时，首先要考虑蓝箱的空间布局问题。目前各电视台的演播室多是一室多用，即同一个演播室由多个节目共用，也就有多个场景。这就要求在设计蓝箱时要充分考虑到其他场景的位置和灯光需求，不能使节目在录制时出现质量下降或穿帮现象。倘若演播室一室一用，专为虚拟演播室所用，就不存在这个问题。所以，建议最好是选用面积适合的小演播室作为虚拟系统专用。其次要根据虚拟系统的机位来设计蓝箱的形状并计算其大小。也就是说，蓝箱的大小一定要能够满足摄像机的推拉摇移的范围要求，既不能过小而限制镜头的活动，又不能盲目加大蓝箱面积而导致造价的大幅度提高。最后要根据使用虚拟演播室制作节目的性质来规划蓝箱的大小。新闻及小型访谈类的节目在录制时镜头一般较为简单，大多是以正面近景辅以少量侧面全景，且镜头固定，无须推拉摇移，主持人的位置也固定不动，这样对蓝箱的要求也就不高，只要顾及侧面全景不穿帮即可，蓝箱可以做得较小。如果是录制文艺性节目，主持人不但会来回走动，且镜头的推拉摇移较多、变化较大。这就要求蓝箱要相对较大，给出足够的镜头活动空间。

蓝箱装修包括两个成90度夹角的立面和一个地台。立面与地台的夹角应大于90度，以减少反射到主持人身上的蓝光；立面与地台间最好采取弧形过渡，这将更容易均匀布光，而且墙壁间也不会互相反射。圆滑的角落可以帮助减少灯光的明暗差异。地板应该足够大，以避免主持人的面光形成的强阴影打上立面，有时这会为制作带来一些麻烦。

虚拟演播室系统框图如图 7-14 所示。

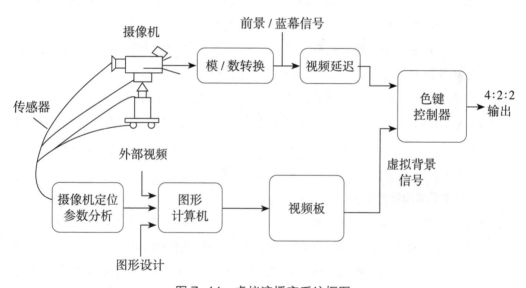

图 7-14　虚拟演播室系统框图

它由真实摄像机、摄像机同步跟踪系统、计算机图形生成器、视频延时器和色键器等构成。外部视频输入图形工作站用于虚拟场景的预置设计和生成，如场景的整体设计和建模渲染等。

虚拟演播室每生成一帧图像，就要处理相当多的数据，在实拍时还要求处理速度达到实时的电视速率，即每秒钟有 25 帧图像，这么大的数据运算量对整体系统的性能提出了很高的要求。

目前，虚拟演播室系统在结构上基本可以分为两种类型，即独立通道化系统结构和共用式系统结构，如图 7-15 所示。

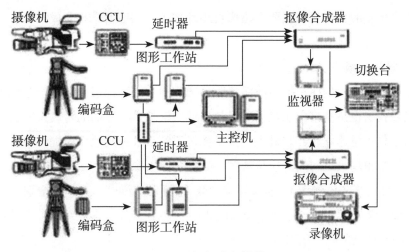

（a）独立结构

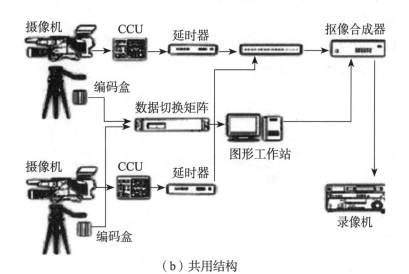

（b）共用结构

图 7-15　虚拟演播室系统结构

这两种结构设计方式不同，系统所具备的功能、操作方式以及成本都有比较明显的区别，各电视台可以根据具体使用情况选择适合自己的结构来组建系统。当用户的演播室只采用一个机位时，也就没有以上两种结构的区别了。当用户需要在两个机位的合成信号间运用切换和叠化等特技时，系统结构的设计就会变得复杂一些，需要配置更多的设备，这时就需要考虑采用独立通道化的结构了。当用户不需要特技切换或直播时，可以采用共用式的结构。

二、虚拟演播室的关键技术

虚拟演播室的关键技术主要有摄像机跟踪技术、色键抠像与合成技术、图形渲染平台以及虚拟场景制作技术。

（一）摄像机跟踪技术

与传统的演播室相比，虚拟演播室明显增加的一套系统便是摄像机跟踪系统。而摄像机跟踪技术也是直接影响最后节目效果的关键技术。后期的合成系统及场景生成系统等的工作均是建立在此基础上的。摄像机跟踪系统为其他系统提供摄像机、主持人、计算机虚拟场景之间的对应位置关系数据。对摄像机而言，这些参数包括镜头运动参数（变焦、聚焦、光圈）、机头运动参数（摇移、俯仰）及空间位置参数（地面位置 X、Y 和高度 Z），共八个参数，除调焦与沿光轴旋转外，其他六个参数在理论上讲都可以保持足够高的精度跟踪。

目前应用较广的跟踪方式是机械传感、网格识别、红外定位这三种跟踪方式。

1. 机械传感跟踪

基于机械传感器的跟踪方式是最先应用于虚拟演播室系统的一种跟踪方式，并且至今仍然广泛应用，如图 7-16 所示。

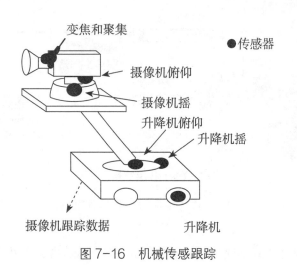

图 7-16　机械传感跟踪

这种跟踪方式的原理，即是在摄像机的镜头上、液压摇摆头上装有精确的编码器，可以精确地检测相应参数，通过 RS-232 或 RS-422 端口送给控制计算机，要获得正确的透视合成效果，就要使虚拟背景的立体透视关系实时地跟上真实摄像机拍摄的状态变化。但虚拟摄像机的各项参数与真实摄像机间各项参数之间并非是一一对应的线性关系，这就增加了模拟控制的困难程度。为此，采用基于编码的传感技术，并对这些参数进行编码，经过分析判断这些参数的优先级别，并将这些编码信息传送到同步跟踪分析处理计算机进行优先译码，同时生成虚拟摄像机的参数，提供给图形计算机生成虚拟背景，跟随演播室内的真实摄像机进行同步变化。

机械传感跟踪方式先在摄像机镜头上安装好传感装置，获取摄像机变焦和聚焦的参数。然后将摄像机放置在云台上，在摄像机的云台上安装的高精度传感器和机械齿轮与装在镜头上的变焦环和聚焦环上的齿轮咬合紧密。此时就可以对摄像机进行需要的拍摄操作，这四个跟踪参数通过控制端口传送到控制计算机进行处理。一些设备的机械传感跟踪摇移精度达到 0.00035 度，重复精度为 0.00011 度，俯仰精度达到 0.00026 度，重复精度为 0.00013 度，拍摄局部特写不受限制。

但机械传感跟踪的缺点是摄像机不能大范围地移动，不能根据演员坐、站来升降摄像机。而且在拍摄前有复杂烦琐的摄像机定位和镜头校准，不能与实景演播室混用一个演播室，摄像机等设备不能共享。ORAD 机械传感器如图 7-17 所示。

图 7-17　ORAD 机械传感器

2. 网格识别跟踪

基于网格识别技术的虚拟演播室，是在演播室的蓝幕上用两种深浅不同、线条粗细不等、线间空格两两不相同的蓝色绘制的网络图案。蓝箱内的真实摄像机在摄取前景图像的同时，也摄录了网格图案的影像，将这一图像进行数字化处理后送入 VDI-40 打上标签，然后送入图形处理计算机，利用图像分析法，参照在摄像机中设置的起始参数，根据图像中的网格图案，计算出摄像机机头运动参数（摇移、俯仰）及空间位置参数（地面位置 X、Y 和高度 Z）的变化，用这些参数的变化量去控制图形计算机生成虚拟背景的变化，使场景中物体位置的变化及透视关系与真实摄像机中看到的一致。

图像识别的原理简单，用图像分析的方法检测其亮度的变化，以求出每一帧图像中由于摄像机运动而引起的水平位移 Δxi、垂直位移 Δyi 及放大系数 Z 的变化。用图像分析法求取摄像机运动参数的原理，主要是把摄像机的帧间的运动与亮度的时间、空间梯度联系起来。每一个像素位置都有如下关系成立：$Gi = GxX+GyY+(Z-1)(GxX+GyY)$。其中，$Gi$、$Gx$、$Gy$ 为图像亮度于水平、垂直方向及时间上的梯度。X、Y、Z 则为水平、垂直位移及推拉镜头比例系数的变化。X、Y 为像素在当前图像帧内的坐标值。由于每帧图像中都有大量像素，每点都可以列出一个如上的方程，因而可以得到一个已知条件高度冗余的线性方程组。由此可以求出运动参数的最小均方值。实验证明，为获得可靠的、质量足够好的摄像机运动参数，每帧取 500—1000 个有规律的点即可达到要求。ORAD 的网格线如图 7-18 所示。

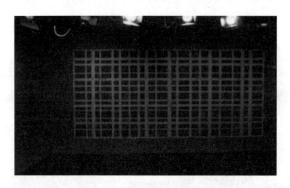

图 7-18　ORAD 的网格线图

　　网格跟踪是目前使用较广、最方便快捷的摄像机定位方式。其基本原理是：将摄像机拍摄到的网格或网格的一部分画面送到 DVP500，DVP500 将对这些画面进行实时计算，确定在实时情况下，摄像机相对于系统原点的位置参数 X、Y、Z 以及云台参数 P、T、R 和镜头参数 Z、F，并且随着真实摄像机的运动，将实时计算参数的结果，提供给渲染引擎 HDVG 将与真实场景相对位置的场景渲染输出。

　　网格跟踪的特点比较鲜明，具体如下。

　　（1）提供摄像机的八个定位参数。

　　（2）对摄像机的型号和镜头种类没有限制。支持任意类型的普通演播室摄像机。网格跟踪技术依靠图像分析定位，与摄像机以及镜头的种类、型号无关，DVP 只要获得的视频画面符合要求，就会根据画面中包含的信息来计算出摄像机的位置，因此，本系统支持几乎所有类型的摄像机，包括肩扛、手持甚至遥控摄像机。

　　（3）标准配置中，VDI（数字视频识别器）支持四个机位（可以增加到八个机位）。VDI 可以在每一路通过它的视频信号中打上标签，并由 DVP 进行识别区分，因此，一个渲染单元就可以支持最多八个摄像机信号。

（4）无须镜头校准，定位快捷（只需要 1 帧），摄像机可以自由移动到任何地方进行快速定位，并且操作简单，尤其适合使用频率高，摄像机需要进行频繁移动的演播室。

（5）与传统的演播室相比，对演播室中的设备和安装方式没有特别的要求。网格跟踪方式不需要对摄像机进行任何改装，还可以根据需要随时增加摄像机数量，在摄像机的操作上与传统演播室的操作基本相同，因此维护简单方便，费用也很低。

（6）虚拟演播室可以与传统演播室相结合使用。对虚拟和实景共用演播室设备的情况下，摄像机的频繁移动无法避免，网格跟踪方式可以任意移动摄像机位置。

当然，任何一种跟踪技术都不是十全十美的，单独使用网格跟踪也是一样，例如大范围快速运动拍摄、摇臂的使用等。并且，图像中网格线的数量有限制，必须不能少于 2×2 条网格线。这对于拍摄特写镜头会有一定程度的影响。摄像机摄取的画面在任何时候都要至少看到两个网格，因为只有当被摄画面包含一定数量的网格时才能进行测量计算，使被拍摄物体的活动范围以及可拍摄范围受到一定的限制。还有像素级自动深度键等这些功能的实现还需要配合其他的跟踪技术。

3. 红外定位跟踪

在演播室的蓝箱上方两侧安装两台到四台可以发射和接收红外线的装置，对演播室摄像机布局的空间进行覆盖。在演播室摄像机顶部安装四个排列好的低强度红外线发射器。每个红外线发射器的发射频率都不一样，并且要求至少要被两台红外线摄像机拍到。图像计算机根据传送来的信号识别红外跟踪摄像机输出画面中的光源图像，通过对摄像机反射回的红外线进行处理，来计算和确定摄像机在演播室中的位置和方向。根据主持人佩戴的红外反射器反射回的红外线来获得主持人的位置，这样红外接收器接收到主持人的信号，就能感知深度也就是景深识别功能。

红外定位跟踪的特点如下。

（1）全自动，无须任何定位操作。

（2）配合网格信息，实时获得位置参数 X、Y、Z。

（3）不受限制的 360 度拍摄并且提供最佳的影子和色键效果。

（4）摄像机可自由运动，不受任何限制，摄像机数可以自动调配。

4. 摄像机跟踪技术小结

任何一种跟踪技术都不是十全十美的，例如大范围快速运动拍摄、摇臂的使用、像素级自动深度键等这些功能的实现还需要配合其他的跟踪技术，这也是 ORAD 跟踪技术的一个优点，多种跟踪技术可以配合使用，相互之间扬长避短。

（二）色键抠像与合成技术

最终输出要把产生的三维背景和摄像机实际拍摄的前景图像合成在一起。在合成之前首先要把前景图像中的人物图像提取出来，使用传统的色键抠像技术分离人物图像和蓝色背景。由于前景图像要与最终的三维背景相结合，所以必须考虑前景图像的深度信息。深度是指背景和前景演员的各像素到摄像机的距离。所以这里的合成又被称为深度合成。对虚拟三维背景，每一像素点的深度值很容易从虚拟摄像机的参数和三维虚拟背景模型中计算得出。但是对实际拍摄得到的前景人物图像，其深度值是不容易精确计算出来的。不过考虑到前景人物自身的宽度和厚度与摄像机和人物之间的距离相对较小，所以可以认为人物的深度值是一个定值。当然相对于虚拟背景比较复杂的情况，则可以把前景图像分成几个深度值大致相同的部分，然后对每个部分进行估计，最后合成时，还需要注意的是由于前景图像是在演播室里实地拍摄的，而背景图像是计算机生成的，二者照明条件不同，需要设法减少分别制作时因照明条件的差异而产生的不协调感。

虚拟演播室采用了传统的色键合成系统，却突破了传统色键系统的限制，消除了摄像机不能与背景同步运动的致命弱点，做到真实的演员能深入虚拟的三维场景中，并能与其中的虚拟对象实时交互。在虚拟演播室中演员在一间蓝色屏幕代替的真实背景里进行现场表演，计算机图形发生器实时产生一个逼真的虚拟环境，并按以下程序工作：摄像机镜头的定位、测量、运动走向及视角、视野处理，摄像机采集前景视频信号，同时摄像机上的跟踪系统实时提供摄像机移动的信息，这些数据被送至一个实时图形计算机，从摄像机的镜头视角再生成一个虚拟环境。以蓝箱为背景拍摄的摄像机前景图像，经延时后与产生于计算机的实时虚拟背景以相同定位时间进行工作，并通过色度键控器"联动"在一起，实时产生一个组合的图像。

由于计算机图形技术的迅速发展，计算机实时绘制各种复杂逼真的三维场景已成为可能。这些场景可以与摄像机摄制的视频信号完美地合成在一起，使演员表演的空间得到扩展。同时"虚拟摄像机"也可合成进系统中，它可实现的功能如在演播室范围外游移，以完全不同的场景出现或飞出演播室之外到达遥远的地方，并可在运动中安全、平滑地返回虚拟演播室场景，过渡到真实的摄像机。另外使用"虚拟蓝背景"技术可允许摄像机拍摄蓝背景以外的事物，不受现场演播室的局限。现场的演员可以在虚拟演播室中与三维背景呈现真实的透视关系，同时允许插入视频片断、互相作用的三维特技效果、图形、音频及其他更多的东西。这些效果是在节目拍摄过程中根据节目单或遵照导演的现场决定来完成的。如果提供许可，演员及旁观者也可以控制这些特技。所有三维场景可根据摄像机的运动进行实时更新。在感觉上，现场视频及三维场景是由同一台摄像机拍摄的，并且它们来自同一个源。虚拟演播室强调实时性，演员的现场动作与计算机场景能实时地合成，合成后的场景能及时地反馈给摄影师和演员，以便帮助摄影师调整拍摄动作，帮助演员调整表演动作。

（三）图形渲染平台

图形工作站的渲染能力受到场景中的灯光数量、透明层数、透明物体大小、贴图大小与材质、多边形数量、动画复杂程度、视频窗口数量等多方面的因素影响。总之，图形工作站硬件的能力是有限的，因此要慎重衡量做好一个模型的各方面安排。

ORAD 的 HDVG 是现今市场上最强大的三维渲染硬件，HDVG 广泛应用于广播电视行业的各个领域，包括虚拟演播室、体育分析产品、虚拟广告等，并且，通过HDVG 的渲染引擎软件，各种各样的应用软件都可以应用到 HDVG 的硬件平台。

HDVG 板卡是 HDVG 的核心部分，由 ORAD 独自开发的一块高质量的可编程 PCI 视频板。独有的设计使得 HDVG 的渲染能力比目前市面上可利用的任何渲染平台都强大得多。配合一流的 Nvidia 图形加速卡，HDVG 能输出丰富、逼真、高质量的三维视频画面。作为一个可升级的平台，随着 Nvidia 的不断更新换代，HDVG 也不断升级。ORAD 的图形工作站 HDVG 如图 7-19 所示。

图 7-19　ORAD 图形工作站 HDVG

不同的图形工作站渲染能力的不同除了硬件质量的不同外，还取决于软件渲染引擎的设计，渲染引擎对各种功能效果需要的能力进行分配。因此，渲染引擎的优劣在很大程度上决定了在实际应用中，系统是否能充分发挥硬件的性能。HDVG 渲染引擎经过了长时间的实践检测，配合高性能的图形卡，达到了最佳的渲染性能。

配合最佳的渲染性能，HDVG 同时提供 2 路不同的视频输入及 2 路环出。作为选配，HDVG 可以增加不同视频输入通道的数量，最多达到 16 路。HDVG 提供 4 路视频输出信号分别是，输出 1/2——视频输出、输出 3/4——键信号输出。HDVG 提供了内置视频延时卡，提供一个信号输入及环出和两个视频输出。

HDVG 也支持集群渲染功能，在特殊情况下，针对特殊的应用（如虚拟仿真领域），多个 HDVG 可以级连起来共同渲染一个图形，并且可以选择输出通道的数量及每个通道所输出的画面。

新一代的 HDVG 包含两个单元，其中一个单元为渲染单元，另一个单元为 DVP500——数字视频处理器，它将对摄像机拍摄的网格信号进行处理并通过网络传递到 HDVG。DVP500 提供一个摄像机信号输入及环出和两个视频输出用来监看 DVP500 网格处理情况。

（四）虚拟场景制作

二维虚拟演播室系统调用的虚拟场景是一张或一组平面图像，比如一套双机位的二维虚拟演播室系统就需要为每一个机位提供一张相应角度的图像，如图 7-20 所示，而一旦摄像机离开了预先设定好的机位位置，就无法正确地提供相应的虚拟背景。

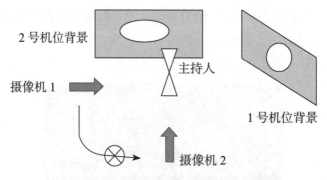

图 7-20　双机位二维虚拟演播室示意图

三维虚拟演播室系统调用的是标准的虚拟场景模型文件，根据摄像机推、拉、摇、移的变化进行实时的渲染。因此，一方面，可以随着摄像机角度及位置的变化看到具有真实感的虚拟场景，从而看到场景中虚拟物体的侧面和背面，使得整个场景更加逼真；另一方面，允许主持人进入虚拟场景之中，三维场景中的虚拟景物既能作为真实人物的背景出现，也能作为前景出现。可以把一些虚拟物体调到主持人的前面来，而且真实人物还能围绕虚拟景物运动，这就大大增加了场景的真实感，同时也丰富了节目拍摄手法。

一个三维虚拟场景需要大量的工作来处理运动和再生背景图像序列。图像序列既要实时生成，还要保证广播级的图像质量。图像质量和生成时间是一对矛盾，很难同时满足。为了解决这个问题常常采用中间描述结果处理技术。先生成虚拟场景的中间描述结果，在实时生成时，就可以用简单快捷的方法来获得高质量的图像，这种方法的基本思想是计算出给定视点的可视表面部分和不可视表面部分，这里既可以用分析的方法计算出每个对象确切的可视区域，也可以用数字的方法计算出到底哪些像素点是可视的，哪些是不可视的。不过大量中间描述结果往往需要较大的内存空间，这是一个用运行内存空间换取运行时间的策略。

（五）虚拟演播室系统中的其他技术

1."像素级"深度键技术

处理演员在虚拟场景中的位置时，以前采用"分层次"深度键技术，物体被分别归类到有限几个深度层次中，演员在虚拟场景中的位置不能连续变化。而"像素级"深度键技术，构成虚拟场景的每一个像素都有相应的 Z 轴深度值，因此演员在虚拟场景中的位置可以连续变化，使用这种技术后，虚拟物体、真实物体及表演者可在节目中动态地相互遮挡，从而增加了虚拟场景的真实感。

2."垃圾色块"技术

用虚拟演播室系统制作节目时，当摄像机拍摄到非蓝区域时会出现"穿帮"现象，为了解决这个问题，采用"垃圾色块"技术。当摄像机拍摄到非蓝区域时，自动由"垃圾色块"填补虚拟背景，具有背景保护功能，使演播的范围大大超出了演播室的蓝色背景范围。还可以用这个技术制作虚拟天花板。

3.灯光技术

对虚拟演播室来说灯光非常重要，蓝色舞台需要被灯光照得非常均匀，灯光越均匀，用户需要在键控器上做的修饰越少，容易保留蓝背景上的阴影。

灯具的要求：虚拟演播室灯光是建立在新型的三基色柔光灯的基础之上的，这种灯发光均匀、阴影小、发热少、色温恒定而均匀，光布在主持人脸上自然而逼真。此种灯满足了虚拟演播室对光线的基本要求。

区域布光：在虚拟演播室，为了增强节目的真实性、活泼性，主持人都会有一定的活动区域，因此，对前景（主持人）布光不能像新闻类布光是定位的点布光，而必须进行区域布光。

立体布光：传统的新闻类演播室一般都运用三点式布光原理就能满足电视灯光的要求，而虚拟演播室采用的是色键消蓝技术进行抠蓝处理，因此，要消除蓝色对前景（主持人）的影响就必须要有立体布光的理念。先进行前景布光，后蓝箱布光，因为三基色柔光灯发光面积大，对前景（主持人）布好光后，必将在蓝箱上产生一定的光照度。因此，前景照度符合要求后，再对蓝箱进行适当补光就能满足计算机色键抠图的要求。前景与电子背景完美融合的关键在于前景与蓝箱科学而合理的布光。

照度的要求：虚拟演播室的照度不同于传统演播室，它要求前景与蓝箱背景照度相匹配，追求光照的一致性。另外，虚拟演播室栏目的灵活性、电子背景的多样性也要求照度必须满足不同栏目、不同电子背景的需要。

三、虚拟演播室的主要应用

虚拟演播室技术为电视节目制作带来了一场革命，它的应用范围正在逐步扩展，在国内外，它主要有如下几方面应用。

（一）电视台

1. 动感片头

随着多媒体特技动画制作技术的成熟和运用，电视节目的片头制作也呈现出多姿多彩的景象。借助虚拟演播室技术可以实现其他技术难以完成的特技，如物体可以不顾重力原理悬浮在空间、视频图像可以在任一平面上显示出来、场景可由动态物质构成、分子大小的物体能立即变成巨大的物体等。制作人员可以充分发挥艺术想象力，在有限的空间里实现无限的创意，使节目一开始就能吸引观众的视线。

2. 虚拟出席

要采访某位专家学者，最佳方法就是把被访者请到演播室，有了虚拟演播室系统后，即使被访问者不能亲临演播室，也可以得到同样的效果，利用从外地传来的被采访者在蓝色幕布前的信号，先经过一次抠像再进入虚拟演播系统，通过插入的视频可将被采访者与演播室中的主持人实时结合在一个虚拟背景中，主持人与被访者就可以进行面对面的交谈和表演。

3. 移动场景

移动场景是一种具有特殊功能的系统，它可将视频及动画插入室内和室外的节目中，这里使用的是一块绘有格子图案的小型面板，拍摄节目时将它放置在需要插入视频或动画的场景位置上，摄像机可以从任何角度拍摄，得到的格子图案信息可控制生成与面板透视关系一致的视频或动画，最后色键合成后，在相应面板的地方就会出现视频或动画，而且透视关系与面板完全一致。

4. 虚拟环境合成

制作节目时不需要实地拍摄，只要有相关的外景素材即可，制作中利用软件能方便地实现各种情景的转换，而且能产生有如在真实外景中拍摄的效果。

（二）学校

学校经费有限，不可能像电视台那样，不同节目都投资不同的背景装潢。虚拟演播室利用一张数码相片即可做简易虚拟背景，省去了不必要的投资，而且更换背景快速容易。学校的虚拟演播室可用于如下几个方面。

1. 教育教学

虚拟演播室技术为教育教学提供了丰富的创作手段，使教学内容可以更加真实、贴近、直观呈现，虚拟演播室应用于场景的制作、场景的设计，可以随教学形式或课程内容而变化。

2. 精品课程

精品课程的录制既要体现教师授课的个性特点，又要体现课堂的互动性，还要反映课件内容和课堂的气氛，在虚拟演播室中，制作人员可以通过虚拟电子背景，将计算机多媒体课件与主讲人的视频图像根据教学需要进行合成或随意切换，以达到最佳的教学效果。虚拟演播室系统丰富多彩的三维场景给教学增添极大的感染力，使数字化教学课程比通常的课程录像更加直观、更有吸引力，可以激发学生更高的学习欲望。

3. 校园电视台及校园主题讨论、来宾访谈等节目

用虚拟演播室能制作出与专业电视台相同水平的电视节目，能很好地宣传学校，专业制作校园新闻，传播校园文化。在虚拟演播室制作来宾访谈，结合主题图片、影片作为背景，可以增强临场感和说服力。

4. 远程教育

虚拟演播室技术还可以运用在远程教学中，虚拟出席可以将远地演播室中专家的实况视频与本地演播室中教师的场景视频实时地结合在一个虚拟场景中，两人可以在虚拟场景中进行交谈、演示，学生察觉不到他们是身处异地，能增强现场感与参与感。

虚拟演播室是虚拟现实技术的应用，随着计算机技术的发展和计算机三维图形软件的开发，虚拟电视节目制作会更加成熟完善。虚拟演播室与真实演播室混合发展是未来的发展趋势，它会使电视节目达到最佳的视觉效果，为电视节目制作拓展更大的空间。

四、小型虚拟演播室系统设计

针对高校或者小型电视台的实际需求，结合目前广播电视技术发展的情况，需要设计经济实用、安全先进、更加切实贴近需求的虚拟演播室系统，从而能够保证系统安全、稳定、高效的运行。

总体要求如下：充分考虑系统的稳定性，在高速渲染下，系统依旧能稳定运行；根据需求，系统既可采用图片做虚拟场景的二维虚拟演播室，又可以用三维模型做虚拟场景的三维虚拟演播室；确保图像处理的高指标输入输出；采用顶级的数字色键；系统的渲染能力可以达到 30 万个三角形面片，支持更加漂亮、细腻的三维场景；保证系统的先进性及性价比；系统可扩展性强。

机位、通道及输入输出：要求三机位（可扩展 8 路模拟、8 路 SDI 机位）、单通道、

多功能。

色键：实现高质量的实时抠像，能将诸如发丝、烟雾、水滴等抠净。

同步性能：每个机位（包括在虚拟状态下）、虚拟视窗、联网的计算机 VGA 之间，均带同步特技切换，没有抖动和闪烁。

跟踪：通过软件实现摄像机多点（近景、中景、远景等）定点跟踪，使人物与场景随着不同摄像点的变化而按比例变化，即景、物吻合。

虚拟演播室功能：实时虚拟场景，实时虚拟电视大屏（可插入视频文件、动画、图文等，虚拟视窗可与电视全屏带特技切换），摄像机之间、摄像机与虚拟大屏之间带二、三维特技过渡切换，虚拟场景中的真实人物和虚拟物体（包括虚拟电视大屏以及大屏中播放的内容）均可实现阴影、倒影、镜像等逼真效果。

特技切换台功能：可将视频输入信号（摄像机机位）之间、输入的视频信号与内置的数字硬盘录像机之间，以及上述信源与联网的计算机 VGA 信号之间进行特技（淡入淡出、卷页等几百种二、三维特技）切换，每路信源均有内时基同步，使得特技切换过渡平滑、稳定、不闪烁。

支持应用 3D Max、Maya、Softimage 3D 等国际著名的三维建模软件制作的三维场景。导入后的三维场景可方便进行调整，方便进行二次再创作。

本设计方案采用三机位单通道的数字虚拟演播室，其中一路固定场景机位、二路带跟踪固定机位。系统的主要组成如图 7-21 所示。

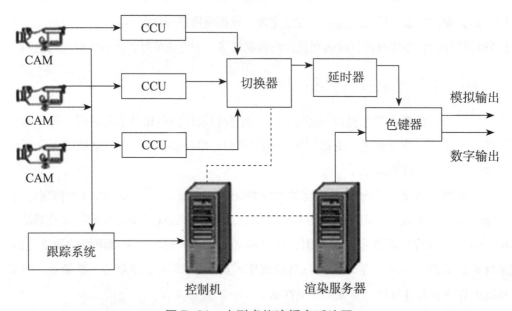

图 7-21　小型虚拟演播室系统图

一般虚拟演播室系统所需的软件有：操作系统 Windows NT；三维场景创作软件；色键动态跟踪系统软件；传感系统软件用来分析和获取摄像机状态参数，此外，还有虚拟演播室系统软件等。

第 4 节　在线包装系统

在线包装是对电视节目、栏目、频道甚至电视台的整体形象进行一种外在形式要素的规范和强化。这些外在的形式要素包括声音（语言、音响、音乐、音效等）、图像（固定画面、活动画面、动画）、颜色等诸要素。

在线包装系统，就是能够实现三维场景的实时渲染播出，集多时间线处理技术、数据库技术、实时视频开窗等多功能于一体的计算机系统，主要用于美化电视节目实时播出的效果。

在线节目包装是指在演播室、转播车、播出机房等"线上"就可以完成包括字幕、动画、栏目风格、节目模板、实时资讯等在内的所有节目包装内容。这些东西在演播室录制或直播节目时一次就全部做完了，不需要再到后期机房进行包装或后期制作。节约时间、人力和物力，节约节目制作的成本，提高节目的制作效率，提高节目的质量和观看性。

在线包装技术就是随着电视传媒业及信息技术的飞速发展和广大观众欣赏水平的提高而产生的。观众需要获得更多内容广泛、专业、准确的即时信息，而以往的老式制作模式不能满足新形势下的需求。传统的音视频（AV）技术必须要与信息（IT）技术高度融合，才能适应当前的发展形势。一方面保障了高质量的实时直播画面，另一方面又确保了与各种自动控制系统、数据提供者、版式等相协调，三维在线包装系统已成为广播电视行业发展的一个新的方向。

一、在线包装技术的特点

在线包装技术按节目形态可分为新闻类、体育类、综艺类，通过不同的在线包装元素组合来体现不同形态节目的特点风格。在线包装的元素模块包括：虚拟场景、多层字幕包装、三维图文包装、多通道视频包装、过渡动画特技包装、实时外部数据展示、在线音频包装等。通过这些元素包装模块，可实现各种图文字幕、三维图表、直播连线、实时数据的包装效果。

在线包装的特点如下。

（一）实时三维渲染

在线图文包装提供高质量的高清实时三维渲染，其三维渲染引擎的渲染核心是基于计算机图形卡的 GPU 技术实现的。在保证三维图形质量的前提下，系统以极高的效率保证渲染的实时性，没有预先渲染，完全满足外部实时控制的需要。

（二）三维场景、字幕与视频结合

在全三维空间中，不仅处理三维物体，同时还以各种纹理贴图方式处理字幕、图像、动画序列、输入活动视频和视频文件回放，使它们作为三维场景中的纹理贴图无缝融入其中，从而展现各种三维图形效果。

（三）实时输入视频

支持高清或标清视频输入的实时开窗功能。采用贴图模式进行的 DVE，可以将实时画面作为材质纹理以多种混合方式贴加在任意物体的表面，进行所有平面和三维特技处理和各种变换，适合后期制作类节目使用。

（四）视频、图像序列回放

支持多种格式视频文件和图像文件序列的实时回放，回放画面均作为材质纹理以多种混合方式贴加在任意物体的表面，可进行所有平面和三维特技的处理和各种变换，非常适合制作画中画效果和各种复杂的活动纹理和背景效果。

（五）音频支持

支持各种音频接口，支持直通背景视频的嵌入式音频或其他接口输入的音频直通。通过时间线支持音频文件与视频画面的同步回放，产生音频效果。

（六）强大的数据库支持

数据库技术在图文包装系统的应用中占有很重要的地位。在天气、财经和资讯节目中，在体育项目尤其是大型综合运动会的转播中的作用和需求均十分明显。

（七）网络化、系统化的工作流程

提供完整的涵盖制作、播出和模板管理功能的软件包，这些软件可以根据实际应用的不同需求，配置在单机或是多机系统之中，通过网络通信和控制支持不同岗位的明确分工和协作配合的工作流程，共同完成图文的制播工作。

（八）在线、后期图文包装和虚拟演播室同一平台

渲染引擎和制作平台在支持三维在线及后期包装的同时，也是虚拟演播室系统的构建平台，使用构建的虚拟演播室系统可以同时具备字幕图形包装的技术能力。

二、渲染技术

目前电视节目制作对新一代图文包装系统的技术要求可以归纳为：高、标清全面支

持，高质量实时三维渲染，三维场景、字幕与视频无缝结合，实时输入视频多窗口 DVE，多层多物件混合播出，在线数据修改与数据库支持，完善的网络制作与播出流程等。

最新字幕三维实时渲染技术主要包括系统构架、视频输入／输出接口，以及基于 CPU 和 GPU 的图形图像、三维加速、三维特效等软件编程技术。

三维实时字幕的系统构架要实现各项渲染任务在 CPU 和 GPU 的合理分工，图文系统的字形字效算法和图像的压缩解压等工作可以交由 CPU 完成，而图文的各种动态光效、三维特技可以交由 GPU 来完成，以确保图文系统的实时性。

在 CPU 和 GPU 的编程方面，SGI 的 OpenGL 和 Microsoft 的 DirectX 都提供了解决方案，这使对系统硬件可以进行深度控制和调配。针对最新图文对实时、多层、三维、子像素的技术需求，必须寻找更为先进的技术解决方案。三维图形加速引擎具有强大的图形处理能力，因此被引入广电技术领域。运用 GPU 强大的三维图形加速能力，结合计算机图形图像技术，设计新一代图文包装系统在技术上是完全可行的。新一代图文包装系统的渲染处理必将以 GPU 为图形图像的渲染核心，而以 GPU 为字幕渲染核心，将使图文包装系统的图形渲染模式符合多层、三维和子像素的渲染要求。因为在 GPU 进行图形图像处理过程中，每个物件都具有三维属性，都具有独立层的概念，每一个层都有相应深度的 Z 坐标以反映相互物件间的前后关系。另外，GPU 除了在三维物件顶点渲染方面具有明显优势之外，在物件的纹理、颜色等像素渲染方面同样能力强大，应用 GPU 实现字幕系统子像素级的渲染已经成为可能。

三、在线包装系统

在线包装系统是一整套新型电视图文制播的技术平台和产品系列，为更高水平的电视节目视觉效果的创意和发布提供了全新的解决方案。系统采用突破性的创新技术，兼容并突破传统的电视图文技术理念，同时支持图文包装、日常字幕和虚拟演播室等多方面应用，支持面向标清高清过渡期的技术需求，真正满足今后一段时期广电领域的发展需要。当今在线包装系统主要由国内的新奥特和国外的傲威、威姿、凯龙等公司提供。

（一）工作流程

在线图文包装系统一般是在千兆光纤网络基础上构建的，由在线包装工作站（如 3Designer）、播出控制工作站、图文模板服务器、数据服务器等组成。系统一般分为制作域系统和播出域系统。制作域系统主要完成模板设计和制作，其数据通过网络和渲染单元及管理服务器、数据存储服务器连接。播出域系统是建立在直播演播室里，用到的模板需要进行预制作。流程如图 7-22 所示。

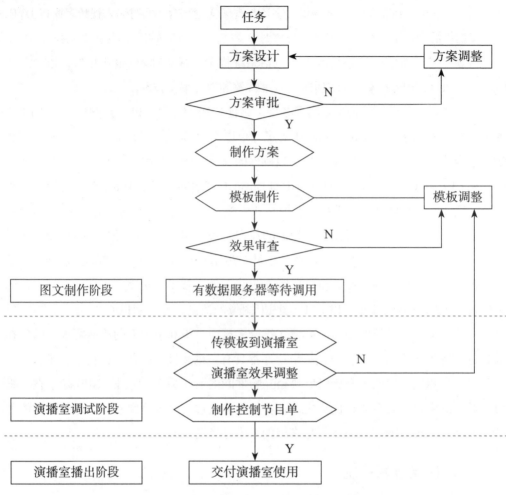

图 7-22　在线包装系统的工作流程图

（二）傲威在线包装系统

　　傲威是以色列一家国际性在线包装媒体运营商，傲威的机器和系统先进，渲染引擎优质，这主要得益于 CPU+GPU 构架的采用和三维加速、三维特效等软件技术的快速发展。本节主要对傲威在线包装系统 3Designer 加以阐述。

　　图文包装系统采用突破性的创新技术，兼容三维虚拟演播室技术、三维图文技术、数据库技术，支持在实景演播室拍摄中植入虚拟三维模型动画、虚拟三维数据图表、虚拟电视墙、虚拟三维图文字幕等，将枯燥的数据可视化、直观化，将三维图文、三维模型动画真实地融入摄像机拍摄的节目信号画面中，并且能跟随摄像机镜头的变化而变化，突破传统的电视图文制作理念，为演播室节目拍摄和制作提供全新的制作手段。

　　傲威在线包装系统可以说是高素质的技术组合，早在 2004 年雅典奥运会和 2008 年北京奥运会等大型体育赛事中都用到了傲威在线包装技术，这么多大型比赛都选择傲威在线包装，主要原因就在于傲威有着强大稳定的实时渲染引擎，可以确保直播的稳定性。

傲威在线包装系统与虚拟应用三机位系统图如图 7-23 所示。

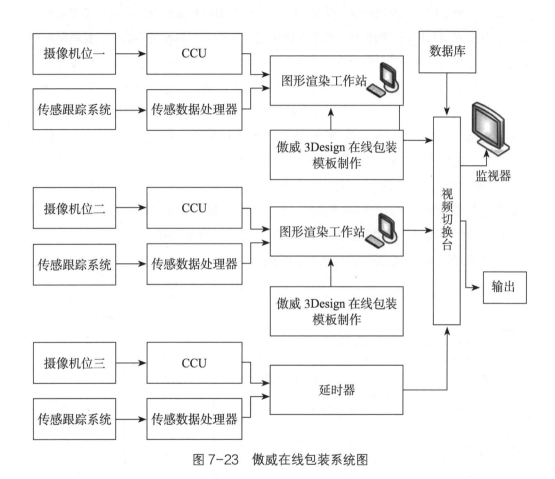

图 7-23　傲威在线包装系统图

通过摄像机实时拍摄运动参数的精确传感，每个摄像机都配备一套传感跟踪系统将实时景物参数传到 CCU，再通过图形渲染工作站将传输来的实时景象和虚拟背景结合起来一同传输到视频切换台进行整理播出，为防止实时播出有意外发生，在机位三还配有一套延时系统以备意外情况。延时系统主要有两个作用：一是当进行某些大型晚会或体育赛事直播时延时系统会合理的安排 10 秒左右的时间延时播出，这样现场有意外情况可以随时切换和剪辑；二是当进行节目播出的时候演播室如有意外情况发生，延时器可以将插播的广告延迟或提前播出，争取时间换另一套系统播出。

在傲威 3Designer 在线包装系统中一般用到 Photoshop、3ds Max 以及 3Designer 包装系统。Photoshop 用来制作贴图材质，3ds Max 用来建造虚拟场景中的景物，3Designer

对虚拟场景做动画和进一步加工渲染效果处理。

（三）新奥特在线包装系统

新奥特 Mariana 在线图文包装系统是新奥特公司在 2008 年北京奥运会来临之际推出的一整套新型电视图文制播产品，为更高水平的电视节目视觉效果的创意和发布提供了全新的解决方案。集合了国外在线包装系统的优点，模板的制作更为简便，材质贴图更为逼真，尤其是在实时连接数据库方面有优势。明显的不足就是机器渲染引擎相比国外逊色，但是性价比还是很高的，目前国内一半以上省级、市级电视台都有新奥特的系统。

Mariana 在线图文包装软件的通用产品包括：场景设计器、字幕创作工具、播出服务器、演播室播出、自动播出控制器、数据库播出控制器、模板文件管理中心、模板打包工具、模板文件同步传送工具、播出表单编辑工具等。

这些产品提供了场景模板的制作、打包、传送、描述、播出以及文稿系统连接和数据库连接等功能，可以应用在演播室、转播车、现场制作或制作机房等系统中，满足新闻、体育、娱乐、专题等各类节目的图文直播或后期制作需求。

新奥特在线包装系统拓扑图如图 7-24 所示。

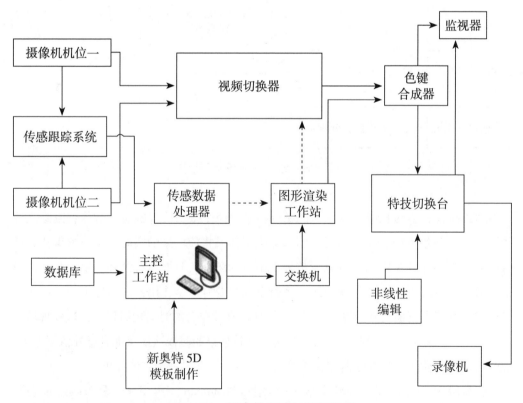

图 7-24　新奥特在线包装系统图

主控工作站和图形渲染工作站是核心部分，当摄像机在演播室进行实时拍摄时，传感跟踪系统也会跟着一起运动，当跟踪系统得到的数据经过传感数据处理器处理整理后和拍摄的实时景物到达图形渲染工作站，这时通过新奥特 Mariana 在线图文包装软件制作出的模板和场景一同导入图形渲染工作站进行虚实结合，再经过视频切换台进行简单的色键抠像后，由演播室进行播出。

（四）在线包装系统的应用

实时在线包装系统通常应用于演播室中新闻、财经、体育等栏目中，在一些大型晚会如春晚、演唱会、体育比赛等现场直播中也得到广泛应用。新闻类栏目多应用双视窗连线、底飞字幕；财经类栏目多应用连接数据库和饼状、圆柱图；近几年的春节联欢晚会更是植入了很多在线包装技术手段。

在线包装产品一般应用于以下几个方面。

1. 演播室直播类栏目

在线包装系统的标题、字幕、动画、图片信息、实时信息、视频连接和傲威 3D 实时图形包装和音频视觉包装手段，用于新闻、报纸、选举、天气预报、财务报告和其他形式的节目播出。

多场景多任务的新闻直播在线包装综合应用多种在线包装元素模块并可独立控制、实时转换，形成独特的新闻直播形式。

2. 大型体育赛事类栏目

在大型体育赛事转播中，在线包装系统主要负责播出所有的图文字幕，包括新闻标题、人名标题、运动员资料、计时计分结果、金牌榜、节目导视、赛事导视、图片新闻、多路连线视频窗、滚动新闻等。这个系统是整个体育赛事转播中重要的说明性系统，能够扩展与转播相关的信息量，全面实现对赛事预告、赛前介绍、赛中分析、赛后总结、精彩回顾的立体包装效果。

某些体育赛事节目实时包装系统，可使用跟踪技术将虚拟图形插入比赛现场，支持实时和回放两种操作模式，能够绘制 9 米圈、测量球到球门的距离、队旗或LOGO。以足球赛为例，通过这种技术能够提供动态越位线和测量球速，用虚拟摄像机角度来完美显示最佳机位的动态越位线，并与转播车上的 EVS 或慢动作服务器连接，以最短的时间完成动态越位线的回放等功能。在台球直播中还应用鹰眼技术，实时多角度展示击球最佳角度。类似这样的系统除了提供包装效果外，还有深度解析事件的能力。

3. 频道和栏目整体包装

目前，越来越多的电视台录制节目中增加了丰富的网上内容，包括短信互动、故事、实时新闻、天气信息、广告倒计时等多方面内容。这类包装程序属于渠道的整体包装，一定程度上与观众建立一种互动关系，可以吸引观众的注意力，是创建一个频道整体形象的一个重要组成部分。

在线包装系统可以在节目播出的同时实时完成动态的图表、图形、文字、动画等包装内容，通过减少制作环节，大大降低了节目制作成本，提高了节目制作效率。在线包装的模板设计可以根据不同的播出需求，制作多种风格的模板，并可以在播出时实时调用、实时修改，大大增加了节目制作的可视性和灵活性。

4. 春晚等大型直播类节目

自 2006 年以来，几乎每届春晚都会运用到在线包装技术，以前多用于像贺词、视窗连线、底飞歌词等小项目。自 2010 年以后，虚拟图文包装开始大面积使用。

综艺类节目结合后期包装、演播室图文渲染和字幕机等设备完成节目模板包装、演播室图文渲染与实时制作，实现了多种包装元素在线直播展示。特别是对短信支持、话题讨论、直播连线等数据的实时包装播出，大大激发了观众的互动参与热情，丰富了综艺类节目内涵。

在线包装系统未来的发展应该是以系统化、网络化的应用为主，同时应用到更多的领域里，例如频道总控播出等。总控播出在线包装系统建设的目标在于，通过全新图文包装设计改版，使频道风格耳目一新，提高频道品牌；通过丰富图形渲染效果，增强系统功能，完善操作便捷性，提高系统安全性，从而保证系统更加安全顺畅地运行。网络化、系统化的工作模式应用于播出领域取得了巨大的成功，同时在不久的将来还将应用于更多的新兴领域中去。

▶▶▶ 思考与练习

1. 什么是 VR/AR/MR？
2. 简述虚拟植入技术及其系统组成。
3. 简述 AR 演播室系统组成。
4. 简述虚拟演播室的分类及其特点。
5. 简述虚拟演播室的工作原理。
6. 简述蓝箱设计要求。
7. 简述虚拟演播室的构成。
8. 简述虚拟演播室的关键技术。
9. 什么是在线包装？
10. 简述在线包装技术的特点。

11. 简述三维实时渲染技术。

12. 简述在线包装系统的组成。

13. 简述在线包装系统中制作域系统与播出域系统的区别。

14. 简述在线包装技术的应用。

第8章 全台网技术

网络化的非线性制播是指通过计算机网络来连接各种非线性设备，通过协同工作来建立新的人力物力资源实现电视节目制播的管理模式。通常把网络化的非线性制播系统泛称为网络制播系统。

数字电视制播网络专指电视台节目制作与播出的网络，通过计算机网络、视音频及其他相关技术实现全台的节目制作、播出、存储及管理等业务功能，通过数据化、流程化和自动化处理达到优化工作流程、提高生产效率和管理水平的目的，通过标准、开放的接口实现内部系统之间以及与外部系统之间的互联互通、数据交换和业务支持。

第1节 计算机网络

一、计算机网络的定义

计算机网络是20世纪中期发展起来的一项新技术，经历了由简单到复杂、由低级到高级的发展过程，概括起来可以分为四个阶段：远程终端联机系统阶段、计算机网络阶段、计算机网络的互联阶段以及信息高速公路阶段。关于其比较通用的定义是：计算机网络是利用通信设备和通信线路，将地理位置分散的、具有独立功能的多个计算机系统互连起来，通过网络软件实现网络中资源共享和数据通信的系统。

计算机网络的定义涉及以下四个要点。

（一）计算机网络中包含两台以上地理位置不同、具有"自主"功能的计算机。所谓"自主"的含义，是指这些计算机不依赖于网络也能独立工作。通常，将具有"自主"功能的计算机称为主机（Host），在网络中也称为节点（Node）。网络中的节点不仅仅可以是计算机，还可以是其他通信设备，如 HUB、路由器等。

（二）网络中各节点之间的连接需要有一条通道，即由传输介质实现物理互联。这条物理通道可以是双绞线、同轴电缆或光纤等"有线"传输介质，也可以是激光、微波或卫星等"无线"传输介质。

（三）网络中各节点之间互相通信或交换信息，需要有某些约定和规则，这些约定和规则的集合就是协议，其功能是实现各节点的逻辑互联。例如，Internet 上使用的通信协议是 TCP/IP 协议簇。

（四）计算机网络是以实现数据通信和网络资源（包括硬件资源和软件资源）共享为目的。要实现这一目的，网络中需配备功能完善的网络软件，包括网络通信协议（如 TCP/IP、IPX/SPX）和网络操作系统（如 Netware、Windows 2000 Server、Linux）。

计算机网络是计算机技术和通信技术相结合的产物，这主要体现在两个方面：一方面，通信技术为计算机之间的数据传递和交换提供了必要的手段；另一方面，计算机技术的发展渗透到通信技术中，又提高了通信网络的各种性能。

计算机网络的主要功能有：实现网络中的资源共享、使用远程资源成为可能、均衡负载、相互协作。

二、计算机网络的分类

计算机网络的分类依据有几种，按其网络覆盖的范围可分为局域网（LAN）、城域网（MAN）和广域网（WAN）；按其信息传输方式可分为因特网（Internet）和企业内部网（Intranet）；按其信息传输内容可分为文字网和视频网；按其信息传输协议可分为以太网、异步传输模式网（ATM）和光纤通道网（FC）等。

（一）按网络覆盖范围分类

局域网是指在某一区域内由多台计算机互联成的计算机组，覆盖范围通常是在半径几米到几千米。局域网可以实现文件管理、应用软件共享、打印机共享、工作组内的日程安排、电子邮件和传真通信服务等功能。局域网是封闭型的，可以由办公室内的两台计算机组成，也可以由一个公司内的上千台计算机组成。

决定局域网的主要技术要素为：网络拓扑、传输介质与介质访问控制方法。局域网由网络硬件（包括网络服务器、网络工作站、网络打印机、网卡、网络互联设备等）和网络传输介质以及网络软件所组成。网络的传输介质主要采用双绞线、光纤和同轴电缆。其特征是数据传输速率高，系统安装维护简便，网络产权归属个人或某一个机构，属于非运营性质，可以任意增删用户。建筑物中的计算机网络就规模而言属于局域网范畴，企业网和校园网一般也属于局域网。IEEE 的 802 标准委员会定义了多种主要的 LAN，包括以太网（Ethernet）、令牌环网（Token Ring）、光纤分布式接口网络（FDDI）、异步传输模式网（ATM）以及最新的无线局域网（WLAN）等。

目前，在覆盖范围比较小的局域网中使用双绞线，在远距离传输中使用光纤，在有移动节点的局域网中采用无线技术。从局域网应用的角度看，局域网的特点主要有以下几个方面：局域网覆盖有限的地理范围，它适用于一个单位有限范围内的计算机、终端与各类信息处理设备联网的需求；局域网提供高数据传输速率、低误码率的高质量数据传输环境；决定局域网特性的主要技术要素为网络拓扑、传输介质与介质访问控制方法。

城域网，顾名思义，就是指可以覆盖一个城市范围的计算机网络，通常网络的半径可以达到几十千米。城域网一般由专门的网络运营商管理和维护，可以承载多种业务的接入和分配，可以互联各种 LAN，通信协议复杂，网络可靠性要求高，具有较高的网络安全要求。MAN 一般采用光纤或微波传输技术。早期的城域网产品主要是光纤分布式数据接口（FDDI）。

FDDI 是一种以光纤作为传输介质的高速主干网，它可以用来互联局域网与计算机。FDDI 主要有以下特点：使用基于 IEEE802.5 的单令牌的环网介质访问控制 MAC 协议；使用 IEEE802.2 协议，与符合 IEEE802 标准的局域网兼容；数据传输速率为 100Mb/s，联网的节点数 <1000，环路长度为 100km；可以使用双环结构，具有容错能力和动态分配带宽的能力，能支持同步和异步数据传输。

广域网：更大范围的计算机网络统称为广域网，由不同的网络或电信运营商共同管理和维护。除采用光纤和微波外，还大量使用通信卫星提供传输服务。常见的广域网有中国宽带互联网（CHINANET）、中国公用分组交换网（CHINAPAC）和中国公用数字数据网（CHINADDN）等。

提到广域网，必然会联想到因特网（Internet），两者是什么关系呢？因特网是一个特殊的网络，它的覆盖范围遍及全球。它的特殊之处在于在该网络中运行了一套专有的网络协议并有完整的网络地址分配与管理体制。

（二）按信息传输协议分类

1. 以太网

以太网是一种发展较早、应用广泛、技术成熟的局域网，具有结构灵活、配置简单方便、价格便宜等特点，现已广泛应用于企业内部管理等场合。主要包括标准以太网和高速以太网。

标准以太网：早期的以太网吞吐量为 10Mbps，采用的是带有冲突检测的载波侦听多路访问（CSMA/CD）控制方法，采用同轴电缆作为传输介质，支持 10Base-T、10Base-5、10Base-2，传输距离可长达 2 公里。其特点是在局域网上的每个站都在监听，一个要发送数据的站如果发现总线在使用中，就会推迟发送，等待介质上出现空闲期，则该站点要延迟一段时间。因此当网上用户很多时，信号碰撞的频率会急剧加大，故传输容量不高。

百兆以太网：也称快速以太网。随着网络的发展，标准以太网技术已难以满足日益增长的网络数据流量速度需要。在 1993 年 10 月以前，对于要求 10Mbps 以上数据流量的 LAN 应用，只有光纤分布式数据接口（FDDI）可供选择，但它是一种价格非常昂贵的、基于 100Mpbs 光缆的 LAN。1993 年 10 月，Grand Junction 公司推出了世界上第一台快速以太网集线器 Fastch10 / 100 和网络接口卡 FastNIC100，快速以太网技术正式得以应用。它的速率为 100Mpbs，支持 100Base-TX、100Base-FX、100Base-T4 三种传输介质类型。

千兆以太网：千兆以太网速率为 1000Mpbs，也成为吉比以太网。它支持单模和多模光纤上的长波激光（1000 BaseLX）、多模光纤上的短波激光（1000 BaseSX）、均衡屏蔽的 150 欧姆同缆（1000 BaseCX）三种形式的存储介质。

万兆以太网：也称为高速以太网，或 10G 以太网。它采用 IEEE802.3 以太网媒体访问控制（MAC）协议、帧格式和帧长度。万兆以太网同快速以太网和吉比以太网一样，是全双工的，因此，它本身没有距离限制。

以太网技术具有灵活性高、网络构建实现简单、易于管理和维护等优点，但由于其与连接无关的特性，使管理开销增大，节点间竞争传输媒介而导致传输效率下降。

2. 异步传输模式网

ATM 是异步传输模式 Asynchronous Transfer Mode 的缩写，又称信息元中继。它采用超大规模集成电路（VLSI）技术，对需要传送的各种数据高速地进行分段处理，将它们分成一个个的信元，每个信元长 53 个字节，其中报头占 5 个字节，包含着重要的路由信息，即送至何方，另外包含数字信息的 48 个字节，用来传送要发送的信息。ATM 信元结构如图 8-1 所示。

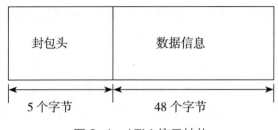

图 8-1　ATM 信元结构

当发送端想要和接收端通信时，通过 UNI 发送一个要求建立连接的控制信号，接收端通过网络收到该控制信号并同意建立连接后，一个虚拟线路就会被建立。

ATM 是为支持宽带综合业务网而专门开发的网络新技术，它采用基于信元的异步传输模式和虚电路结构，根本上解决了多媒体的实时性及带宽问题，实现了面向虚链路的点到点传输，它通常提供 155Mbps 的带宽。ATM 既汲取了话务通信中电路交换的"有连接"服务和服务质量保证（QoS），又保持了以太网、FDDI 网等传统网络中带宽可变、适于突发性传输的灵活性，从而成为迄今为止适用范围最广、技术最先进、传输效果最理想的网络互联手段。

3. 光纤通道

光纤通道 FC（Fibre Channel）是美国国家标准委员会（ANSI）1988 年为网络和通道接口建立的一个利用光纤（或铜缆）作为物理链路的高性能串行数据接口标准。光纤通道是为了满足高端工作站、服务器、海量存储网络系统等多硬盘系统环境的高数据传输率的要求，而将高速的通道和灵活的网络结合在一起，传输率高达 1Gbps 的高速传输技术。它支持 IP、ATM、HiPPI、SCSI 等多种高级协议，其最大的特点是将网络和设备的通信协议与传输物理介质隔离，允许多种协议在同一个物理连接上同时传送，以实现大容量、高速度信息传输。因此，它既是一种高速的 I/O 技术，又是一种局域网技术。

FC 遵从 OSI 标准和开发性标准，支持点对点、仲裁环和交换式三种网络结构。点对点结构类似于 SCSI 连接方式，计算机直接与存储设备连接。仲裁环结构为环路共享结构，环路上的节点之间存在通道竞争，类似于 HUB 连接应用。交换式网络结构使用 FC Switch，采用交换式数据流向，各网络节点之间独享端口带宽，具有较好的实用性。

光纤通道结构定义为多层功能级，但是所分的层不能直接映射到 OSI 模型的层上。光纤通道的五层定义为：物理媒介和传输速率、编码方式、帧协议和流控制、公共服务以及上级协议接口，如图 8-2 所示。

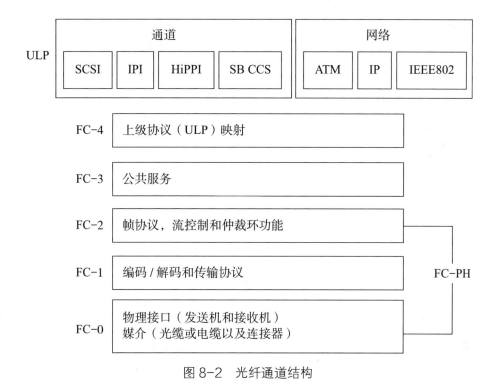

图 8-2　光纤通道结构

（1）FC-0

FC-0 是物理层底层标准。FC-0 层定义了连接的物理端口特性，包括介质和连接器（驱动器、接收机、发送机等）的物理特性、电气特性和光特性、传输速率以及其他的一些连接端口特性。物理介质有光纤、双绞线和同轴电缆。由于数字视音频的带宽要求，在视频非线性网络中将会采用高于 1062MB/s 的传输速率。光纤通道的数据误码率低于 10^{-12}，它具有严格的抖动容限规定和串行 I/O 电路能够进行正常管理的其他一些电气条件。

（2）FC-1（传输协议）

FC-1 根据 ANSI X3 T11 标准，规定了 8B/10B 的编码方式和传输协议，包括串行编码、解码规则、特殊字符和错误控制。传输编码必须是直流平衡以满足接收单元的电气要求。特殊字符确保在串行比特流中出现的是短字符长度和一定的跳变信号，以便时钟恢复。

（3）FC-2（帧协议）

FC-2 层定义了传输机制，包括帧定位、帧头内容、使用规则以及流量控制等。光纤通道数据帧长度可变，可扩展地址。光纤通道的数据帧长度最多达到 2K，因此非常适合于大容量数据的传输。帧头内容包括控制信息、源地址、目的地址、传输序列标识和交换设备等。64 字节可选帧头用于其他类型网络在光纤通道上传输时的协议映射。光纤通道依赖数据帧头的内容来引发操作，如把到达的数据发送到一个正确的缓冲区里。

（4）FC-3（公共服务）

FC-3 提供高级特性的公共服务，即端口间的结构协议和流动控制，它定义了三种服务：条带化（Striping）、搜索组（Hunt Group）和多播（Multicast）。条带化的目的是为了利用多个端口在多个连接上并行传输，这样 I/O 传输带宽能扩展到相应的倍数。搜索组用于多个端口去响应一个相同名字地址的情况，它通过降低到达"占线"的端口的概率来提高效率。多播用于将一个信息传递到多个目的地址。

（5）FC-4（ULP 映射）

它是光纤通道标准中定义的最高等级，固定了光纤通道的底层跟高层协议（ULP）之间的映射关系以及与现行标准的应用接口，这里的现行标准包括现有的所有通道标准和网络协议，如 SCSI 接口和 IP、ATM、HiPPI 等。

由于 FC 采用较大的数据包进行传输，用于海量视音频的存储与传输极为理想，因此被许多计算机厂家推荐为电视节目制作设备的数字存储连接标准，从而在电视台全台网、媒体资产管理系统、制播系统中得到了广泛应用。

三、局域网组网技术

（一）同轴电缆组网

使用同轴电缆组建以太网是最传统的组网方式，根据使用的同轴电缆的不同，组建以太网的方式主要分为以下三种。

1. 粗缆方式

在使用粗缆组建以太网时，需要使用以下基本硬件设备：带有 AUI 接口的以太网卡；粗缆的外部收发器；收发器电缆；粗同轴电缆。

在典型的粗缆以太网中，常用的是提供 AUI 接口的两端口相同介质的中继器。如果不使用中继器，最大粗缆长度不能超过 500m。如果要使用中继器，一个以太网中最多只允许使用 4 个中继器，连接 5 条最大长度为 500m 的粗缆缆段，那么用中继器连接后的粗缆缆段最大长度不能超过 2500m。在每个粗缆以太网中，最多只能连入 100 个节点。两个相邻收发器之间的最小距离为 2.5m，收发器电缆的最大长度为 50m。

2. 细缆方式

在使用细缆组建以太网时，需要使用以下基本硬件设备：带有 BNC 接口的以太网网卡；BNC T 型连接器；细同轴电缆。

在典型的细缆以太网中，如果不使用中继器，最大细缆长度不能超过 185m。如果实际需要的细缆长度超过 185m，可以使用支持 BNC 接口的中继器。在细缆以太网中，最多允许使用 4 个中继器，连接 5 条最大长度为 185m 的细缆缆段，因此细缆缆段的最大长度为 925m。两个相邻的 BNC T 型连接器之间的距离应是 0.5m 的整数倍，并且最小距离为 0.5m。

与粗缆方式相比，细缆方式具有造价低、安装容易等优点。但是，由于缆段中连入多个 BNC T 型连接器，存在多个 BNC 连接头与 BNC T 型连接器的连接点，因而同轴电缆连接的故障率较高，使系统的可靠性受到了影响。目前，已极少采用粗缆、细缆组建局域网。

3. 粗缆与细缆混用方式

在使用粗缆与细缆共同组建以太网时，除了需要使用与构成粗缆、细缆以太网相同的基本硬件设备，还必须使用粗缆与细缆之间的连接器件。粗缆与细缆混用方式的优点是造价合理，粗缆段用于室外，细缆段用于室内；缺点是结构复杂，维护困难。

（二）双绞线组网

使用双绞线组建以太网是一种流行的组网方式。它的优点是结构简单，造价低，组网方便，易于维护。

在双绞线组网方式中，集线器是以太网的中心连接设备，它是对共享介质的总线型局域网结构的一种变革。需要使用以下基本硬件设备：带有 RJ-45 接口的以太网网卡、集线器、三类或五类非屏蔽双绞线、RJ-45 连接头。

按照使用集线器的方式，双绞线组网方法可以分为单一集线器结构、多集线器级联结构、堆叠式集线器结构。

（三）快速以太网组网

如果要组建快速以太网，需要使用以下基本硬件设备：100 BASE-T 集线器 / 交换机；10/100 BASE-T 网卡；双绞线或光缆。

100 BASE-T 集线器的功能以及网络连接方法，与普通的 10 BASE-T 集线器基本相同。因此，以共享式 100 BASE-T 集线器为中心的快速以太网结构，与传统的以太网结构基本上是相同的。需要注意的是，在组建 100 BASE-T 的快速以太网时，快速以太网一般是作为局域网的主干部分。

（四）千兆以太网组网

如果要组建千兆以太网，需要使用以下基本硬件设备：1000Mb/s 以太网交换机、100Mb/s 集线器 / 交换机、10Mb/s 或 100Mb/s 以太网卡、双绞线或光缆。

在千兆以太网组网方法中，需要合理地分配网络带宽，一般可根据网络的规模与布局，来选择合适的两级或三级网络结构。在网络主干部分使用性能比较好的千兆以太网主干交换机；在网络支干部分使用性能一般的千兆以太网支干交换机；在楼层或部门一级，根据实际需要选择 100Mb/s 集线器或以太网交换机；在用户层，使用 10Mb/s 或 100Mb/s 以太网卡，将工作站链接到 100Mb/s 集线器或以太网交换机上。

四、网络体系结构

网络拓扑是指网络形状，或者是它在物理上的连通性。计算机网络的拓扑结构主要有：总线型拓扑、星型拓扑、环型拓扑、树型拓扑、网型拓扑和混合型拓扑。

（一）总线型拓扑

总线型结构由一条高速公用主干电缆即总线连接若干个节点构成网络。网络中所有的节点通过总线进行信息的传输。这种结构的特点是结构简单灵活，建网容易，使用方便，性能好。其缺点是主干总线对网络起决定性作用，总线故障将影响整个网络。

总线型拓扑是使用最普遍的一种网络。

（二）星型拓扑

星型拓扑由中央节点集线器与各个节点连接组成。这种网络各节点必须通过中央节点才能实现通信。星型结构的特点是结构简单，建网容易，便于控制和管理。其缺点是中央节点负担较重，容易形成系统的"瓶颈"，线路的利用率也不高。

（三）环型拓扑

环型拓扑由各节点首尾相连形成一个闭合环型线路。环型网络中的信息传送是单向的，即沿一个方向从一个节点传到另一个节点；每个节点需安装中继器，以接收、放大、发送信号。这种结构的特点是结构简单，建网容易，便于管理。其缺点是当节点过多时，将影响传输效率，不利于扩充。

（四）树型拓扑

树型拓扑是一种分级结构。在树型结构的网络中，任意两个节点之间不产生回路，每条通路都支持双向传输。这种结构的特点是扩充方便、灵活，成本低，易推广，适合于分主次或分等级的层次型管理系统。

（五）网型拓扑

网型拓扑主要用于广域网，由于节点之间有多条线路相连，所以网络的可靠性较高。由于结构比较复杂，建设成本较高。

（六）混合型拓扑

混合型拓扑可以是不规则型的网络，也可以是点—点相连结构的网络。

OSI 七层模型从下到上分别为物理层、数据链路层、网络层、传输层、会话层、表示层和应用层。

1. 物理层：定义了为建立、维护和拆除物理链路所需的机械的、电气的、功能的和规程的特性，其作用是使原始的数据比特流能在物理媒体上传输。

2. 数据链路层：在物理层提供比特流服务的基础上，建立相邻节点之间的数据链路，通过差错控制提供数据帧（Frame）在信道上无差错的传输，并进行各电路上的动作系列。

3. 网络层：在计算机网络中进行通信的两个计算机之间可能会经过很多个数据链路，也可能还要经过很多通信子网。网络层的任务就是选择合适的网间路由和交换节点，确保数据及时传送。

4. 传输层：是两台计算机经过网络进行数据通信时，第一个端到端的层次，具有缓冲作用。当网络层服务质量不能满足要求时，它将服务加以提高，以满足高层的要求；当网络层服务质量较好时，它不需要较多工作。

5. 会话层：其主要功能是组织和同步不同的主机上各种进程间的通信（也称为对话）。会话层负责在两个会话层实体之间进行对话连接的建立和拆除。

6. 表示层：为上层用户提供共同的数据或信息的语法表示变换。即提供格式化的表示和转换数据服务。数据的压缩和解压缩，加密和解密等工作都由表示层负责。

7. 应用层：是开放系统互连环境的最高层，为操作系统或网络应用程序提供访问网络服务的接口。应用层协议包括：Telnet、FTP、HTTP、SNMP 等。

TCP/IP 的层次模型分为四层，其最高层相当于 OSI 的 5—7 层，该层中包括了所有的高层协议，如常见的文件传输协议 FTP、电子邮件 SMTP、域名系统 DNS、网络管理协议 SNMP、访问 WWW 的超文本传输协议 HTTP 等。

TCP/IP 的次高层相当于 OSI 的传输层，该层负责在源主机和目的主机之间提供端—端的数据传输服务。这一层上主要定义了两个协议：面向连接的传输控制协议 TCP 和无连接的用户数据报协议 UDP。

TCP/IP 的第二层相当于 OSI 的网络层，该层负责将分组独立地从信源传送到信宿，主要解决路由选择、阻塞控制级网际互联问题。这一层上定义了互联网协议 IP、地址转换协议 ARP、反向地址转换协议 RARP 和互联网控制报文协议 ICMP 等协议。

TCP/IP 的最低层为网络接口层，该层负责将 IP 分组封装成适合在物理网络上传输的帧格式并发送出去，或将从物理网络接收到的帧卸装并取 IP 分组递交给高层。这一层与物理网络的具体实现有关，自身并无专用的协议。

第2节　网络制播技术

一、网络制播系统组成

网络制播系统按功能模块划分，主要由中央存储体、网络及网络管理、各种工作站组成，如图8-3所示。

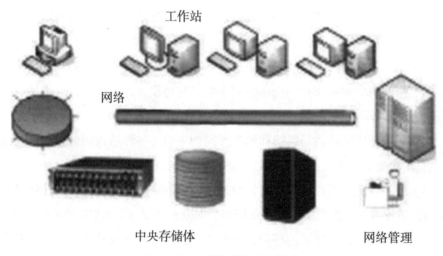

工作站

网络

中央存储体　　　　　　　　网络管理

图8-3　网络制播系统组成

图8-3中，中央存储体保证素材共享要求，并有足够带宽，使其在网络中协同工作成为可能。网络架构按物理通道划分，有FC（Fiber Channel）通道和以太网（Ethernet）通道两种架构。对应的路由设备有FC交换机和以太网交换机。网络管理部分主要由各种服务器组成，为系统提供持续的后台服务，保证整个网络协调、有序地工作，能有效地管理共享的素材。工作站是直接面向应用的设备。

按硬件模块划分，主要的网络硬件设备有网络交换机、共享存储系统、服务器、工作站等。

（一）网络交换机

网络交换机是整个网络系统的核心，是连接网络的通道。所有服务器、存储体和工作站都与其连接。其中常用的是FC交换机和以太网交换机。

1.FC交换机

与所有需要SAN连接的服务器、存储体和编辑工作站直接连接，保证系统的高带宽，使大数据量的视音频文件能够被网络中的各工作站实时访问。这种直接连接在最大程度上消除了性能瓶颈，是 SAN 区别于 NAS 或传统 DAS 的主要特点。

2. 以太网交换机

从部署形式上看，基于以太网的非编网络可以部署成多种形式，如 NAS、IP-SAN、分布式或网格式等，而 FC 只能部署成 FC-SAN 一种形式。从部署和维护成本的方面比较，在绝大多数 FC 架构的非编网络中必须额外部署一套以太网用于元数据及控制信息的传输，这就是常见的双网架构，成本比单以太网架构要高许多。从网络规模的方面比较，依靠 FC 技术实现的 SAN 在一个 Fibric 内通常不会超过 20 个高清精编工作站，超过这个规模会增加许多成本。而采用以太网技术实现的非编网络则可得到几十甚至上百个站点的规模。为解决互联互通问题，基于以太网架构的非编网络可以依靠 TCP/IP 协议完成交互。

（二）共享存储系统

在网络制播系统中，共享存储系统主要支持节目生产、节目保存和节目交换等应用。共享存储系统主要由存储体（如硬盘阵列、数据流磁带库、光盘库存储设备）、FC/Ethernet 网络、存储管理服务器、存储管理软件等部分组成，如图 8-4 所示。

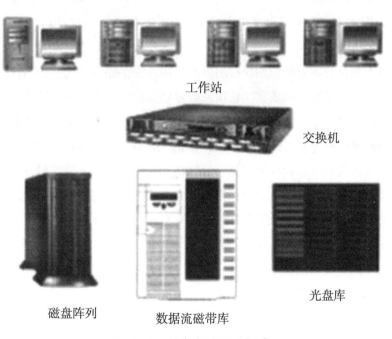

工作站

交换机

磁盘阵列　　　数据流磁带库　　　光盘库

图 8-4　共享存储系统组成

共享存储系统中，常见的存储方式有三种：离线、在线、近线。

1. 离线存储

离线存储包括磁带、光盘等存储介质，特点是需要间接访问、成本低廉。它实际上只是一种虚拟存储形式，严格地说并不属于共享存储系统的一部分，但是它有不可忽视的作用。它可以作为灾难性备份以保证存储信息的安全，还可以增加共享存储系统的存储容量、相对降低共享存储系统的成本。

2. 在线存储

通常是指可以高速访问的硬盘阵列（包含数量众多的硬盘单体）或硬盘阵列组，特点是访问速度快、成本高。它可以用来支持实时任务，保证成品节目及素材的即时可用性，有时也可以有近线存储缓冲池的作用。

因为在线存储需要保存大量的视音频素材，同时还要满足大量非编工作站的读写请求，系统应用 RAID 技术，有 RAID0、RAID1、RAID3、RAID5、RAID10 等，可以按照容量需求、安全需求、性能需求等多方面的条件进行权衡，选择最合适的 RAID 方案。

要满足高持续数据流的吞吐量，不能使用单硬盘阵列，一般都要使用硬盘阵列组捆绑技术和内部 FC 交换技术，但同时满足高吞吐量和高并发 I/O 两个条件时设备成本高。多磁盘阵列的存储方式可以选择不同阵列应对不同存储需求，如配置高速 FC 阵列支持高码率应用，一般 FC 阵列或普通磁盘阵列支持中、低码率应用。

3. 近线存储

用来作为节目实体对象长期保存的方式，特点是存储容量大、访问较为快速、成本适中。近线存储是用降低成本实现以海量存储支持实时业务的一种手段，通常只有在线存储支持实时业务，当需要近线存储参与实时业务时，只能在存储管理系统的调度下，采用批量作业等方式，根据 LAN 产生的虚拟任务中的映射关系将保存在近线存储中的节目实体对象迁移到在线存储，通过在线存储缓冲池支持实时任务。因此，当共享存储系统整体支持实时业务时，需要考虑近线——在线迁移所引起的延时，延时量由绝对延时和 I/O 排队延时两部分组成。为了有效地解决在线和近线之间的连接间隙问题，在共享存储系统中采用了三级存储方式。三级存储由 FC 高速硬盘阵列、普通硬盘阵列和自动化数据流磁带库组成，这是一种由在线存储、准在线存储（或称为缓冲存储）和近线存储组成的共享存储系统。这样，利用准在线存储与在线存储共同充当近线存储的缓冲存储，既提高了系统的可用性，又避免了因扩大在线存储规模而引起的成本大幅增加的问题。

在三级存储系统中，如何解决设备之间互相连接的方式、数据存储位置、迁移效率、迁移路由、节目实体对象的部分调用等问题，从而使共享存储系统可以成为一个具有设备无关性的虚拟存储域，是存储管理系统的任务。对上层应用，存储管理系统根据任务解析实现节目实体对象在存储系统内及存储系统与其他系统之间迁移调度，把三级共享存储系统面向所有的外围应用映射成一个虚拟存储域，实现上层应用对整个共享存储体的透明访问，也就是为系统提供一种能充分发挥硬件能力的高效存储访问机制。

（三）服务器

服务器是网络系统的核心组成部分，为整个系统提供不间断的各种服务，相当于整个系统的"大脑"，对稳定性要求高。一个工作站出现故障不会影响整个系统，一个服务器出现问题将会影响到访问其服务的所有工作站，因此，通常会对一些提供重要业务的核心服务器，采用热备份或冗余方式，以免网络出现单点故障。

MDC（Meta Data Controller，元数据控制器）服务器是网络系统中最重要的一种服务器，其作用是 SAN 共享存储管理服务器，其他站点通过 MDC 服务器获得 SAN 存储中共享素材的文件名称、文件大小、访问控制表等有关数据，通过 FC 通道直接进行读写访问。

除了 MDC 服务器外，网络制播系统一般还包含一些其他重要的服务器。

数据库服务器（DB Server）：在系统内是一个中心数据库，为整个系统提供共享数据服务，当整个网络工作时，数据库服务器必须提供持续、不间断的可靠服务，因此，为了不对数据库造成威胁，通常各终端不能直接访问数据库，而是通过数据库访问中间件的方式实现。

数据库服务器的功能：电视节目播控系统离不开准确翔实的数据，如硬盘素材逻辑属性的管理和存储，整个系统用户管理、权限管理，编单、上载、播出各种日志等，数据库作为数据存储中心，为数字化播控系统提供了一个数据平台，为节目的安全播出提供支撑，是数字播控系统的基础，是从编单到上载、播出全流程协调运作、安全运行的基础。这些数据种类繁多、数据量大，很多是实时更新的。

应用服务器（Application Server）：通常也称为组件服务器，因为对其部署的内容通常都是各种应用组件，如数据库服务器一样，各种应用服务通常也不能被直接访问，而是采用中间件的方式实现。

归档服务器（Archive Server）：与近线设备（磁带库、光盘库）实现数据直接交换的"近线门户"，通常所说的近线访问，其实是通过本服务器完成的。

播出服务器（Playout Server）：是一种要求高可用性的完成视音频输出的服务器，通常用于播出领域，如频道播出和演播室播出等应用，广泛采用视频服务器或媒体服务器。

收录服务器（Ingest Server）：是一种提供长时间持续不间断视音频采集服务的高可用性服务器，通常用于需要长时间采集素材的场合，如卫星信号收录、约传收录等，也可以采用视频服务器或媒体服务器。

存储管理服务器：通过分级存储管理，实现将所有存储资源统一管理，提高每种存储设备的利用率，做到在满足用户需求的前提下节约整体的存储成本。

打包转码服务器：文件级的互联桥梁角色。文件转码服务器按照制播双方约定的消息通信机制，通过文件的转码和打包，将制作环境下 MEPG2 I 帧成品节目文件转换为满足播出要求的 MPEG 2 IBP 帧文件，提高了制、播两个环节的素材交换效率。包括分辨率转换、语法转换和其他转换（如视频摘要、文本摘要、多模式转换等）。服务器支持不同码率的 MPEG 4：2：0 和 4：2：2 文件编解码，也提供 DV、DVCAM、DVCPRO25/50、IMX 等多种文件格式支持。每一条素材由三个文件组成。后缀不同，文件名均相同。文件名 = 节目名称 +GUID（与播出串联单节目的 ObjectID 有对应关系）。AVI 文件，保存视频信息。WAV 文件，保存音频信息，采用 48K 采样，16/20/24bit 的格式。XML 文件，保存素材元数据描述信息，其中包括素材的内容描述元数据、技术元数据、管理元数据。

迁移服务器：可以把大量不经常访问的数据存放在磁带库、光盘库等近线与离线介质上，只在磁盘阵列上保存少量访问频率高的数据。当磁带等介质上的数据被访问时，系统自动地把这些数据回迁到磁盘阵列中。

（四）工作站

工作站是网络系统的终端设备，是根据不同的工作任务配置不同操作软件的计算机系统。

非编工作站：具备所有非线性编辑系统的功能，是节目制作的主要设备。根据不同需要，有的工作站安装 FC 网卡通过光纤连接到制播网络中，有的工作站安装高速以太网卡通过以太网连接到制播网络中。主要用于电视节目素材的上载、编辑、图文字幕、下载或传送。

文稿工作站：用于文稿的线索、选题、稿件以及串联单的选择、创建、写作、查询、检索与编辑。文稿系统可嵌入精编工作站、粗编工作站中，使用文稿系统可以进行与节目内容相关的文字处理工作。如果非编工作站使用率较高，可以考虑单独配置文稿工作站，其配置要求比非编工作站要低得多。

配音工作站：用于在网络中编辑制作节目的配音，主要任务是配音稿件浏览、配音素材浏览、节目配音与修改、任务保存及提交。由于只传输音频素材，因此可用以太网连接。与文稿系统配合，能够实现无纸化配音。

转码工作站：为进出系统的各种格式的视音频文件提供转码服务，为系统内不同应用之间提供转码服务，同时完成节目制作过程中初编审核和成片输出时必要的转码服务。

后台合成工作站：为尽量减少非编工作站的等待时间，对一些需要生成的工作交由合成工作站处理，完成视频节目特技效果处理。常用于字幕制作以及将配音片段同视频节目合成的工作。

包装工作站：比普通非编工作站具有更强的节目深度制作能力，在效果、实时性能等方面，将非编功能发挥到极致，通常用于节目的深度编辑。

播出控制工作站：用于广告、宣传片和制播网络中成片等播出内容的编排和控制。

收录控制工作站：用于收录任务和收录系统的控制。

二、网络制播系统分类

网络制播系统一般按照功能、规模、工作流程分类。

（一）按功能分类

新闻制播网：主要用于新闻节目的制作和播出，是电视台应用最广泛的一种网络制播系统。特点是节目制作快速、流程化。通常包含文稿、快速编辑、收录、合成、新闻演播等组成部分。采用一些先进技术，如"边采边编""边合成边迁移"等。

节目包装网 / 后期制作网：专注于节目深度编辑，可以利用制播网络的素材进行宣传片、预告片等统一包装制作，也可以和一些专门的独立包装系统交互制作。

媒资管理网：实现媒体资产管理，对电视台日积月累的视音频资料进行数字化和网络化管理，以便珍贵的历史资料能长期保存，更重要的是可以更方便地实现这些资料的再利用。

硬盘播出网：采用高可用性硬盘播出技术，实现频道节目的播出服务，包括节目准备、节目编排、广告管理、节目播出等内容。

收录网：用于外来节目的录制，直接录制到中央存储体中，减少上载过程，素材可以直接被调用。

（二）按规模分类

单机模式：由一套设备组成的制播系统，这是一种结构最简单和成本最低的制播系统，虽然简单，但功能却一样也不少。它是将非编卡、采集卡、播出卡等设备安装在一台设备中，采、编、播软件各自同时、独立工作，互不影响。适合于节目制作简单、播出时间短的小型企业台、宾馆酒店等。

小型网络：是功能较单一、工作站点较少、存储容量较小的网络。一般是由四套设备组成的制播系统，这是一套标准的制播网络，由两套非编、一套播出和一套配音系统组成。其中一套非编可以完成新闻专题类节目的制作，另一套完成广告文艺类节目的制作，编辑好的节目通过网络传送到播出机硬盘中，最后由自动播出系统对外播出。适合于节目播出量不大的县市级台、企业台、教育台、校园台等。

中型网络：是一种多功能、工作站点较多、关键设备有冗余、存储容量较大的网络。

大型网络：是功能多、流程复杂、工作站点多、可靠性要求高、不能有单故障点、大容量存储、子系统间关系复杂的网络。如大型电视节目制作网络有集中的共享存储、上下载与转码、编目、数据迁移与备份、资料检索与浏览、初编与精编、配音与审片、文稿和串联单传递与管理，以及支持系统运行的数据库、服务器、视频服务器／媒体服务器、数据流磁带库和网络交换路由设备等。由视频服务器组成的制播网络，是一种结构十分复杂的网络系统，但也是效率最高的网络系统，整个网络系统以视频服务器为核心，以大容量的磁盘阵列为中心，节目和素材集中存储，多台非编和播出机共享资源，既免除了机器之间频繁传递文件，还可降低每个工作站的设备成本。适合于节目制作量大、播出频道多的地市级台和大型企业台等。

（三）按工作流程分类

流程型网络：按串行工作流程运行，各种工作站之间是一种协作关系。如新闻制播网，从新闻选题报批、审批、撰稿、拍摄、上载、配音、审片、播出等有一整套流程。虽然多个记者之间是一种并行关系，但都需要遵循这套流程。

协作型网络：按并行工作流程运行，各种工作站之间是一种协作关系。如电视节目制播网络中的音频工作站专用于音频、音效的处理，包装工作站专用于各种特技的处理，图形工作站专用于电脑图形如三维动画的创作等，但是它们使用的素材是公用的素材，如好莱坞大片制作的网络。

分布式网络：由分布在不同地点且具有多个终端的节点机互连而成，在网络制播系统中，这些节点机就是相互形成备份关系的相同工作站，例如共享素材的不同工作站构成的网络。网络中任一点均至少与两条线路相连，当任意一条线路发生故障时，通信可转经其他线路完成，具有较高的可靠性。在对流程要求不高时，简单的后期非编网络就形成了互备性网络，非编站点之间形成了互备关系。

三、网络制播系统的关键技术

随着广电行业的数字化、高清化、网络化的发展，我国广播电视的 IT 化水平在不断提高，各级电视台已经建成制作网络、播出网络等各种网络，也正在开始建设全台网。网络规模越来越大，网络结构越来越复杂，随着高清节目制作技术和全媒体业务的高速发展，电视节目制播分离、三网融合等网络业务需求越来越多元化。

网络制播之所以能够发挥资源共享、并行工作等作用，关键在于网络平台，其中网络架构是核心，网络架构将随着应用需求的变化进行不断的优化。

（一）网络架构

1. 基于 FC+ 以太网的双网结构

为了满足海量视音频素材数字化存储和再利用的需求，存储区域网（Storage Area Network）技术在广播电视行业得到广泛应用。最早的 SAN 是基于 SCSI 协议的小型系统，但受到 SCSI 协议的寻址空间、传输距离、安全机制等方面的限制，很快就被基于 FC 的 SAN 取代。

在视音频应用中，一个重要特点就是共享。为保证共享管理软件正常运行，在建立 FC 网络时，还需建立以太网用于传递控制信息。同时，视音频编辑软件、媒体资产管理软件也都需要通过以太网去访问中心数据库。这就是所谓的双网结构，它由基于 FC 协议的光纤通道网和基于 TCP/IP 协议的以太网组成，其中以太网主要传送控制信息和数据库信息，FC 网络主要传送高码率的视音频数据。

2. 基于纯以太网的单网结构

随着计算机技术和网络技术日新月异的发展，特别是千兆 / 万兆以太网技术的成熟、芯片处理能力的提升、iSCSI 等相关标准的制定，一种面向视音频应用的基于纯以太网的单网结构解决方案应运而生，并在国内外众多项目中得到了广泛应用。

基于纯以太网的单网结构，各业务板块之间的媒体文件交换通过以太网进行，板块之间的耦合度低，通用性好；基于通用的网络和文件传输协议，容易实现多厂商、跨平台的文件交换，安全性高；FTP 协议可以保证传输过程中文件的完整性，并且支持多种安全性设置，性能高，可以由多有 FTP 服务器并行提供文件传输服务，从而实现整体性能的水平扩展。同时还易于维护，以太网技术相对成熟，其网络管理维护也更简单。但单网结构也存在一定的缺点，比如稳定性、实时性稍差。

基于纯以太网的制播网络解决方案主要包括 NAS 技术、iSCSI 技术等。

这种网络架构的特点是所有客户端工作站或服务器都通过千兆或百兆以太网（使用双绞线）访问共享的存储池，在存储服务器端会有一个小规模的 SAN 环境用于核心设备之间的高速连接。

（1）NAS

NAS（Network Access Storage，网络连接存储）是一种比较传统的存储方式，即将存储设备连接到现有的网络上，提供数据和文件服务，是一种网络文件系统服务器。它的典型组成是使用 TCP/IP 协议的以太网文件服务器，由工作站或服务器通过网络协议（如 TCP/IP）和应用程序（如网络文件系统 NFS 或者通用 Internet 文件系统 CIFS）来进行文件访问。NAS 可以直接安装到已经存在的以太网中。NAS 支持的网络文件协议通常有 NFS 和 CIFS，也有 HTTP、数据快照、备份服务等，与基于通用服务器的文件服务器不同，NAS 系统不允许安装和运行其他任何应用程序。

基于 NAS 的网络存储技术出现的比 FC-SAN 早，但其最大的问题在于 NAS 头通过 NFS 或 CIFS 协议进行网络文件共享时效率较低，且难以保证稳定的带宽，最初的 NAS 根本无法满足视音频系统对带宽的要求。随着千兆以太网技术的发展和 TOE（Tcp Offload Engine）网卡的出现，现在的 NAS 设备已经可以满足小规模制作系统的业务需求了。TOE 网卡可以将传统上维持网络连接时由 CPU 负责的 TCP/IP 协议的封包拆包、检验运算等工作转移到网卡上由专用处理芯片完成，这样可以大幅降低系统资源占用，提高了网络带宽利用率。

在一般的制作网络的实际应用中，既包含 FC-SAN 架构，又包含 NAS 架构。NAS 解决方案的优点包括系统的易用性和可管理性；数据共享颗粒度细；共享用户之间可以共享文件级数据；适用于数据长距离传送环境。而缺点则是系统的可扩展性差，特别是整个系统的瓶颈局限于提供文件共享的 NAS 头处理能力。

NAS 和 SAN 既存在区别，也是互补的存储技术。SAN 将数据以块为单位进行管理，采用具有更高传输速率的光纤通道（Fibre Channel）连接方式和相关基础结构。SAN 的设计和实现途径为它带来了更高的处理速度，而且 SAN 还是基于自身的独立网络。它允许数据流直接从主网络上卸载，并降低了请求响应时间。与 SAN 相比，NAS 支持多台对等客户机之间的文件共享，NAS 客户机可以在企业中任何地点访问共享的文件。因为在 NAS 环境中文件访问的逻辑卷较少，对于响应时间要求也不是很高，所以其性能和距离要求也相对较低。

在存储方式上，除了 NAS 和 SAN，还有 DAS（Direct Attached Storage，直接连接存储）。

（2）iSCSI

2003 年 2 月，IETF（Internet Engineering Task Force，互联网工程任务组）通过了由 IBM 和 Cisco 共同发起的 iSCSI（Internet Small Computer System Interface）标准，使这项历经 3 年、20 个版本不断完善的技术标准终于被认可。所谓 iSCSI 就是将 SCSI 命令打在 IP（IP Storage）包中传送给存储设备，以进行数据块的存取。iSCSI 协议定义了在 TCP/IP 网络发送、接收 block（数据块）级的存储数据的规则和方法。如图 8-5 所示为 iSCSI 协议的帧格式。

IP header	TCP header	ISCSI header	SCSI commands and data

图 8-5　iSCSI 帧格式

iSCSI 协议的实质是实现了基于 TCP/IP 网络传输 SCSI 指令，即 SCSI over IP，通过 iSCSI 协议可以实现对存储设备的数据块级共享访问。

在一个 iSCSI 网络中，至少由 iSCSI Target 和 iSCSI Initiator 两部分组成，其中客户端需要安装 iSCSI Initiator，由它向 iSCSI Target 所在的 IP 地址的指定端口发起连接，存储设备上安装 iSCSI Target，它在特定端口监听到连接后进行握手判断，最终创建出一条在 TCP/IP 网络中传输 SCSI 指令的隧道。客户端发出的 SCSI 指令，由 Initiator 加载到 TCP/IP 包上进行传递，当 Target 接收到此数据包后，再进行协议转换，从中剥离出原始的 SCSI 指令，访问后端的存储体。客户端对存储的访问完全基于 SCSI 指令集，就像访问本地 SCSI 盘一样。

同时，iSCSI 网络中还可以实现 MPIO，即使用多于一个的物理路径访问一个存储设备，通过容错或 I/O 流量负载均衡的方式提供更高的系统可靠性和可用性。在保护关键业务数据的存储管理方面，使用 MPIO 连接 iSCSI 可以提供给客户额外的支持，避免数据丢失和系统故障。

IP 存储是基于 IP 网络来实现数据块级存储的方式。由运行 iSCSI 协议的 IP 网络构架起来的 SAN，简称 IP-SAN。IP-SAN 是基于 IP 网络的存储解决方案。它通过一组 IP 存储协议（iSCSI、FCIP、iFCP 等）提供了在 IP 网络上封装块级请求的方法，使得我们可以使用标准的 TCP 协议在 IP 网络上传输 SCSI 命令和块数据。用 IP 网络取代 FC 网络连接存储设备和主机，解决 FC-SAN 在成本、标准性、可扩展性方面的缺陷。

随着 CPU+GPU+I/O 板卡技术的发展，有了基于 CPU+GPU+I/O 板卡技术的非线性编辑制作工作站，通过节目编辑软件就可以实现硬件视频编辑卡的功能。纯软件的工作站可以实现更多的编辑制作功能，大大降低了对网络带宽稳定的要求，使得通过纯千兆以太网上进行在线的节目编辑制作和下载成为可能。

iSCSI 存储设备具有低廉、开放、大容量、传输速度高、安全等诸多优点，特别适合需要在网络上存储和传输大量数据流的非线性编辑制作网和媒体资产管理系统，符合非线性编辑网络要求高带宽、存储设备需要网络化共享的要求，实现低成本、高安全和高可用性，并具有安装、后期维护简单方便等优点。

（3）多 NAS 头系统

这种系统是基于 GPFS 文件系统的多 NAS 头存储服务器，用多个安装 GPFS 文件系统的节点服务器通过 NFS、CIFS 协议共享同一个卷。客户端对数据的访问方式与访问普通的 NAS 一样，只不过这个 NAS 头的性能可以水平扩展，当一个 NAS 头性能不足以满足整个系统的需要时，可以通过增加一个节点的方式扩充系统带宽。如果系统中使用其他软件代替 GPFS 实现多台主机以本地磁盘的形式对 SAN 共享存储体的访问，也可以用相同的架构构建出多 NAS 头的存储系统。

3. 基于私有协议的分布式存储系统

典型的分布式存储系统是 Avid 的 ISIS 和 Omneon 的 Mediagrid，它们共同的特点是整个存储体由多个具有运算处理和存储能力的节点组成，数据根据一定的调度机制平均分散到多个节点上，并在其他节点上创建数据副本实现冗余。客户端对存储的访问都需要安装一个驱动程序，通过私有协议基于千兆以太网完成。这种存储结构的优势是多个节点并行工作，可以水平线性扩展性能，管理维护比较简单，缺点是采用的技术不开放，数据冗余至少 1∶1。

Avid Unity ISIS 系统采用高度可扩展的、自我平衡的分布式结构，不同于普通存储局域网，采取让智能存储元素可以做出用以集中优化整个系统的性能、容量以及健康的即时决策方式来分发数据与元数据，各个部件均采用补充式冗余配置。

4. 采用融合技术的制作网络架构

FC+ 以太网的双网结构在广播电视视音频系统中得到广泛应用，特别是高清电视节目制作对网络带宽的要求比标清电视高出几倍，要制作无压缩高清电视节目需要每秒一百多 MB 的数据量，只有 4GB FC 能够满足。

电视节目制播网络采用融合式网络结构，各业务板块内容根据需要采用单网或双网结构，但各板块与主干平台的互联以单网结构为主，采用"万兆核心、千兆接入"的设计思想，各业务板块通过万兆链路连接到网络核心交换机，并针对不同的业务板块采取不同的网络安全设计和管理措施。随着 IP 存储技术的发展，以 xSCSI 可扩展智能集群存储构架为核心，采用光纤存储体加以太网的网络架构。将双网结构的高性能与单网结构的低成本特性完美结合，具有高性价比、高安全性和高可拓展性的特点。

xSCSI 架构具有高性价比、高可扩展性、高安全性等优势，IP 技术和 FC 技术得到了最充分的融合，通过应用多种存储访问技术满足了不同站点的要求，大大提高了系统的整体性价比。

（二）存储技术

在网络化制播系统中，FC-SAN、IP-SAN、NAS 等不同网络架构，使用的存储技术也不同。

1.硬盘存储

主要有 FC 存储技术、IP 存储技术、虚拟存储技术。

（1）FC 存储技术

FC 存储由一对互为备份的阵列控制器和多个磁盘扩展柜组成，每个控制器提供 4 条或多条主机通道或多条磁盘通道、每个扩展柜分别连接到控制器 A 和控制器 B 的一对磁盘通道中。在每个控制器内部，包含数据读写 Cache，并负责完成 RAID 校验的计算处理。

磁盘阵列后端磁盘通道的速度和数量是决定其带宽性能的重要因素，特别是对视音频编辑这种大数据量的应用来说，Cache 的大小对性能影响不大，所有数据基本上都会占用后端磁盘通道的资源，因此磁盘通道性能通常会成为制约阵列整体性能的瓶颈所在。

主机通道与磁盘通道完全分开，即由 CHA（CHIP）板负责与前端主机的连接，而由 ACP 板负责 RAID 运算和与后端磁盘的连接，每个端口为一条相对独立的磁盘通道。CHA 板与 ACP 板都必须成对使用，CHA 板与 ACP 板之间使用大容量 Cache，并形成 Crossbar 的全网状线速交换，这与普通中端阵列中每个控制器中同时包括主机通道、磁盘通道和 Cache 的做法有很大区别。

（2）IP 存储技术

主要有网关式、分布式两种，如表 8-1 所示。

表 8-1　网关式与分布式存储

种类	网关式	分布式（并行式）
技术特征	后端为一个基于控制器的、由 RAID 技术保护的大型存储，数据被条带化后均匀地分布在每个磁盘上，对外由多个网关联合提供服务，NAS 头本身并不存储任何数据	后端为一个由命名空间管理、由多个存储实体构成的存储，数据被拆分成多个片段后，散布在各存储实体上，前端应用通过命名空间定向到存储实体，多个存储实体直接提供数据
系统架构	FC 存储设备 + 共享软件 + 网关	名称服务器 + 分布文件系统 + 存储实体
优点	可支持 SAN+IP 的混合应用，无热点数据性能问题，支持通用产品	性能随节点增长而增长，存储空间扩展容易、适用特定产品
缺点	受制于控制器性能，价格高	只支持单一结构，有热点数据性能问题

网关式有两种实现方式：一种使用标准协议（共有协议），另一种使用私有协议。

二者的区别在于以太网客户端是否需要安装驱动程序，如表 8-2 所示。

表8-2　网关式存储实现方式

种类	标准协议	私有协议
技术特征	无须安装客户端软件，使用 NFS、SMBCIEFS 等协议访问存储，卷以网络映射盘形式出现	同时支持标准协议和私有协议，使用私有协议时需安装客户端软件，卷以本地盘形式挂载
系统架构	服务端需使用软件或交换机等方式实现 NAS 网关的集群，创建虚拟 IP	自实现负载均衡、故障切换、客户端带宽控制、映射管理、软 ZONE 等
优点	成本低	号称用私有协议达到 90% 的网络利用率，突破使用 NAS 二次共享的效率瓶颈，管理容易
缺点	管理与维护复杂，需大量手工操作（特别是故障时）	成本高

分布式也有两种，二者的区别也在于客户端是否需要安装驱动程序，如表 8-3 所示。

表8-3　分布式存储方式

种类	种类	方式一	方式二
技术特征	后端连接	InfiniBand	EtherNet
系统架构	数据保护	RAID+ 节点检验	节点间复制
优点	客户端软件	不需要	需要
缺点	元数据控制	各节点拥有全元数据表	元数据集中控制

（3）虚拟存储技术

随着技术的发展，虚拟存储（Storage Virtualization）技术开始融合到存储系统结构的各个环节中。虚拟存储是指将多个不同类型、独立存在的物理存储体，通过软、硬件技术，集成转化为一个逻辑上虚拟的存储单元，集中管理供用户统一使用。这个虚拟逻辑存储单元的存储容量是它集中管理的各物理存储体的存储量的总和，而它具有的访问带宽则在一定程度上接近各个物理存储体的访问带宽之和。从系统的观点上看，有三种主要的虚拟存储实现方式：基于服务器的虚拟存储、基于存储设备的虚拟存储以及基于存储网络的虚拟存储。

基于服务器的虚拟存储是通过将虚拟化层放在服务器上实现的。这种方式不需要额外的特殊硬件，虚拟化层以软件模块形式嵌入服务器的操作系统中，将虚拟化层作为扩展驱动模块，为连接服务器的各种存储设备提供必要的控制功能。

基于存储设备的虚拟存储是通过将虚拟化层放在存储设备的适配器、控制器上实现的。这种方式能够充分考虑存储设备的物理特性，方法简单，也为用户和系统管理员提供了最大的方便性。典型的虚拟存储就是 RAID 技术，RAID 的虚拟化由 RAID 控制器实现，它将多个物理磁盘按不同的分块级别组织在一起，通过 CPU 及阵列管理固件来控制及管理硬盘，解释用户 I/O 指令，并将它们发给物理磁盘执行，从而屏蔽了具体的物理磁盘，为用户提供了一个统一的具有容错能力的逻辑虚拟磁盘，这样用户对 RAID 的存储操作就像对普通磁盘一样。

基于存储网络的虚拟存储有两种：对称式与非对称式。

对称式虚拟存储是指将进行虚拟存储管理和控制的高速存储控制设备置于网络系统的传输通道上。高速存储控制设备与存储池子系统（Storage Pool）集成在一起，组成存储区域网络应用系统（SAN Appliance）。

这里的高速存储设备在服务器与存储池数据交换的过程中起到核心作用，其虚拟存储过程是：由高速存储控制设备内嵌的存储管理系统将存储池中的物理硬盘虚拟为逻辑存储单元（LUN），并进行端口映射（就是指定某一个 LUN 能被哪些端口所见），在服务器端，将各个可见的逻辑存储单元映射为操作系统可以识别的盘符。当服务器向存储网络系统中写入数据时，用户只需要将数据写入指定为自己所用的映射盘符（LUN），数据经过 HSTD 的高速并行端口，先写入高速缓存，高速存储控制设备中的存储管理系统自动完成目标位置由 LUN 到物理磁盘的转换，在此过程中用户见到的只是虚拟逻辑单元，而不必关心每个 LUN 的具体物理组织结构。

非对称式虚拟存储是在服务器与存储设备之间正常的数据访问传输通道之外，通过配置一个虚拟存储管理器来实现存储池的虚拟化处理。

虚拟存储管理器通过 FC 端口连接到存储网络中，并提供一个中央管理点，对整个存储网络进行集中管理，同时，还对磁盘阵列进行虚拟化操作，将各阵列中的 LUN 虚拟为逻辑带区集（Strip），指定每台服务器对每一个 Strip 的访问权限（可写、可读、禁止访问等）。服务器访问 Strip 时，先通过控制路径向虚拟存储管理器的代理发出访问 Strip 的请求，代理根据请求的合法性，为服务器建立访问 Strip 的数据通道，进行规定的读或写操作。

2.磁盘接口技术

主要有以下几种磁盘接口技术，如表8-4所示。

表8-4 磁盘接口技术

种类	速率（MB/S）	双工	协议
Parallel ATA	100	半双工	ATA
Serial ATA	150	半双工	ATA
Serial ATA II	300	半双工	SCSI
Parallel SCSI	160/320	半双工	SCsI
Serial SCSI	150/300/600	全双工	SCsi
Serial Attached SCSI	300	全双工	scsi
Fibre Channel	100/200/400/1000	全双工	scsi

3.磁盘高可用技术

主要有 RAID（Redundant Array of Independent Disks，简称磁盘阵列）技术、双控制器技术。

RAID 技术采用若干硬磁盘驱动器按照一定要求组成一个整体，整个硬磁盘阵列由阵列控制器管理。RAID 主要有 RAID0、RAID1、RAID3、RAID5、RAID6，各自特点如表8-5所示。

表8-5 RAID 技术特点

种类	最低硬盘数量	优点	缺点	适用领域
RAID0	2	极高的磁盘读写效率，没有检验所占用的 CPU 资源，设计、使用与配置简单	缺乏检验恢复机制而不是真正的 RAID，没有数据容错能力，不可能用于任务苛刻的环境	视频生成与编辑，图形编辑，较为"拥挤"的操作，其他需要大的传输带宽的操作
RAID1	2	理论上两倍的读取效率，100% 的数据冗余功能，设计、使用与配置较简单	ECC 效率低下，磁盘 ECC 的 CPU 占有率是所有 RAID 等级中最高的，在软 RAID1 中下降严重，在软 RAID 方式很少能支持硬盘的热插拔	财务统计与数据库，金融系统，其他需要高度数据可维护性的操作

续表

种类	最低硬盘数量	优点	缺点	适用领域
RAID3	3	非常高的读写传输率，磁盘损坏对传输影响较小，很高的 ECC 效率	在主轴同步时吞吐量只稍胜于单个硬盘的最佳状态，控制器设计比较复杂，非常不利于进行软 RAID 模式操作	视频数据流设备，图像编辑，视频编辑，其他需要高吞吐量的场合
RAID5	3	极高的读取传输率，中等的写入传输率，很低的 ECC 硬盘数量占有率，ECC 效率高，良好的集合数据传输率	硬盘的故障会对吞吐造成中等影响，控制器设计较为复杂，相对于 RAID1 因硬盘故障而重新构建 RAID 体系比较麻烦，个别数据块的传输率与单个磁盘相当	文件与应用服务器，数据库服务器 Web、E-mail 以及新闻服务器，内部局域网服务器，RAID5 是适用领域最多的 RAID 等级
RAID6	2	相对于 RAID5 有更高的数据冗余性能，坚强的数据保护能力可以应付多个硬盘同时发生故障，完美的任务应急操作应用	非常复杂的控制器设计，计算检验地址将占用相当多的处理时间，非常低的写入效率	高可靠性环境

双控制器技术主要用于光纤磁盘。

多控制器的高端磁盘阵列分三层：通道控制器、全局缓存控制器、磁盘控制器。

在实际应用时，每层控制器至少成对配置，提供全冗余特性，实现无单点故障。也可以配置多对，多级控制器分工协作，使性能成倍扩展。

4. 其他存储技术

硬盘存储较多地用于在线存储，在近线存储和离线存储中常用数据流磁带。通常，磁带库按照容量大小分成三个级别：初级、中级、高级。其中，初级容量为几百 GB 至几 TB，中级容量为几 TB 至几十 TB，高级容量为几十 TB 至几百 TB 甚至更高。

（三）数据库与服务器

网络制播系统中有各种服务器，不同服务器在各环节中发挥重要的作用，其中最重要的是数据库服务器和 MDC 服务器，前者是"大脑"，后者是"心脏"。

1. 数据库服务器

数据库，顾名思义是存储大数据的仓库，只是这个仓库在计算机存储设备中，数据按一定格式存储。数据库的定义是指长期存储在计算机内的、有组织的、可共享的数据集合。在网络制播系统中，数据库服务器承担着集中的、统一的数据管理功能，包括制作系统、播出系统、收录系统、编目检索系统、流程及文稿管理系统等。主流数据库有：Orcale、DB2、SQL Server、Sybase。

2. MDC 服务器

MDC（Metadata Controller）是指元数据控制器，MDC 服务器是光纤网中设备访问 FC 磁盘阵列文件最重要的核心服务器，如果发生故障会使网络中的各功能工作站无法访问 FC 盘阵内的共享资源。各工作站向 FC 盘阵存取素材、发送控制信息时，先由 MDC 设置盘阵的分区信息，通过 MDC 访问 FC 盘阵。FC 盘阵内的磁盘驱动器是物理硬盘，在盘阵中将物理硬盘组合成一个逻辑盘，就像一个本地的大硬盘。RAID 就是在逻辑盘的基础上设定的，逻辑盘可以像普通盘一样分区，每个分区可以定义一个逻辑单元（LUN）号，LUN 号一般从 0 开始。

MDC 在网络制播的共享 SAN 环境中有非常重要的作用，因为所有有卡工作站都是通过 MDC 映射获得对共享硬盘阵列中数据的高速访问；MDC 用来协调共享硬盘阵列中数据的统一性，一旦 MDC 出现故障，所有有卡工作站都会中断该 MDC 管理的卷的访问；MDC 服务器主要通过安装在其上的网络存储共享管理软件对 FC 磁盘阵列文件进行管理。

（四）服务器群集技术

服务器群集技术是指一组相互独立的服务器在网络中表现为单一的系统，并以单一的系统模式加以管理。此单一的系统为客户工作站提供高可靠性的服务，大多数模式下，群集中所有的计算机都有一个共同的名称，群集内任一系统上运行的任务可被所有的网络用户所使用。Cluster 必须可以协调管理各分离组件的错误和失败，并可透明地向 Cluster 加入组件。一个 Cluster 包含多台（至少两台）拥有共享数据存储空间的服务器，任何一台服务器运行一个应用时，数据被存储在共享的数据空间内，每台服务器的操作系统和应用程序文件存储在各自的本地存储空间中。Cluster 各节点服务器通过一内部局域网相互通信，当一台节点服务器发生故障时，这台服务器上所运行的应用程序将在另一节点服务器上被自动接管；当一个应用服务出现故障时，应用服务将被重新启动或被另一台服务器接管。当以上任一故障发生时，客户将能很快连接到新的应用服务上。

服务器群集技术为网络制播系统中的关键系统，如数据库、MDC 以及中间件、Web 服务器等提供了一个高可用性、稳定安全的运行平台，使网络制播系统的性能得到提升。

服务器群集技术包括镜像技术、应用程序错误接管技术、容错技术、并行运行和分布式处理技术、可连续升级技术。

服务器镜像技术是将建立在同一个局域网的两台服务器的硬盘通过软件或其他特

殊的网络设备（如镜像卡）做成镜像的技术。其中，一台服务器为主服务器，另一台为从服务器。客户只能对主服务器的镜像的卷进行读写，即只有主服务器通过网络向用户提供服务，从服务器相应的卷被锁定以防对数据进行存取。主 / 从服务器分别通过心跳监测线路互相监测对方的运行状态，当主服务器出现故障时，从服务器将在很短的时间内接管主服务器的应用。

应用程序错误接管群集技术是将建立在同一个网络里的两台或多台服务器通过群集技术连接起来，群集节点中的每台服务器各自运行不同的应用，具有自己的广播地址，为前端用户提供服务，同时每台服务器又监测其他服务器的运行状态，为指定服务器提供热备份。当某一节点出现故障时，群集系统中指定的服务器会在很短的时间内接管故障机的数据和应用，继续为前端用户提供服务。此技术通常需要共享外部存储设备——磁盘阵列柜，两台或多台服务器通过 SCSI 电缆或光纤与磁盘阵列柜相连，数据都存储在磁盘阵列柜中。这种群集系统中通常是两个节点互为备份，而不是几台服务器同时为一台服务器备份，群集系统的节点通过串口、共享磁盘分区或内部网络互相监测对方的心跳。这种技术通常用在数据库服务器、MAIL 服务器等群集中，最多可以实现 32 台服务器群集。

容错群集技术的典型应用是容错机，在容错机中每一个部件都有冗余设计。容错群集技术中群集系统的每一个节点都与其他节点紧密相连，经常需要共享内存、硬盘、CPU、I/O 等重要的子系统，各个节点被共同映射为一个独立的系统，所有节点都是这个映射系统的一部分。各种应用在不同节点之间的切换很平滑，不需切换时间。容错群集系统主要用于要求可用性很高的场合，如财政、金融、安全部门等。

并行运行和分布式处理技术与其他群集技术不同，主要用来提高系统的计算能力和处理能力。这种系统提交应用被分配到不同的节点中分别运行，如果任务比较大，系统将其分成许多小块，然后交给不同的节点处理，类似于多处理器协调工作。

可连续升级的群集技术是前几种技术的组合，可提供连续升级能力。系统中通常有一个负责管理整个群集系统的中央节点，将用户的请求分配给系统中其他某个节点，然后这个节点将直接通过 Internet 网络向用户提供服务。系统中每一个节点都互为备份，包括中央节点，它在完成向群集节点分配任务的同时也向用户提供服务。一旦中央节点出现故障，系统将自动推举一个节点为中央节点接管全部应用。这种系统通常只需简单的设置就可以添加或删除一个节点，使用管理比较简单，通常用于 Web、MAIL、FTP 等服务。

（五）压缩编码技术

对"非编"来说，压缩方式的选择首先要考虑视频质量问题，其次是提高压缩效率、兼容性、开放性、格式间转换损失等问题。

视频压缩格式很多，在制播网络中常见的格式有 MPEG-2 I 帧、MPEG-2 IBP、MPEG-4、DVCPRO50、DVCPRO、DV、JPEG、WMV、H.264、AVS 等。

AVS 是我国具有自主知识产权的第二代信源编码标准，"信源"就是信息的源头，信源编码技术解决的重点问题是数字音视频海量数据的编码压缩问题，称为数字音视频编解码技术。编码压缩和解码技术是数字信息传输、存储、播放等环节的前提，因此信源编码标准是数字音视频产业的共性基础标准。

信源编码标准有四个：MPEG-2、MPEG-4、MPEG-4AVC（简称 AVC，也称 JVT、H.264）、AVS。从制定者分，前三个标准是由 MPEG 专家组完成的，第四个是我国自主制定的。从发展阶段分，MPEG-2 是第一代标准，其余三个为第二代标准。从主要技术指标——编码效率比较：MPEG-4 是 MPEG-2 的 1.4 倍，AVS 与 AVC 相当，都是 MPEG-2 的两倍以上。

AVS 标准是《信息技术先进音视频编码》系列标准的简称，AVS 包括系统、视频、音频、数字版权管理 4 个主要技术标准和一致性测试等支撑标准。

AVS 标准的核心技术包括 8×8 整数变换与量化、帧内预测、1/4 精度像素插值、特殊的帧间预测、运动补偿、二维熵编码、去块效应环内滤波等。

主要技术比对，如表 8-6 所示。

表 8-6　几种信源压缩编码标准主要技术比对

编码工具	AVS	H.264	MPEG-2
帧内预测	基于 8×8 块，5 种亮度预测模式，4 种色度预测模式	基于 4×4 块，9 种亮度预测模式，4 种色度预测模式	只有频域内进行 DC 系数差分预测
多参考帧预测	最多 2 帧	最多 10 帧	只有 1 帧
变块大小运动补偿	16×16、16×8、8×16、8×8	16×16、16×8、8×16、8×8、8×4、4×8、4×4	16×16、16×8（场预测）
B 帧宏块直接编码模式	时域空域相结合，当时域内后向参考帧中间与导出运动补偿矢量的块为帧内编码时，使用空域相邻块的运动补偿进行预测	独立的空域或时域预测模式，若后向参考帧与导出运动补偿矢量的块为帧内编码时，只是视其运动矢量为 0，依然用于预测	无
B 帧宏块双向预测模式	称为对称预测模式，只编码一个前向运动矢量，后向运动矢量由前向导出	编码前后两个运动矢量	编码前后两个运动矢量

编码工具	AVS	H.264	MPEG-2
1/4 像素插值	1/2 像素位置采用 4 拍滤波，1/4 像素位置采用 4 拍滤波、线性插值	1/2 像素位置采用 4 拍滤波，1/4 像素位置采用线性插值	仅在单像素位置进行双线性插值
变换与量化	8×8 整数变换，编码端进行变换归一化，量化与变换归一化相结合，通过乘法、移位实现	4×4 整数变换，编解码都需要归一化，量化与变换归一化相结合，通过乘法、移位实现	8×8 浮点 DCT 变换除法量化
熵编码	适应性 2D、VLC、编码块系数过程中进行多码表切换	CAVLC：与周围块相关性高，实现较复杂。CABAC：计算较复杂	单一 VLC 表，适应性差
环路滤波	基于 8×8 块边缘进行，简单的滤波强度分类，滤波较少的像素，计算复杂	基于 8×8 块边缘进行，滤波强度分类繁多，计算复杂	无
容错编码	简单的 SIice 划分机制足以满足广播应用的错误隐藏、恢复需求	数据分割，复杂的 FMOASO 等宏块、条带组织机制，强制 Intra 块刷新编码（Intra refresh），约束内预测等	简单的 Slice 划分

（六）非线性编辑技术

非编系统不同于普通的计算机，关键在于视频处理硬件板卡，一般包括 I/O 卡、编解码及图像处理卡、强化特效的实时三维特技卡，其他软硬件都是对非编板卡功能的辅助与增强。对板卡的要求有图像 / 声音质量、图像处理复杂性（实时层数和特效）、系统开放性及兼容性（多种编解码格式及第三方插件）。

非编系统经历了三代：第一代基于 M-JPEG 编码，是延续传统的板卡型；第二代压缩格式从 M-JPEG 到 MPEG-2；第三代是借助计算机及硬件加速的软件型。

非编系统的发展方向是实现更多的软件处理，理想的非编系统是各部分功能模块化、支持多层实时回放、具备开放性、具备良好的扩展性、成本合理、支持全程非线性制作。

（七）安全技术

安全是广播电视的根本要求，在数字化、网络化时代，更需要构建一个安全、高可用性的系统。

可用性表明一个系统提供服务的能力。

$$可用性 = \{MTBF / (MTBF+MTTR)\} \times 100\%$$

总运行时间由两部分组成：一部分是正常运行时间，另一部分是修复时间。MTBF是两次故障间隔时间，也就是安全运行的时间；MTBF描述了系统安全可靠运行、能够正常提供服务的时间。MTTR是系统故障修复的时间，修复期间不能提供服务，修复时间越短越好。系统故障间隔时间越长、修复时间越短，系统的可用性越高。

可用性有三种表示方法：一是用百分比表示，如上述表达式；二是用几个9表示，如99%、99.99%等，通称两个9、四个9等，其含义是指百分之一、万分之一的修复时间等；三是用"年停机时间"表示，如每年停机50分钟或5分钟，相当于四个9、五个9的水平。对不同的应用可有不同的可用性要求，关键性业务如通信需要五个9或六个9，即一年内停机时间在5分钟至0.5分钟的水平；一般性业务如桌面计算机只有三个9也能满足应用，偶尔停一下也可以接受；广播电视播出也是五个9或六个9，否则不能满足安全播出的要求。一个系统不可能不停机，但停机就会中断服务。停机可划分为两类：计划停机和非计划停机。计划停机是人为安排的停机，如检修，包括软件升级、打补丁、硬件升级等；非计划停机是系统内外故障，如软硬件故障、停电、断网等。两类停机的区别在于：计划停机是可控的，后果也是可预测的，而非计划停机是不可控的，发生时间和影响范围都是不可预测的。

网络制播系统的安全运行必须做好设计、运维和管理，三者缺一不可。设计目标要根据安全等级提供相应的冗余和切换能力；运维目标是监测运行参数、优化运行环境、维持系统健康、消除安全隐患；管理目标是通过建章立制、规范操作保证系统正确、合理使用。

第3节　IP制播技术

伴随着广电业务的飞速发展，用户对视频画面的超高清画质、音频环绕声的沉浸感需求，以及各种智能终端、4G网络的普及和5G网络技术逐渐成熟并开始商用，广播电视系统的节目制作、播出以及节目传输等业务，都对传统基带SDI信号的基础架构提出挑战，传统业务流程渐渐难以满足未来技术和业务扩展的发展需求，因此实现广播电视播出系统基础架构IP化、网络化、基带SDI信号和IP流信号相互融合、甚至"采集、制作、存储、播出、传输、分发"全链条无压缩视音频IP化，将势在必行。

4K内容在提升观众节目体验的同时，也带来了内容传输带宽的增大，非压缩码流从原有的3Gbps提升到12Gbps，传统的SDI总控矩阵难以适应4K业务的快速发展和业务需求。

一、4K IP 切换系统

在 5G 媒体应用实验室搭建的 4K IP 切换系统包括 4K 信号实时回传、4K 信号协议转换、4K IP 切换制作、4K 多画面监看和直播发布等子系统。整个系统采用 IP 化架构，以 NDI 流为核心，兼容 4×3G SDI 输入输出，如图 8-6 所示。

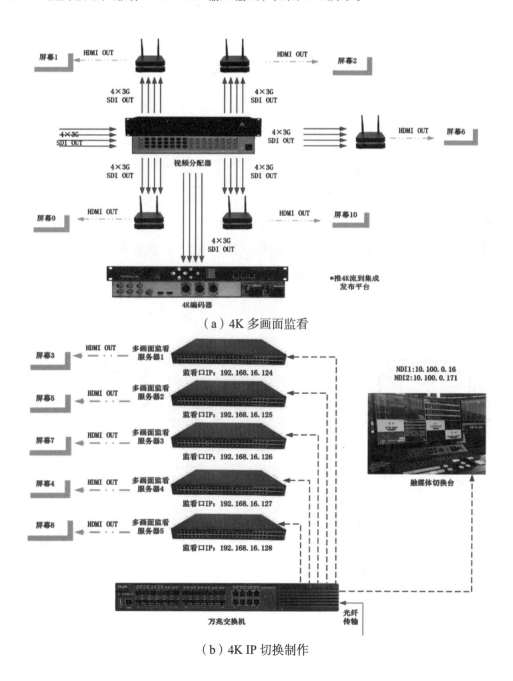

（a）4K 多画面监看

（b）4K IP 切换制作

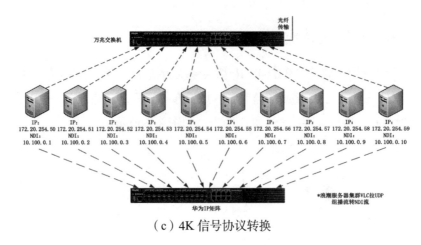

（c）4K 信号协议转换

图 8-6　4K IP 切换系统图

（一）4K 信号实时回传

4K 摄像机输出 4×3G SDI 信号给 4K 编码器，4K 编码器将信号进行编码压缩（4K 编码参数：H.265，4：2：0，10bit，BT.2020，HLG），输出 UDP 单播流（IP 地址为 IP 矩阵端口地址），然后通过华为 5G CPE，将此 UDP 单播流传输到运营商各自的 5G 核心网，运营商再通过专线网络将此 UDP 单播流传输到中央电视台光华路办公区数据中心部署的 IP 信号调度矩阵，如图 8-7 所示。

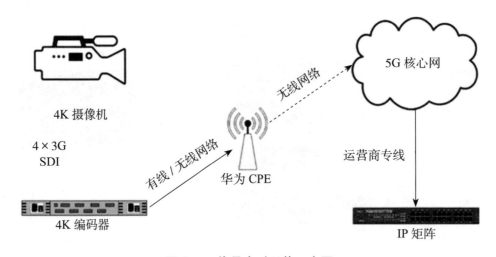

图 8-7　信号实时回传示意图

（二）4K 信号协议转换

运营商通过专线网络传输到中央电视台光华路办公区数据中心部署的 IP 矩阵是

UDP 单播流，经过 IP 矩阵后输出 UDP 组播流，拉流服务器配置双网卡，其中一块网卡和 IP 矩阵在同一个 vlan，另一个网卡和 NDI 网在同一个 vlan。拉流服务器上安装的 vlc 软件从 IP 矩阵获取 UDP 组播流，然后将其转化成 NDI 流信号（拉流服务器上需 NewTek NDI Tools 插件），通过另一块网卡输出到 NDI 网中。如图 8-8 所示。

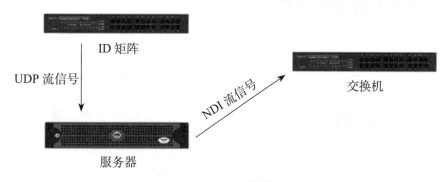

图 8-8　信号协议转换示意图

目前拉流服务器通过 vlc 软件完成 UDP 组播流转 NDI 流信号只是暂时的过渡性方案。

（三）4K IP 切换制作

拉流服务器输出的 NDI 流信号进到 NDI 网络后，4K IP 切换主机就能获取到该信号并进行包装切换制作，最终输出的 PGM 通过 4×3G SDI 输出，送 4×3G SDI 视频分配器，最后通过 AJA 的 4×3G SDI 转 HDMI 转换器送 4K 电视显示。4K IP 切换台主机配置两个万兆网卡，最大支持 44 路 4K 的 NDI 流信号输入。如图 8-9 所示。

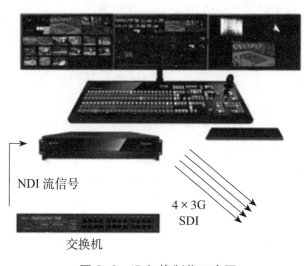

图 8-9　IP 切换制作示意图

（四）4K 多画面监看

4K 多画面监看服务器，从 IP 矩阵接收 UDP 组播流，将 UDP 组播流信号通过硬件解码芯片解码，然后再编码输出 HDMI 信号给显示设备进行监看。如图 8-10 所示。

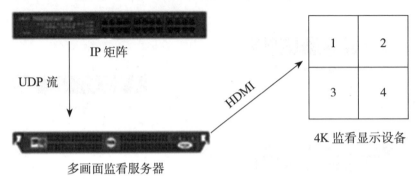

图 8-10　多画面监看示意图

（五）直播发布

4K IP 切换集成制作输出的 4×3G SDI 信号输入编码器，编码器压缩编码输出 UDP 组播流，通过台内网送到新媒体集成发布平台完成信号的分发。第三方直播平台从新媒体集成发布平台拉流获取直播信号，如图 8-11 所示。

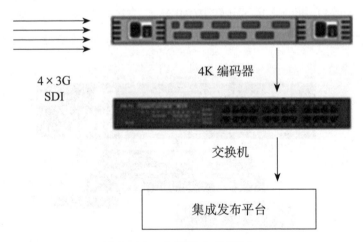

图 8-11　直播发布示意图

本次 5G 新媒体平台 4K 集成制作的 IP 切换系统一共接入了来自全国多个省市一共 16 个报道点的实时 4K 信号。其中，中国电信有 5 个 5G 回传 4K 信号：广州—珠江游船、深圳—小平像、福州—三坊七巷、成都—九寨沟、鹰潭—龙虎山；中国移动有 5 个 5G

回传 4K 信号：北京—鸟巢、上海—外滩、成都—大熊猫基地、深圳—深南大道以及杭州—雷峰塔；中国联通有 6 个 5G 回传 4K 信号：北京—天安门广场、青岛—奥帆中心、郑州—河南博物馆、南京—长江大桥、广州—花城广场、哈尔滨—亚布力滑雪场。

16 个报道点用到的设备如下：4K 摄像机、4K 编码器和 5G CPE。摄像机输出 4×3G SDI 信号到 4K 编码器进行编码，4K 编码器通过 5G CPE 连通 5G 网络，将编码后的 IP 流信号上行传输到 5G 核心网。三大运营商通过各自的专线，将 IP 流信号传输到中央电视台光华路办公区的 IP 矩阵。此次通过 5G 链路进行信号传输，IP 流信号采用 UDP 网络协议，通过单播流的传输方式，实现信号端到端的传输。

IP 矩阵将接收到的 UDP 单播流转换成 UDP 组播流，并且可以路由至任何一路输出端口。至此，下游网络中所有和该端口相同 vlan 下的设备均可以获取到该 UDP 组播流，解决了单播流点对点传输接收的局限性。IP 矩阵可实现对 IP 流信号图形化和精细化管理，可以完成对 IP 流信号的调度管理。

整个系统采用全 IP 架构，因此网络显得尤其重要。试验阶段，对 IP 数据包在整个网络传输链路中丢包及纠错进行了长时间的测试，最终保证了整个网络传输链路的丢包率在可控范围之内，不影响视音频信号的质量。IP 信号从外场到 5G 媒体应用实验室经过了一系列复杂的网络传输链路。简要的信号流程图如图 8-12 所示。

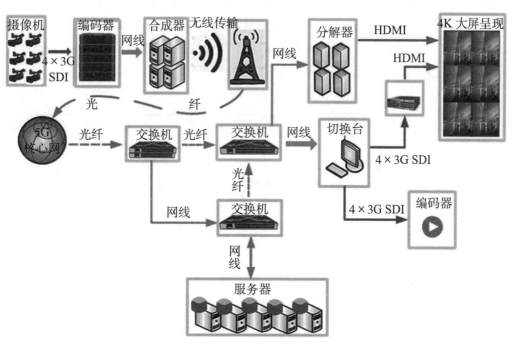

图 8-12　信号流程图

二、4K IP 播出链路

4K 超高清播出系统的视音频链路按照混合基带 SDI 和 IP 流的链路设计，两条链路采用不同技术架构，一条链路采用传统基带 SDI 技术，用 4 根 3G 线缆传输一路 UHD 信号，即 SDI over Cable 技术；另一链路采用 IP 化网络技术，核心设备为 SDI/IP 信号网关和 IP 信号调度核心交换机，即 SDI over IP 技术。

SDI over Cable 链路：继承传统基带理念和技术，采用 2SI 技术，用传统的 4 根 3G 基带线缆传输 1 路 UHD 超高清信号，即 4×3G，如图 8-13 所示。

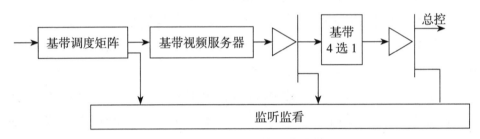

图 8-13 SDI over Cable 链路

SDI over IP 链路：核心设备是 SDI/IP 信号网关，基于 SMPTE ST 2110 标准，将基带超高清信号封装为无压缩视音频 IP 流信号，进入 IP 信号调度核心交换机，同时系统也能够将无压缩视音频 IP 流信号解封装为基带 SDI 信号，IP 流信号供各终端设备通过加入组播组的方式调用，如图 8-14 所示。

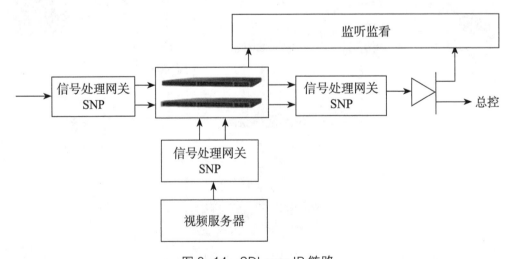

图 8-14 SDI over IP 链路

（一）无压缩视音频 IP 技术标准

在无压缩视音频技术发展的道路上，出现了以 SMPTE（美国电影电视工程协会）与 AVB（IEEE802.1 音视频桥接标准）为代表的两大技术标准阵营，因 AVB 偏重于电视节目制作领域，而 SMPTE 在广电播出、传输领域则更具明显优势，故目前 SMPTE 相关技术标准被各广电厂商广泛采用，并逐渐成为各大电视台播出和传输系统 IP 化进程中较为主流的技术标准。过去的传统基带信号技术架构中，在 IP 网络层并未对 SDI 基带信号的视频、音频和辅助数据等做任何封装处理，仅仅是把以太网作为数据的传输和分发通道来使用，但是在 SMPTE ST 2022 和 SMPTE ST 2110 各系列技术标准中，就针对基带信号的 IP 化封装、IP 流信号的解封装和传输标准进行了相关定义，从而使 SDI over IP 技术的应用得到质的飞跃和提升。

要实现 SDI over IP 技术，首先应解决 IP 网络中传输数据包的格式问题，确保各网络节点说同一种语言（即遵循同样的协议标准），从而使各网络设备能够畅通地对数据包进行识别和处理。但是在各广电设备厂商和各大电视台不断的实践中发现 SMPTE ST 2022 标准存在着一些弊端。

SMPTE ST 2022 并不是 4K 演播室、4K 转播车、4K 播出系统搭建的最优协议标准，因为此标准并不支持在 IP 层对 4K 超高清信号的封装处理；此标准封装的 IP 流信号，在信号传输方面占用的带宽也比较大，在当下网络数据量激增的大浪潮中，对数据传输所占用的带宽是衡量其标准优劣性的一个重要技术指标；SMPTE ST 2022 标准并不对视频、音频和辅助数据等基本数据流分离封装和传输，从而使音频工程师在仅需要对音频进行编辑时效率非常低，需要终端接收 1.5Gbps 或 3Gbps 的混合组播数据流，然后再解嵌出音频使用。

鉴于以上几点，SMPTE ST 2110 协议标准具有明显的优势，也是目前各大电视台搭建 4K 超高清"采、编、存、播、传"系统所广泛采用的技术协议标准。

SMPTE ST 2110 标准不只是简单地用 IP 流信号取代传统基带 SDI 信号，此标准从根本上改变了专业媒体流管理、处理和传输方式的技术变革。SMPTE ST 2110 标准使单独路由和分离基本流（音频、视频和辅助数据）成为可能，且每个基本数据流可独立分开封装、传送、同步并在终端重新组合。

无论是 SMPTE ST 2022 标准还是 SMPTE ST 2110 标准，都是通过 SMPTE ST2059-2 协议标准来实现 IP 网络中的精准时间协议（PTP）同步。PTP 通过 IEEE 1588 标准来同步以太网上不同网络节点的实时时钟，最新的版本是 IEEE 1588-2008，也称为 PTP 版本 2，SMPTE 开发了一个基于 PTP 版本 2 的用于广播视频应用领域的协议标准，称为 SMPTE ST 2059-2。基于 SMPTE ST 2059-2 协议及其最优主时钟算法，可以将系统精确在纳秒量级的同步，从而可解决 IP 化、网络化广电系统不同网络节点同步问题。此外该协议同时支持视频切换台对 IP 流数据报的无缝保护静净切换。

（二）无压缩视音频 IP 化应用

4K 超高清播出系统链路核心设备由 4K 信号处理平台 SDI/IP 信号网关、IP 信号调度核心交换机以及技术监听监看等模块构成。其中，SDI/IP 信号网关负责 UHD 基带 SDI 信号和无压缩视音频 IP 流信号双向间的信号格式转换，并采用 100G 光接口对接 IP 信号调度核心交换机；IP 信号调度核心交换机实现组播数据流的复制和转发；技术监听监看负责多种格式信号的监看和技术指标的监测，多画面分割器和技监示波器均采用了能兼具无压缩 IP 流信号和 UHD 基带 SDI 信号的接入技术，从而实现混合信号的整体监听监看。各终端设备基于 IGMP 和 IGMP Snooping 协议，通过加入不同的组播组来实现组播 IP 流信号的路由调度。

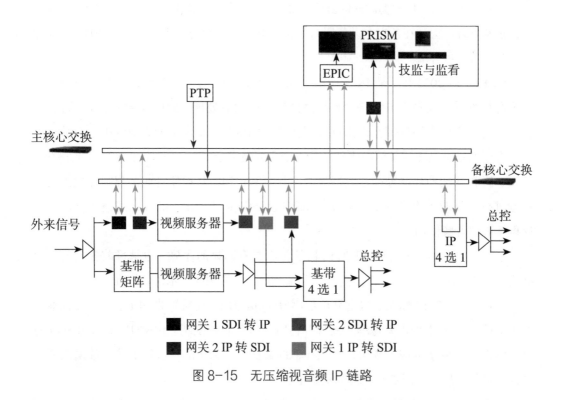

图 8-15　无压缩视音频 IP 链路

2SI 格式的 4×3G UHD 基带 SDI 外来信号（测试信号、直播信号、垫片、应急介质），经 SDI/IP 信号网关，按照 SMPTE ST 2110 协议标准，由 UHD 基带 SDI 信号封装为无压缩视音频 IP 流信号，送给 IP 信号调度核心交换机，SDI/IP 信号网关再将 IP 流信号解封装为 UHD 基带 SDI 信号送给 ALL IN ONE 一体化视频服务器，在视频服务器内实现台标、时钟、底飞字幕的自动叠加，再次由 SDI/IP 信号网关封装为 IP 流信号进入 IP 信号调度核心交换机，同时基带链路视频服务器的输出经视分之后也会由 SDI/IP 信号网关将其封装为 IP 流信号进入 IP 信号调度核心交换机，IP 链路 IP 4×1 通过控制网关加入不同的组播组来实现组播流信号的解封装输出，送给总控，如图 8-15 所示。

硬盘节目文件信号则直接经 SDI/IP 信号网关，由 UHD 基带 SDI 信号封装为 IP 流信号直接进入 IP 信号调度核心交换机。

在 UHD 基带 SDI 封装成 IP 流信号的过程中，SMPTE ST 2110-20 标准的视频，SMPTE ST 2110-30 标准的音频，SMPTE ST 2110-40 标准的辅助数据，其中每个基本数据流在保持独立的同时又能实现同步。

下面就以外来信号总控信号 1 来具体分析基本分离组播流信号是如何产生和基于 IGMP 协议的终端切换技术如何实现组播的调用。

总控送给播出系统的 2SI 格式 UHD 总控信号 1，输入 SDI over IP 链路的 SDI/IP 信号网关 1，通过在网关 1 上配置基于 SMPTE ST 2110-20 标准的视频流信号对应的组播地址、基于 SMPTE ST 2110-30 标准的音频流信号对应的组播地址、基于 SMPTE ST 2110-40 标准的辅助数据对应的组播地址，网关 1 将 4×3G SDI 基带信号封装为 6 路 IP 流，分别为 2110 标准无压缩 4K 超高清信号 /2110 标准无压缩 3G 高清信号 /2110 标准无压缩 1.5G 高清信号 / 音频 1-8/ 音频 9-16/ 数据 IP 流，然后通过 100G 网络接口分别接入 IP 信号调度核心交换机 1 和 IP 信号调度核心交换机 2（此两台交换机互为主备），进入这两台 IP 信号调度核心交换机的 IP 流信号，都分别对应一个组播地址，其组播地址分配如图 8-16 所示。

	产生设备	产生业务	IP 信号调度核心交换机 1（组播）	IP 信号调度核心交换机 2（组播）
总控信号 1	SDVIP 信号网关 1	2110 标准无压缩 4K 超高清信号	239.111.111.1	239.211.211.1
		2110 标准无压缩 3G 高清信号	暂未使用	
		2110 标准无压缩 1.5G 高清信号	239.113.111.1	239.213 211.1
		音频 1-8	239.121.111.1	239.221.211.1
		音频 9-16	239.122.111.1	239.222 211 1
		数据	239.130.111.1	239.230.211.1

图 8-16　组播地址分配

不同业务的组播流信号，可供各终端设备根据业务需求来调用。例如，2110 标准无压缩 4K 超高清信号，可发送给总控用于播出，也可由 IP 无压缩 /4K 画面分割器调用。

SDI/IP 信号网关 2 接入 IP 信号调度核心交换机，SDI over IP 链路中的 IP 4 选 1，通过选切不同的信号（因此路信号用于播出使用，故信号流都是 2110 标准无压缩 4K 超高清信号），使网关 2 向 IP 信号调度核心交换机发送加入消息，加入其对应 IP 流信号的组播组，获得所需传送流，从而实现了 IP 流信号的路由，网关 2 将接收的 IP 组播流解封装通过 4 路 3G SDI 基带信号输出，信号送达总控。

（三）无压缩视音频 IP 技术监测

对 IP 流的技监是通过无压缩示波器 Prism 来实现的，此仪器能实现基带 SDI 信号和 IP 流数据的全指标测量，这将大大提高对混合基带 SDI 和 IP 流环境中的网络或内容问题的故障诊断和分析能力。

在 IP 网络中，网络拥塞是致使 IP 数据包丢失的最重要、最直接的因素，对网络拥塞的动态监测可以通过 IP 数据包的分组抖动指标来衡量，因为过多的分组抖动会造成缓冲区的数据溢出，进而导致数据包的丢弃甚至数据流的停止。

在传统 SDI Over Cable 基带系统中，系统同步是基于模拟 BB 黑场信号、三电平信号同步，同样在 SDI Over IP 系统中，为了确保基带 SDI 信号和 IP 流视频信号之间关系的一致性，即实现各独立基本流的帧级别同步则就需要 PTP 同步，以实现帧精度切换。

三、小型全 IP 演播室视音频系统

该系统是一套 IP 化高清演播室系统，最多可配 14 个广电级 IP 云台摄像机讯道、一台摄像机控制器、两台 IP 切换台，既可级联，又可互作备份，所有设备均连接到同一交换机上，实现系统信号 IP 化连接，如图 8-17 所示。

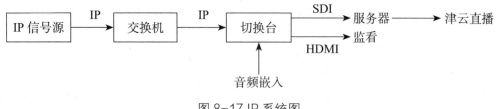

图 8-17 IP 系统图

（一）视频系统

在该系统中，实际共设计了 12 台高清专业云台摄像机，两台 IP 切换台，并配有

一台摄像机控制键盘，用于控制所有机位的镜头参数，如图 8-18 所示。

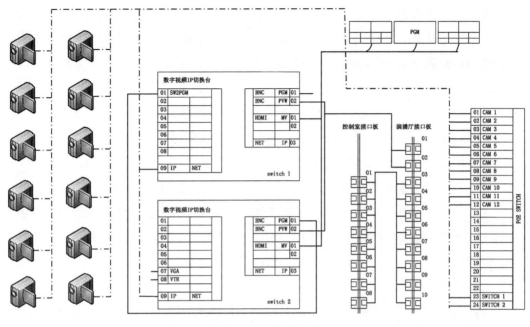

图 8-18　视频系统

12 台高清摄像头能够实现多机位、多角度拍摄节目，完全满足小型访谈节目拍摄需求。两台切换台在系统正常运行时，为级联状态，可实现全部信号源直接切换，当其中一台切换台出现故障，可直接单独使用第二个切换台切换信号，完成系统应急。

（二）关键设备

1. IP 摄像机

项目根据演播室布景位置，分别设计了从天花板到地面，从入场到出场共 12 个摄像机点位，可满足不同节目的多个角度拍摄需求。系统选用的是专业云台摄像机，并根据需要配置适合各点位吊装的机头安装件。

所有云台摄像机均采用 POE 供电方式，通过 LAN 电缆连接到系统的 POE+ 交换机，同时完成供电和数据交换，传输距离最长可达 100 米。同时，该款摄像机还有 SDI 接口输出，系统在每个机位点都预埋传统 SDI 传输的视频线缆，使用 AC 适配器电源 +SDI 线缆方式作为备份。

摄像机使用 1/2.3 型 MOS 和 DSP（数字信号处理器），可实现 40 倍光学变焦，云台转速快，旋转角度广，并可存储多个预设位。在节目录制前，可预设多个机位的运动轨迹，一键完成运动镜头控制，拍摄画面精准流畅。

2. IP 切换台

此次，系统选用的是 AV-HLC100MC 切换台。它是基于 NDI 网络协议的一款小型切换台，支持 HDMI 和 SDI 输入输出，专业摄像机头的 IP 信号输入输出，同时还可以支持模拟和数字音频的输入输出，完成系统音频嵌入的功能。

由于该款切换台只有 8 路直切键，系统实际信号源为 12 路 IP 摄像机信号和 VTR 放机信号等，信源路数远超过 8 个，不能实现全部信号源直切操作，所以系统设计为 2 台切换台级联使用。第二个切换台信号的 PGM 输出接入第一个切换台，以第一个切换台输出作为系统总输出，完成节目制作。

当节目所需信号源多时，可以使用两个台子级联方式制作，当节目信号源少或其中一个切换台故障时，可以使用单切换台制作，两种模式能快速倒换。两台切换台的设计替代了传统系统切换台＋矩阵的主备链路设计模式，系统功能更加灵活，使用方便，并有一定应急功能，可以完成直播类演播室节目制作。

3. 摄像机控制器

系统选用 AW-RP120MC+AW-PS551MC 型摄像机控制器，通过 IP 方式连接云台摄像机和 IP 切换台，实现远程控制摄像机和旋转云台。和传统的摄像机控制器相似，这款设备在面板设计上也分为：基本菜单，摄像机选择，颜色调整，变聚焦和光圈，摇摄和倾斜以及存储器等几大部分。操作人员可以使用专用的 PTZ 操作杆、按钮和拨盘，调整到合适运动参数后，对摄像机进行摇摄、俯仰、变焦、聚焦等操作。在色彩方面，可以通过 AWB 和 ABB 按钮随时调整摄像机黑白平衡、R-GAIN、B-GAIN、Detail 等精细调整使画面色调一致，色彩饱满，细节更加丰富。

（三）系统音频设置

经测试 IP 切换台的音频嵌入延时为 300ms，切换台音频 1、2 通道可以单独设置音频延时。

由于该演播室专为小型访谈类节目设计，所以在音频系统设计上就只考虑了 MIC 输入，模拟音频输出，使用 IP 切换台作为音频嵌入，线路清晰，操作简单。

第 4 节　全台网技术

我国电视台的全台网建设经历了单机数字化、局部网络化和台内网络化等三个阶段，实现了台内资源整合、生产方式转型、业务流程再造，使台内各功能网络协同运行、互联互通、资源共享，推动新闻、制作、数字内容管理、播出等单个业务板块向集约化、规模化发展，大大提高了节目制播效率，取得了显著的社会效益和经济效益。

一、全台网的定义与分类

电视台以磁带为载体的传统制播系统存在以下问题：串行制作，效率低下。以磁带为载体，只能线性制作，不能协同共享；效果单一，质量劣化。节目特效和图文包装功能匮乏，多代复制后图像质量劣化，无法长期保存；播出安全难以保证。系统级安全可靠性为 99.99%，无法保证这个要求；维护困难，成本极高。广播级制播设备被国外垄断，我国电视台只能被动引进；改造复杂不易实现，持续 7×24 小时运行，技术架构、业务流程完全不同。

电视节目的网络化制作播出是以数字电视和信息网络为基础，以高速网络和大容量存储为核心，以通用计算机和服务器为平台，全流程以文件为载体实现电视节目制作播出的工作模式。AV 技术＋IT 技术，使节目磁带变成节目文件，如图 8-19 所示。

图 8-19　节目磁带变成节目文件

（一）全台网的定义

全台网又称电视台网，根据国家广电总局发布的《电视台数字化网络化建设白皮书》定义：电视台网是指以现代信息技术和数字电视技术为基础，以计算机网络为核心，实现电视节目的采集、编辑、存储、播出交换以及相关管理等辅助功能的网络化系统。

与电视台网相关的其他定义如下。

1. 板块

电视台无论其规模大小、体制机制如何，从内容生产角度看，总是由不同属性的业务所构成，根据各种业务的属性特点构建与之相适应的网络化系统，这样的系统称为板块。

2. 板块要素

板块构建中的一些基本功能单元称为板块要素。

3. 板块要素群

按功能特点对板块要素聚类形成的集合称为板块要素群。

4. 异构系统

采用了不同的技术体系的两个或多个系统称为异构系统。

5. DNSM 安全防范机制

DNSM 安全防范机制是指由数据（data）、网络（network）、系统（system）、维护（maintenance）组合而成的安全防范机制。

6. VPLD 综合管理法

VPLD 综合管理法是指由虚拟管理（Virtual manage）、过程管理（Process manage）、分层管理（Layer manage）、动态管理（dynamic manage）组合而成的综合管理法。

7. 分级存储

根据重要性、访问频次等指标的不同，采取不同的存储方式（一般包括在线存储、近线存储和离线存储三种方式），将数据分别存储在不同性能的存储设备上，以获得存储系统性能和价格间的平衡。

8. 工作流

一系列相互衔接、自动进行的业务活动或任务，包括一组任务（或活动）及它们的相互顺序关系，还包括流程及任务（或活动）的启动和终止条件，以及对每个任务（或活动）的描述。

9. 可扩展标记语言（XML）

XML 是一套定义语义标记的规则，这些标记将文档分成许多部件并对部件加以标识。作为元标记语言，了用于定义其他与特定领域有关的、语义的、结构化标记语言的句法语言。

10. 面向服务的体系架构（SOA）

面向服务的体系架构是一个组件模型，它将应用程序的不同功能单元（称为服务）通过这些服务之间定义良好的接口和契约联系起来。

接口是采用中立的方式进行定义的，它应该独立于实现服务的硬件平台、操作系统和编程语言。这使得构建在各种这样的系统中的服务可以以一种统一和通用的方式进行交互。

11. 耦合度

耦合度是多个板块之间交互影响的一种度量。

板块之间相互联系的内容一般包括控制关系、调用关系、数据传递关系等，耦合度表明了这种联系的紧密程度。

12. 素材交换格式（MXF）

MXF 是一种在服务器、数据流磁带机和数字档案之间交换节目素材的文件格式。其内容可能为完整的节目以及整套广播电视节目或片段。

MXF 可自成体系运用，无须外部素材即可保存完整的内容。

13. 元数据

元数据是描述数据的数据，在电视台数字化网络中，元数据就是与视音频数据结合在一起的辅助信息，它记录了与节目制作相关的数据，如：拍摄时间、拍摄地点、人物、场景编号及其他相关信息。这些信息在节目制作、传输、交换及播出的各个阶段，始终与视音频信号密切结合。

现代信息技术和数字电视技术是电视台实现网络化的主要相关技术。现代信息技术包括计算机技术、多媒体技术、通信与网络技术等。

计算机网络是电视台网的核心，是电视台网实现资源共享、降低生产成本、提高生产效率的有效途径。

电视节目"采集、编辑、存储、播出交换"是电视台网的核心功能。此外，电视台网还应包含人员统一认证、网络安全和监控等辅助管理功能。电视台网根据业务需求，通过保护措施可建立与其他信息系统的连接。

（二）全台网的分类

电视台网可按网络规模和结构进行分类。

1. 电视台网的业务分层模型

电视台网可从不同的角度来进行分析，如系统规模、系统管理、业务等。电视台网络化建设以业务为出发点，因此从业务和应用的角度划分板块并予以分析更为合理，实践更加方便。

为此，可以把整个电视台网划分成三个层面，即电视台网层、板块层、板块要素层。它们之间的构成关系是：电视台网由板块构成，板块由板块要素构成。如图 8-20 所示。

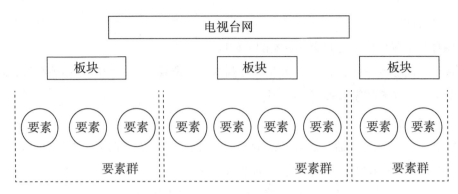

图 8-20　电视台网的业务分层模型

2. 电视台网的规模分类

网络规模是影响网络架构的重要因素。业务种群和终端规模是网络规模的重要特征之一。从业务种群和终端规模的角度，电视台网的网络规模可分成三大类别。

基本型：以一种业务群为主体的小规模终端的电视台网。

增强型：以两种到三种业务群为主体的中等规模终端的电视台网。

综合型：以三种以上业务群为主体的大规模终端的电视台网。

3. 电视台网的结构分类

电视台网可按不同需求由一个或多个不同板块组合成不同的网络结构。基本的网络结构有以下几种。

点结构：由单独一个板块构成的网络结构，其拓扑结构如图 8-21 所示。

图 8-21　点结构

点结构实现简单、易于管理。采用以点结构为主体的网络结构，应关注系统的扩展性，一般适用于基本型电视台网。

串联结构：由各板块通过直接串联构成的网络结构，其拓扑结构如图 8-22 所示。

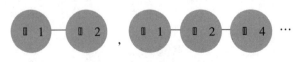

图 8-22　串联结构

串联结构的扩展性好、接口复杂度较低。采用以串联结构为主体的网络结构，应重点关注系统的共享效率和可靠性，一般适用于增强型电视台网。

环型结构：由各板块串接成一个闭合环路构成的网络结构，其拓扑结构如图 8-23 所示。

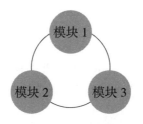

图 8-23　环型结构

环型结构的可靠性较高。采用以环型结构为主体的网络结构，应重点关注系统的共享效率、扩展性和集中管理问题，一般适用于增强型电视台网。

星型结构：由各板块与核心板块连接构成的网络结构，其拓扑结构如图 8-24 所示。

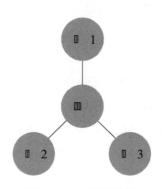

图 8-24　星型结构

星型结构的扩展性好、集中管理程度高、共享性好、网络带宽利用率高。采用以星型结构为主体的网络结构，应重点关注核心板块的连接带宽和可靠性问题，一般适用于综合型电视台网。

混合结构：由上述任意两种或两种以上结构进行组合构成的网络结构。混合结构是五种网络结构中最复杂的一种，一般适用于综合型电视台网。

二、电视台网总体结构

电视台网总体结构包括电视台网的总体框架和构建模式。

（一）电视台网的总体框架

电视台网由基础支撑平台、业务支撑平台、业务系统、统一信息门户组成。

1. 基础支撑平台

基础支撑平台由基础网络平台、系统软件平台组成，它为电视台网业务系统提供软硬件基础运行环境，并实现各业务系统在网络层的互联互通。

2. 业务支撑平台

业务支撑平台由公共服务平台、互联互通平台组成，它为电视台网各业务系统提供用户认证、服务注册、消息、报表、转码、迁移、智能监控、数据交换、流程控制等公共服务，并实现全台业务系统的统一管理和互联互通。

3. 业务系统

业务系统由节目生产业务板块（简称为生产板块）和综合管理业务系统（简称为管理系统）组成，其中生产板块实现电视台节目生产"采、编、播、存、管"各个业务环节全流程的数字化、网络化和信息化，管理系统实现电视台节目生产的辅助管理。

4. 统一信息门户

统一信息门户是电视台网各分散业务系统的统一访问入口，根据服务对象和操作权限的不同，可以进行个性化的设置，实现单点登录和信息集成。

（二）电视台网的构建模式

根据板块结构的不同，电视台网有三种构建模式。

1. 集中式

集中构建模式是将台内所有节目资源集中存储与管理，供各用户端直接访问与应用。在这种模式下，电视台网结构以点结构为主，"采、编、播、存、管"各个生产环节都置于该板块中，其功能供所有节目部门共享。

2. 分布式

分布构建模式是由多个相对独立又相互关联的板块共同承担整个电视台的节目生产和内容存储，采用统一的访问控制和跨板块的访问方式，实现各业务板块之间的内容共享和交换。在这种模式下，电视台网结构以串联结构、环型结构、星型结构为主，"采、编、播、存、管"各个生产环节可能在不同的业务板块里重复存在，只是服务的对象不同。

3.混合式

混合构建模式是集中式和分布式的组合，从而在贯通制播流程、提高生产效率方面都尽可能满足实际的业务需求，在降低系统复杂性和建设成本的同时，又减少网络建设的风险。在这种模式下，电视台网结构以混合结构为主。

三、电视台网的典型板块

主要介绍电视台网的典型板块要素和典型板块组成。

（一）典型板块要素

根据功能特征的相似性，可将典型板块要素归纳为输入要素群、制作要素群、输出要素群、存储要素群、管理要素群。

1.输入要素群

输入要素群主要包括视音频采集、流采集、文件采集等板块要素。

视音频采集：对模拟、SDI、HD-SDI 等接口的视音频信号进行收录采集。采集模拟、数字标清、数字高清等格式的视音频信号，并进行编码和存储。根据信号的来源，有卫星收录、光纤收录、演播室收录、磁带上载等多种形式。

流采集：对 ASI、SDTI、IEEE1394 等接口的视音频流信号进行收录采集。采集视音频流信号，并进行存储。根据信号的来源，有卫星收录、磁带上载等多种形式。

文件采集：对通过网络、USB、IEEE1394、SCSI 等计算机接口传输的视音频、图像文件进行拷贝采集。接收来自 IP 网络及 XDCAM 专业光盘、P2 卡、移动硬盘等存储介质的视音频、图像文件，并进行存储。

2.制作要素群

制作要素群主要包括剪辑、图文、配音、包装、音频合成、审片、文稿等板块要素。

剪辑：完成对素材和节目的剪切、快速编辑、合并的处理。包括素材粗剪、节目精编、特技制作等。

图文：面向新闻制作、后期制作、演播室制作、播出发布等应用环节的字幕、图形、角标、动画类的制作与叠加合成。字幕文本编辑，字幕等图文特效的创作，滚屏、同期声、多轨字幕的制作，图文播出控制。

配音：对节目声音的处理，包括对音视频的同步处理。实现节目解说声录制、编辑及简单音乐合成功能。

包装：运用图形、特效等手段完成节目的深度加工及创意制作。完成视频的艺术加工处理，包括平面图形、主题素材、字幕模板、视频模板、二维动画、三维动画、特效特技制作等。

音频合成：完成节目复杂的音效制作和包装合成。运用专业音频工作站实现节目音频部分的制作、合成及复杂效果包装等功能。

审片：对待播的节目进行审核。包括审片状态显示、审核标记、审片回退、审片通过等。

文稿：完成文字稿件的编辑。包括文稿申请、接收、报片、编稿、审稿、编排、检索等。

3.输出要素群

视音频播出分发：通过模拟、SDI、HD-SDI 等接口输出视音频信号，包括演播室播出、总控播出、磁带下载等多种形式。

流播出分发：通过 ASI、SDTI、IEEE1394 等接口输出数字视音频流信号，包括数字电视及卫星电视的播出分发、磁带下载等多种形式。

文件分发：文件拷贝方式的播出分发，通过 IP 网络、XDCAM 专业光盘、P2 卡等存储载体拷贝视音频数据文件，包括 IP 网络文件传送、XDCAM 专业光盘文件刻录、P2 卡文件拷贝等多种形式。

4.存储要素群

存储要素群主要包括存储、编目、打包、转码、迁移、质量控制、筛选、检索、浏览、版权保护等板块要素。

存储：指数字内容的保存，包括在线存储、近线存储、离线存储、存储策略定义、存储应急策略定义、存储管理、存储情况监控和日志记录等。

编目：分析、选择和记录信息资源的形式及内容特征，并将描述信息按照一定的规则有序化地组织起来，实现素材的元数据描述。关键帧手动/自动截取、元数据信息输入、标引、编目审核、编目参数（模板、分类、受控词等）自定义。

打包：时间线内容的合成，根据 EDL 表，对编辑完成的内容进行打包合成。

转码：实现素材间不同压缩格式、文件格式的转换，包括转码任务调度、转码计划和任务分配、手动/自动转码、集群转码、转码任务监控等。

迁移：实现媒体内容在网络上的调用及传输，包括迁移请求、迁移计划、任务分配、数据迁移、迁移任务管理、迁移策略、自动/手动迁移等。

质量控制：对视音频文件的技术指标进行控制，对已经完成数字化的节目数据进行严格的审看，将存在视音频质量问题的数据重新上载、重新转码或对节目数据进行修复处理。

筛选：从海量的媒体内容中选择具有保存价值的素材，对各业务板块生成的文稿、素材、半成品节目、成品节目等内容资源进行筛选处理，选择需要长期保存、具有再利用价值的内容资源归档保存。

检索：通过各种方法查询到需要的素材和节目，包括分类检索、精确 / 模糊检索、全文检索、参数检索、智能检索（语意检索、图像检索、视频检索、音频检索）以及组合检索、自定义检索等。

浏览：素材和节目的快速简单查看，包括元数据信息的浏览、视音频浏览（低码流）、图像浏览等。

版权保护：为阻止非授权用户访问和共享数字内容采取的一种措施，包括版权信息输入、版权标识技术处理等。

5. 管理要素群

管理要素群主要包括用户管理、智能监控、统计报表、流程管理、采集交换管理、播出分发管理、新闻生产管理、综合制作管理等板块要素。

用户管理：用户身份信息、权限以及认证授权的管理，包括身份管理、身份验证、用户授权、用户信息同步、用户权限管理、用户账户管理、用户操作监控和日志等。

智能监控：对电视台网的运行状况进行监测，及时发现故障并采取一定的自动保护措施，以提高电视台网的安全性。包括设备监控（计算机设备、网络设备、视音频设备等）、信号监控、软件监控、机房环境监控等。在监控的基础上，提供报警功能，并能进行一定的自动处理。

统计报表：实现各种信息的汇总分析和报表制作等功能，包括对上载、编辑、存储、转码、迁移、编目、检索、浏览、下载等任务的统计以及对版权使用、设备使用等数据的统计，并从发展的角度分析节目样式和节目形态，为决策提供依据。

流程管理：实现网络化生产业务流程的定义、执行、管理、监控、调整。包括生产业务流程监看、流程自定义、流程节点控制、自动流程的人工干预等。

采集交换管理：实现与采集交换业务相关的特定管理，对收录申请、审核、编单、计划编排、信号调度、内容分发等节点的管理。

播出分发管理：实现与播出分发业务相关的特定管理，以播出串联单为核心，对节目上载、内容调用、审看、转码、播出、分发等节点的管理。

新闻生产管理：实现与新闻生产业务相关的特定管理，对新闻生产过程中报题、文稿编辑、剪辑、配音、字幕制作、审片、串联单编辑、演播室播出等节点的管理。

综合制作管理：实现与综合制作业务相关的特定管理，对节目制作过程中文稿编辑、剪辑、配音、包装、音频合成、审片等节点的管理。

（二）典型板块组成

电视台网的典型板块主要有采集交换板块、新闻制播板块、综合制作板块、播出分发板块、数字内容管理板块。

1.采集交换板块

采集交换板块对来自光缆、卫星等多种路由、机顶盒、录像机等多种设备的视音频信号或数据进行采集。

2.新闻制播板块

新闻制播板块完成新闻资讯类节目的制作与播出任务，包括新闻收录、剪辑制作、文稿编辑、播出分发等功能，涵盖上载、剪辑、文稿、配音、审片、播出等工作流程。

3.综合制作板块

综合制作板块主要完成电视台非新闻类节目如综艺、专题、电视剧等节目的制作任务，这些节目对制作手段要求比较高，要求具备复杂剪辑、丰富特效制作的能力，并能与专业音频工作站无缝连接，满足复杂的音频合成需求。板块需具有素材上载、协同编辑、特技包装、图文字幕、音频合成、审片等功能，并考虑标清制作、高清制作、节目包装等不同业务的需求。

4.播出分发板块

通过与数字内容管理板块及综合制作板块相配合，以视频服务器及多媒体分发服务器为核心，利用数据库技术进行管理，通过计算机网络传输控制和管理信息，通过光纤或高速以太网传输节目素材，实现电视台节目的播出及分发功能。

5.数字内容管理板块

数字内容管理板块对电视台大量的视音频素材和节目资源进行编目、存储、管理和发布，实现内容资源的统一调配、集中管理、合理流通、一体化运作功能，该板块不仅服务于电视台现有的节目生产、播出业务，而且为网络电视、手机电视、移动电视、IPTV等新媒体业务的开展提供内容支撑。

四、电视台网的互联互通与安全

电视台网的互联互通有板块内部的互联互通、板块之间的互联互通、生产板块与管理系统的互联互通。由各板块要素群交互关系可得到互联互通的几个层次，从而构建出互联互通模型，如图8-25所示。

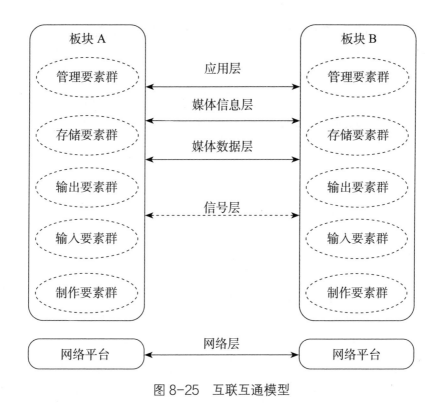

图 8-25　互联互通模型

　　电视台网的安全包括系统安全、网络安全、数据安全、运维安全。安全体系包括策略、技术、管理、运维、评估，如图 8-26 所示。

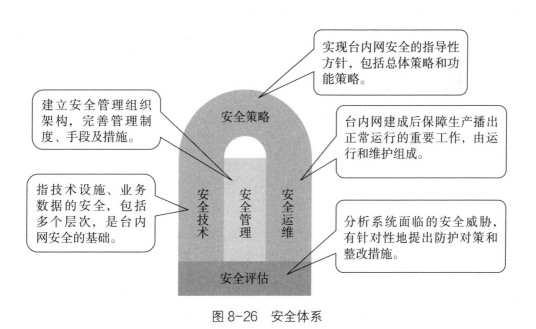

图 8-26　安全体系

电视台网的质量体系是指资源、过程、管理的控制、监测、分析、反馈，如图 8-27 所示。

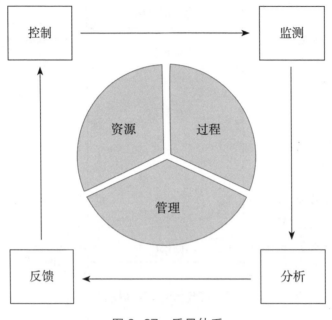

图 8-27　质量体系

资源主要包括硬件设备、应用软件等在内的技术系统设施，是节目生产质量的基础，需要通过系统设计、建设、运维来保证其技术质量；过程是将素材输入转化为节目输出的一组彼此相关的生产活动，需要通过生产过程中的检测、监控、处理和反馈对质量进行控制、调整和保证，避免由于人为因素造成的质量劣化或质量失控；管理包括组织结构和程序两部分，通过一系列的管理制度、考核标准、反馈机制等构建标准化的质量控制体系。

五、全台网的发展

全台网建设是电视节目改革发展的要求，是数字化、网络化的必然结果。

（一）网络制播技术发展

网络制播技术的发展经历了字幕机、非编工作站、网络制作岛、全台网四个阶段，引起平台的跃迁、流程的变革、管理的跟进。

受电视节目制播需求驱动，网络制播技术的发展促使电视节目制播平台发生跃迁；受电视节目制播需求驱动，网络制播技术的发展也促使电视节目制播流程发生变革；受电视节目制播需求驱动，网络制播技术的发展更促使电视节目制播管理不断跟进。

（二）网络制播 1.0

电视节目的发展给制播技术提出了更高的要求：节目生产对复杂度和制作效率的要求；互联网时代带来的用户体验要求；制播分离带来的社会化节目制作要求；4K 时代带来的高端制作要求。

非编网络（制作岛）存在以下问题：非编平台的制作手段大大丰富，但制作效率仍然不是很理想；并不是所有的节目都需要在制作岛内共享协同制作；各制作岛相对独立，岛间的横向协同效率低；发生故障时系统性能下降明显，服务的恢复时间很难保证。

为满足上述要求、解决上述问题，网络制播 1.0 即全台网应运而生，如图 8-28 所示。

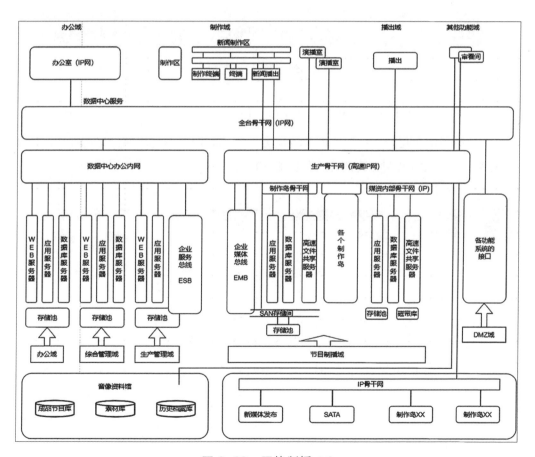

图 8-28　网络制播 1.0

（三）网络制播 2.0

随着云计算、大数据等技术的发展及其在广播电视领域的应用，网络制播 2.0 时代即将到来。在网络制播 1.0 的基础上，通过优化工作流程、变革体系结构、探索云制作，形成网络制播 2.0，如图 8-29 所示。

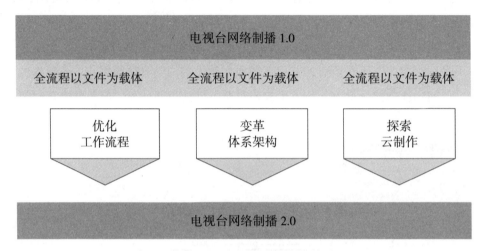

图 8-29　网络制播 2.0

优化工作流程包括上载编辑、特技生成、技术环节。

上载编辑的优化处理：编辑的业务能力 + 资源的调度不完善使网络制播 1.0 中的"挑上草"一体化流程过于理想化，如图 8-30 所示。

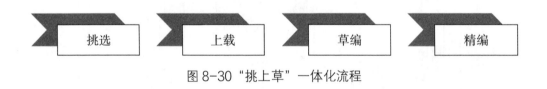

图 8-30　"挑上草"一体化流程

通过优化，实现编辑预处理便携化、存储介质移动化、存储集中化。

特技生成的优化处理：非编工具集功能的提升是提高电视节目制作效率的关键，要实现基于多路视频的智能化处理、基于图像和声音的智能化处理。特技生成要本地化，要保留基于时间线的工程文件制作并在本地完成；打包封装要后台化，对时间线的打包封装要同流程适配并由后台统一处理；要避免转码转封装，时间线要能直接输出流媒体并具备分发功能，用于内容审核。

技术环节的一体化处理包括打包、封装、校验、技审，如图 8-31 所示。

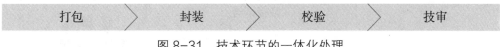

图 8-31　技术环节的一体化处理

这里有两个方案：一是各制作岛完成，建立公共存储服务，可为媒资和备播提供公共服务，岛内完成封装和打包，直接存入公共存储区，统一技审可与内审同步进行；二是 EMB 集中完成，EMB 可直接提取时间线工程文件进行打包和封装并存入公共存储区，技审可与内审同步进行，各非编工作站具备文件直送功能。

变革体系结构包括重新规划网络制播板块的概念、面向生产的制作资源平台、面向服务的应用部署平台。

重新规划网络制播板块的概念，两个版本的对比如图 8-32 所示。

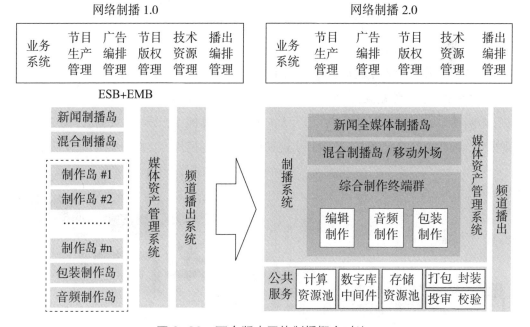

图 8-32　两个版本网络制播概念对比

面向生产的制作资源平台：一是专业制播系统全媒体化，新闻全媒体制播岛 + 全球新闻生产云平台，混合制播岛 + 移动外场转播 + 全媒体互动；二是综合制作系统去岛终端化，按照不同的制作要求形成高效率的非编工作站，如编辑制作工作站、专业音频工作站、合成 / 包装工作站等，根据制作要求形成可编组的协同共享制作群。

面向服务的应用部署平台包括资源整合、虚拟化、Iaas、Paas，如图 8-33 所示。

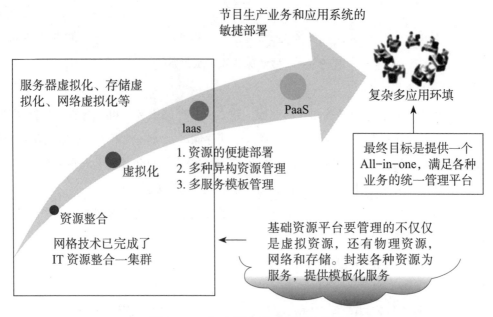

图 8-33　面向服务的应用部署平台

探索云制作包括构建全球新闻共享制播系统、面向 UGC 的自采自编快播系统、面向 CGC 的公有云制作系统。

构建全球新闻共享制播系统：已有面向全球的"新闻生产云平台"需求，在国内实现采集、编辑、交换、播出，在国外实现采集、编辑、回传、直播，如图 8-34 所示。

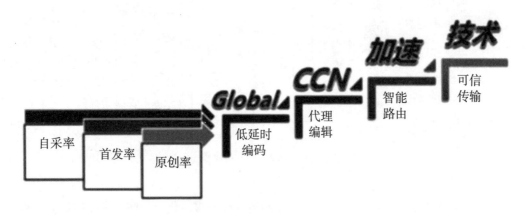

图 8-34　新闻生产云平台

面向 UGC 的自采自编快播系统：已有记者、特约报道员的（3A）报道方式需求，如图 8-35 所示。

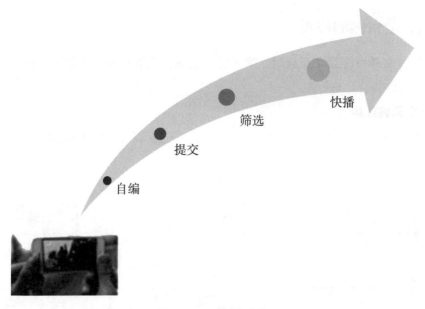

图 8-35　快播系统

面向 CGC 的公有云制作系统：已有数字电影、电视剧、宣传片、广告、创新栏目等方面的潜在需求，从拍摄、制作到分发、推介，需要各种资源，也需要敏捷的节目生产平台、分布式的处理平台、专业的制作团队，还需要精细制作、协同配合、成本控制、周到服务，如图 8-36 所示。

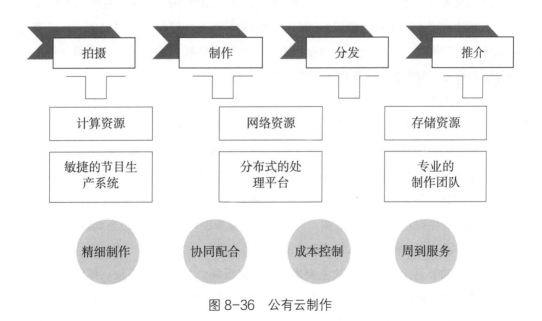

图 8-36　公有云制作

六、全台网的应用

电视台业务系统互联互通时，除了解决基础信息通讯外，还需要解决媒体数据，即视音频文件的交互与传输。

（一）网络架构

基于 SOA（面向服务的体系结构）的 ESB（企业服务总线）+EMB（企业媒体总线）的双总线互联架构如图 8-37 所示。

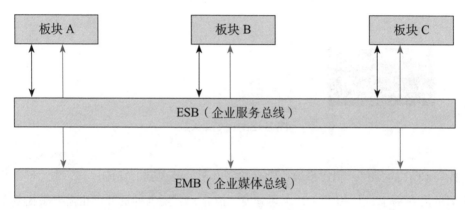

图 8-37　双总线互联架构

面向服务的体系结构是一个组件模型，它将应用程序的不同功能单元（称为服务）通过这些服务之间定义良好的接口和契约联系起来。接口是采用中立的方式进行定义的，它应该独立于实现服务的硬件平台、操作系统和编程语言。这使得构建在各种各样的系统中的服务可以使用一种统一和通用的方式进行交互。

全台网以"三大两群"为基础架构，立足标清、面向高清。

引入"三大两群"设计思想，即大新闻、大媒资、大播出、制作群、演播群，实现生产规模化、成本节约化、效益最大化。同时增强系统思考，将电视中心各环节也融入网络化制播流程。高清是电视技术发展的必然趋势，全台网设计以满足标清业务为主，按照高标清兼容进行规划，其中主干平台完全按照高清的通道能力进行设计，各业务板块在存储容量、网络带宽、文件格式、服务接口等方面要进行高清预留设计，确保能够平滑升级到高清，并满足高标清同播的要求。

全台网的节目生产业务板块主要由收录采集板块、综合制作板块、媒体资产管理板块、新闻制播板块、演播共享板块以及播出分发板块等几个典型板块构成。

收录采集板块承担了全台节目资料的集中收录采集、收录内容管理和资料调配等任务；新闻制播板块完成新闻资讯类节目的制作与播出任务，涵盖上载、剪辑、文稿、配音、审片、播出等工作流程；综合制作板块完成电视台非新闻类节目如综艺、专题、电视剧等节目的制作任务，系统需具有素材上载、协同编辑、特技包装、图文字幕、音频合成、审片等功能；数字内容管理板块对电视台大量的视音频素材和节目资源进行编目、存储、管理和发布；播出分发板块依托总控系统作为信号交换枢纽，依托硬盘播出系统作为节目发布核心，依托内容管理系统作为文件交换接口，实现电视台节目的播出及多媒体方式分发功能。

　　一个实用的全台网包括收录网、媒体资产网、办公网、新闻网、制作网、播出网，各个网络由主干核心交换机连接在一起，如图 8-38 所示。

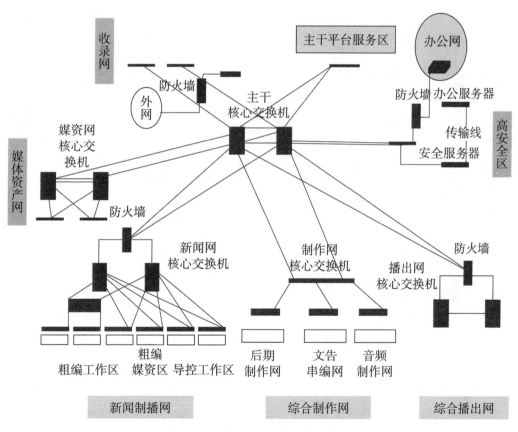

图 8-38　全台网互联网络拓扑图

（二）主干平台

　　主干平台由新闻网络板块、媒资系统、B/S 应用（连接新闻网络板块和媒资系统）、ESB、EMB（连接新闻系统存储和媒资系统存储）组成。

典型的业务流程如图 8-39 所示。

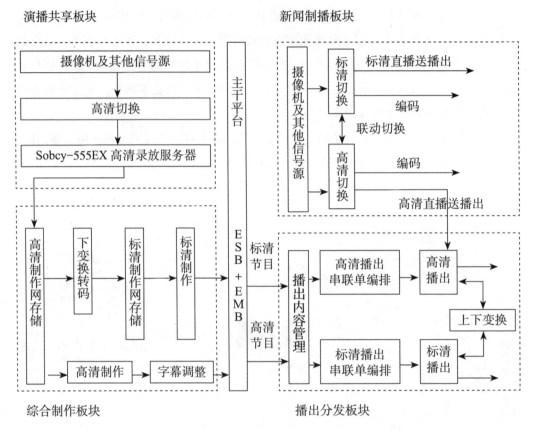

图 8-39　典型业务流程示意图

（三）收录采集板块

收录采集板块包括卫星/总控/演播信号模块、IP 传送模块、内容管理与分发模块。

卫星/总控/演播信号模块流程：接收收录申请、审核通过（未通过转接收收录申请）、计划编排、收录资源调度、矩阵切换、自动收录、收录监控、自动编目、实时场记、内容管理与分发模块。

IP 传送模块流程：接收收录申请、审核通过（未通过转接收收录申请）、权限验证、内容接收、内容管理与分发模块。

内容管理与分发模块流程：格式封装、内容存储、查询检索（可省略）、转码/迁移/分发、各业务板块。

（四）媒体资产管理板块

媒体资产管理板块流程如图 8-40 所示。

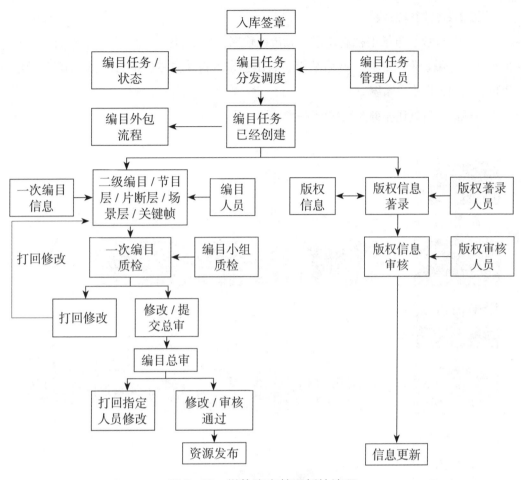

图 8-40　媒体资产管理板块流程

媒体资产管理板块的存储体系包括在线、近线、离线，如图 8-41 所示。

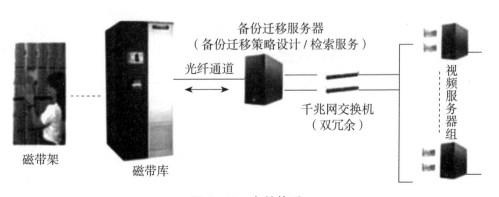

图 8-41　存储体系

（五）综合制作板块

综合制作板块包括卫视制作网、城市制作网、特技制作、字幕编辑、高标清同播制作网、非编、网络送播、网络技审、人工技审、自动技审、带头制作、节目代码、音频子系统、广告子系统。

高标清节目制作业务流程如图 8-42 所示。

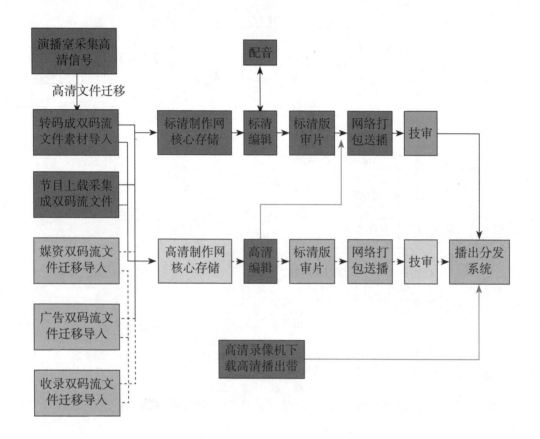

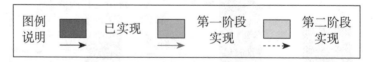

图 8-42　高标清节目制作业务流程

带头制作的顺序如图 8-43 所示。

录制顺序
黑场 10 秒——播出名称、日期字幕 5 秒
——黑场 3 秒——正片——
片尾静帧画面 ≥ 10 秒——黑场 30 秒

图 8-43 带头制作顺序

节目代码的种类有新闻、专题、宣传片、信息片、电视剧、电影、临时等。按种类特性命名节目名称分为：新闻类节目，如 2016 年 1 月 1 日播出的晚间新闻申请之后在系统中表示为"160101 晚间新闻"；专题类节目，如 2016 年 1 月 1 日播出的食尚厨房申请之后在系统中表示为"160101 食尚厨房"；宣传类节目，如"非常不一班节目预告 30（1 月 3-8 日）"，节目名称中包含节目内容、时长、起止日期等信息，一些特别重要的宣传片在命名时可添加特殊符号。

音频子系统如图 8-44 所示。

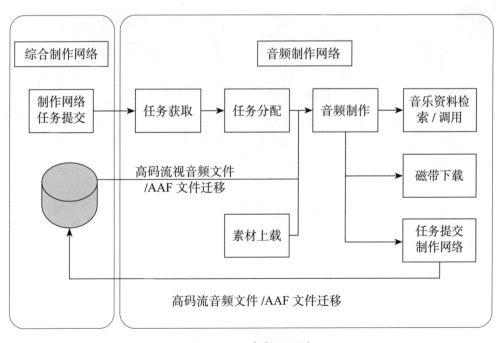

图 8-44　音频子系统

广告子系统如图 8-45 所示。

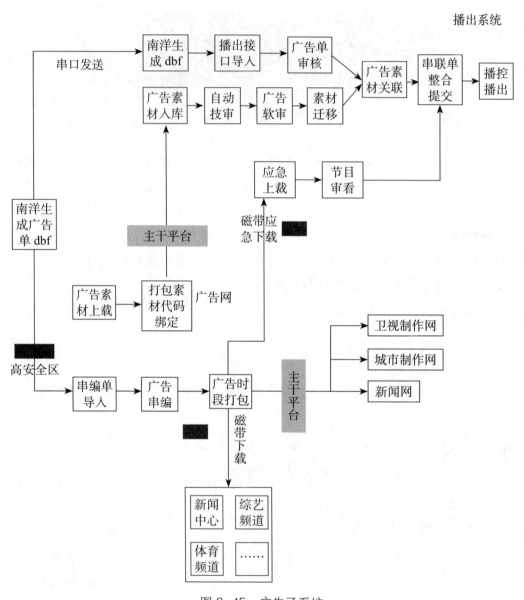

图 8-45　广告子系统

（六）新闻制作板块

新闻制作板块包括开放演播室、节目录制、高清编辑、粗编、文稿编辑、控制机房等，制作流程如图 8-46 所示。

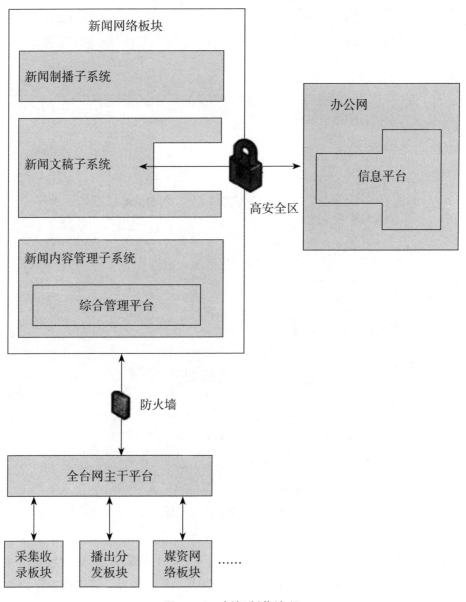

图 8-46　新闻制作流程

（七）播出分发板块

播出分发板块包括播控机房、总控机房、节目送播等，播出分发流程如图 8-47
所示。

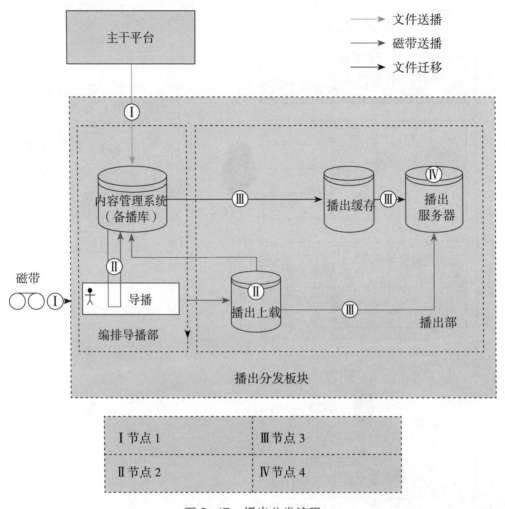

图 8-47　播出分发流程

图 8-47 中，主干平台与内容管理系统之间采用文件送播方式，磁带与导播、播出上载之间采用磁带送播方式，内容管理系统与导播、播出缓存、播出服务器、播出上载、播出服务器之间采用文件迁移方式。

（八）全媒体集成内容服务与播控平台

全媒体集成内容服务与播控平台面向全媒体内容服务，有效整合视音频资源，设计面向全媒体的内容采集、内容管理和内容发布流程，实现面向安全和质量控制的集成播控，能够适应三网融合对内容分发的需要，如图 8-48 所示。

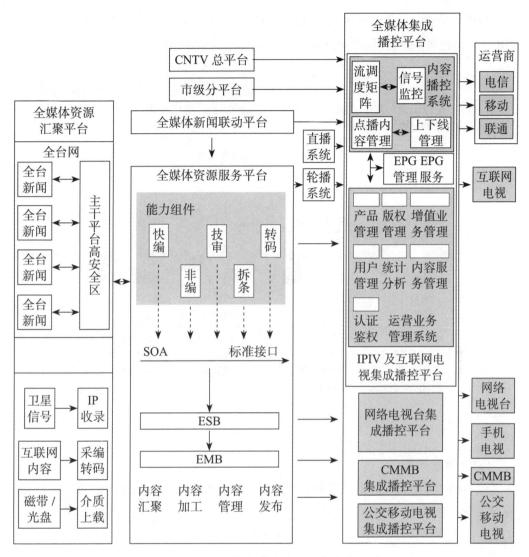

图 8-48　全媒体集成内容服务与播控平台

全媒体集成内容服务与播控平台包括头端系统、快编、云转码、EPG、透明滑动效果 EPG、自动拆条、集成播控内容发布、海报关联。

头端系统包括 HDTV 节目编辑播出系统、HDTV 编码器、SDTV 节目编辑播出系统、SDTV 编码器、上 / 下变换器、转播节目编辑插入系统、节目存储器、节目信息编辑插入系统、路由器、IP 服务器、数据服务器、多节目复用器、信道调制及上变换器、混合器、光发射机、HUB、CMTS、回传光接收机、多路解码器、电视墙、防火墙、各种工作站、电话回传服务器。

自动拆条系统包括编目集群、编目审核工作站、转码集群、发布审核工作站。电视节目拆条是指将已播出的电视节目拆分成一条条独立的片段，以供存档或二次编辑使用。自动拆条系统各模块的核心技术和功能如图 8-49 所示。

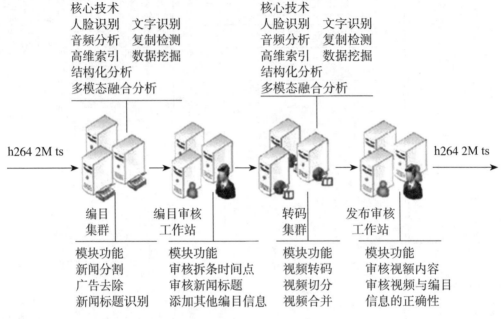

图 8-49　自动拆条系统

（九）安全控制

全台网的业务安全体系可划分为板块内安全、板块间交互安全、制播网与办公网交互安全三个层次，如图 8-50 所示。

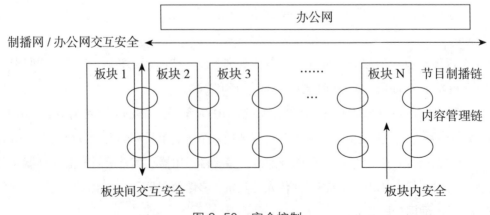

图 8-50　安全控制

294

高安全区以流媒体服务器为核心，在办公网和制播网之间形成一个隔离区域，办公网和制播网的数据通过流媒体服务器和反向代理服务器进行交换，如图 8-51 所示。

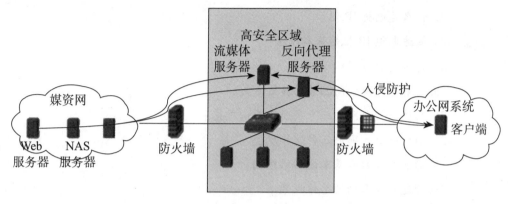

图 8-51 高安全区

►►► 思考与练习

1. 什么是计算机网络?

2. 简述计算机网络的主要功能。

3. 简述计算机网络的分类。

4. 简述局域网的组网技术。

5. 什么是网络拓扑?

6. 计算机网络拓扑结构有哪些?

7. 简述 TCP/IP 的层次模型。

8. 网络制播系统由哪几部分组成?

9. 简述网络制播系统的分类。

10. 简述网络制播系统的网络架构。

11. 简述网络制播系统的存储技术。

12. 什么是数据库? 什么是数据库服务器?

13. 什么是 MDC 服务器?

14. 什么是服务器群集技术?

15. 简述服务器群集技术的作用。

16. 简述服务器群集技术包括哪些技术。

17. 什么是服务器镜像技术?

18. 简述"非编"系统选择压缩方式应考虑的问题。

19. 简述 AVS 标准的核心技术。

20. 什么是可用性？写出可用性表达式。

21. 简述可用性表达式的含义。

22. 什么是电视 IP 化？

23. 简述电视 IP 化的基本原理。

24. 什么是全台网？

25. 理解与电视台网相关的其他定义。

26. 简述电视台网的三个层面及其构成关系。

27. 简述电视台网的三种网络规模。

28. 简述电视台网基本的网络结构。

29. 简述电视台网的总体框架。

30. 简述电视台网的构建模式。

31. 简述电视台网的典型板块要素。

32. 简述电视台网的典型板块组成。

33. 理解电视台网的互联互通模型。

34. 理解网络制播 1.0 与 2.0 的特点及其区别。

35. 理解全台网的发展及应用。

第 9 章　全媒体技术

随着全球网络信息技术的快速发展，人类社会已经进入全媒体时代，信息的传输媒介逐渐向媒体融合、网络融合等方向发展。近年来，我国各大主流媒体均积极转变，实施重大变革，努力突破传统媒体的束缚，先后成立了网络电视传播平台，这预示着传统媒体（如广播、电视）已发生革命性转变。在全媒体时代的挑战下，我国传统广播电视传媒面临着前所未有的挑战，为了能够符合时代发展的需求，改革不仅只采取零碎化的改变、调整，而是要以全媒体技术为基础对传统广播电视进行重新定位，不断强化传统广播电视媒体的传播形式、品牌塑造、内容互动等，从而构建一个新型的全媒体广播电视媒体时代。

第 1 节　全媒体

随着现代传播媒介技术的不断进步，媒体形式呈现出新的发展变化和趋势，即全面融合媒体的传播内容、传播媒介、传播功能等。当人们在使用媒体概念时，普遍采用"全媒体"作为一个概括词，从而将其广泛推广应用。目前，学术界对全媒体的基本概念并未正式提出一个统一的标准，其主要源于传媒行业应用层面。

一、定义

媒体（Media）一词来源于拉丁语"Medius"，音译为"媒介"，意为"两者之间"。媒体是指传播信息的媒介。它是指人借助用来传递信息与获取信息的工具、渠道、载体、中介物或技术手段。也可以把媒体看作为实现信息从信息源传递到受信者的一切技术手段。媒体有两层含义：一是指承载信息的物体，二是指储存、呈现、处理、传递信息的实体。

传统的四大媒体分别为：电视、广播、报纸、期刊（杂志）。

新媒体是新的技术支撑体系下出现的媒体形态，如数字杂志、数字报纸、数字广播、手机短信、移动电视、桌面视窗、数字电视、数字电影、触摸媒体、互联网、移动互联网等。相对于报、刊、广播、电视四大传统意义上的媒体，新媒体被形象地称为"第五媒体"。

多媒体（Multimedia）是多种媒体的综合，一般包括文本、声音和图像等多种媒体形式。

在计算机系统中，多媒体指组合两种或两种以上媒体的一种人机交互式信息交流和传播媒体。使用的媒体包括文字、图片、照片、声音、动画和影片，并提供互动功能。

多媒体是超媒体（Hypermedia）系统中的一个子集，而超媒体系统是使用超链接（Hyperlink）构成的全球信息系统，全球信息系统是因特网上使用 TCP/IP 协议和 UDP/IP 协议的应用系统。二维的多媒体网页使用 HTML、XML 等语言编写，三维的多媒体网页使用 VRML 等语言编写。许多多媒体作品使用光盘发行，现在更多使用网络发行。

所谓"全媒体"，其实目前还没有一个被社会公认的、准确的定义。这一概念是随着信息技术和通信技术的发展、应用和普及从以前的"跨媒体"逐步衍生而成的。从字面含义来讲，"全媒体"就是全部的媒体，其所指并不是一个个体概念，而是一个集合概念。"媒体"也有两重释义：一是指传播手段、传播介质等载体工具；二是指传播内容所倚重的各类技术支持平台。因此，可以把"全媒体"理解为：一种综合运用各种表现形式，如文、图、声、光、电来全方位、立体地展示传播内容，同时通过文字、声像、网络、通信等传播手段来传输的新的传播形态。

全媒体从狭义上定义，是指所有媒介载体形式的总和，而更为广泛的认识是随着时代的发展，越来越多的信息传播手段带来了获取新闻、资讯的新体验，这类新体验都可以纳入全媒体的范畴。全媒体的流程再造正是基于媒体工作者对传统媒介形式没落的主动应对，实现在全媒体的环境下，开展不同媒介间的交融、媒体发布通道的多样性，使受众获得更及时的信息、更多角度和更多视觉满足的阅读体验。

"全媒体"传播媒介信息，采用文字（Text）、声音（Audio）、影像（Video）、图像（Image）、动画（Animation）、网页（Internet）等多种媒体表现手段（多媒体），利用广播、电视、音像、电影、出版、报纸、杂志、网站等不同媒介形态（业务融合），通过融合的广电网络、电信网络以及互联网络进行传播（三网融合），最终实现用户以电视、电脑、手机等多种终端均可完成信息的融合接收（三屏合一），实现任何人、任何时间、任何地点、以任何终端均能够准确、及时获得任何想要的信息（5W）。

在广播电视系统有一个共识：全媒体是在信息、通信、网络技术快速发展的条件下，各种新旧媒体形态，包括报纸、广播、电视、网络媒体、手机媒体等，借助文字、图像、动画、音频和视频等各种表现手段进行深度融合，产生的一种新的、开放的、不断兼容并蓄的媒介传播形态和运营模式。

二、特征

全媒体的主要特征是媒体信息的交互性、实时性、协同性、集成性。

（一）媒体信息的交互性

在全媒体下可实现多种媒体形式共存，通过各种媒体信息传播媒介使得信息参与的各方（传播者或者接受者）均可以实现传递、控制、编辑。交互性作为全媒体的典型特色，也就是可实现与使用者进行交互性沟通（Interactive Communication）的特点，这也是与传统广播、电视媒体之间最大的差别。全媒体的交互性，不仅能够让使用者可按照自己的意愿解决问题，同时还可借助这种沟通方式来加强工作、学习的效率，并且可作为系统数据统计、查询的主要方式。

（二）媒体信息的实时性

全媒体下的媒体信息实时性主要是指在人的感官系统允许条件下实现媒体信息交互，也就是像面对面（Face To Face）一样，音频、影像均实现连续性传播。全媒体实施分布系统融合了通信网络的分布性、计算机技术的交互性、广播电视媒体的真实性，当用户给出操作指令之后，可实现实时获取与之相对应的全媒体信息。

（三）媒体信息的协同性

由于各种媒体的传播、发展都具有各自的规律性，若要实现多种媒体之间保持协调一致则需保证各个媒体实现有机配合。全媒体技术融合了多种媒体传播技术，可在空间、时间等方面实现多种媒体逐渐协调，由此保证了所有的媒体信息传播可实现协同性。"全媒体"并不排斥传统媒体的单一表现形式，而是在整合运用各媒体表现形式的同时仍然很看重传统媒体的单一表现形式，并视单一形式为"全媒体"中"全"的重要组成单元。

（四）媒体信息的集成性

全媒体实现了多种媒体的有机集成。在全媒体中，完全覆盖了图像、图形、文本、文字、语音、视频等多种媒体信息，它类似于人体感官系统，可从人体的各类表情、手势等信息渠道获取信息资源并送入大脑内，然后经过大脑对收集信息进行综合分析、判断，以此来获得正确、全面的信息资源。"全媒体"体现的不是"跨媒体"时代媒体间的简单连接，而是全方位融合——网络媒体与传统媒体乃至通信的全面互动、网络媒体之间的全面互补、网络媒体自身的全面互融。总之，"全媒体"的覆盖面最全、技术手段最全、媒介载体最全、受众传播面最全。"全媒体"在传媒市场领域里的整体表现为大而全，而针对受众个体则表现为超细分服务。举例来说，对同一条信息，通过"全媒体"平台可以有各种纷繁的表现形式，但同时也根据不同个体受众的个性化需求以及信息表现的侧重点来对采用的媒体形式进行取舍和调整。如：在对某一楼盘信息展示时，用图文来展示户型图和楼盘中描述性的客观信息；利用音频和视频来展示更为直观的动态信息；对于使用宽带网络或4G（5G）手机的受众则可在线观看样板间的三维展示及参与互动性的在线虚拟装修小游戏，等等。"全媒体"不是大而全，而应根据需求和其经济性来结合运用各种表现形式和传播渠道。"全媒体"超越"跨媒体"，也就在于其用更经济的眼光来看待媒体间的综合运用，以求投入最小、传播最优、效果最大。

三、分类

按传播载体工具分，可分为：报纸、杂志、广播、电视、音像、电影、出版、网络、电信、卫星通信，等等。

按传播内容所倚重的各类技术支持平台分，可分为：传统的纸质和声像、基于互联网络和电讯的 WAP、GSM、CDMA、GPRS、4G、5G 及流媒体技术，等等。

第 2 节　全媒体技术

全媒体涉及多种媒体形态和传播载体，这些媒体形态和传播载体的技术支撑体系各不相同。无论是传统媒体还是新媒体，甚至是全媒体，在技术应用方面都呈现出这样的趋势：一是信息领域的新兴技术越来越多地应用于传统领域，使传统媒体发生变革；二是在新兴技术影响下产生新的媒体形态及传播载体，这些新的媒体形态及传播载体呈现出高效快速的特点，并在实际传播中越来越成为主流。

全媒体技术是指用于全媒体内容采集、存储、制作、播出、分发、传输、接收等各环节、各种技术的统称，涉及计算机应用技术、通信技术、信息与网络技术等，其技术体系错综复杂，因其应用于媒体，故其与媒体的传播属性、业务流程息息相关。

一、云计算技术

云计算（Cloud Computing）是一种商业的计算模型，它将计算的任务分布在大量计算机构成的资源池（又称为"云"）中，使用户能够按照需求获取信息服务、存储空间和计算力。"云"是一种可以自我维护和管理的虚拟计算资源，通常是一些大型服务器集群，包括计算服务器群、存储服务器群和宽带资源等。云计算将计算资源集中起来，并通过软件实现自动化管理，无须任何人的参与。云的特征是：云一般都比较大，云的规模可以动态伸缩、边界非常模糊，云在空中飘忽不定、无法也无须确定它的具体位置，但它确实存在。云计算意味着计算能力也可以作为一种商品进行流通，像水、电和燃气一样，取用方便，费用低廉，最大的区别在于这种商品是通过互联网进行传输的。

云计算是并行计算（Parallel Computing）、分布式计算（Distributed Computing）和网格计算（Grid Computing）的综合，是这些科学概念的商业化实现。云计算是把效用计算（Utility Computing）、将软件作为服务 SaaS（Software as a Service）、将基础设施作为服务 IaaS（Infrastructure as a Service）、将平台作为服务 PaaS（Platform as a Service）、虚拟化（Virtualization）等概念混合演进并跃升的综合结果。

电子邮件就是云计算的一个简单的例子，人们每天登录电子邮箱收发电子邮件，其实就是使用云计算。从广义上讲，电子邮件就是存储在外部数据中心而不是存储在个人电脑中。

（一）云计算的特点

1.超大规模。各种大型网站的"云"已经拥有十几至几十万，甚至上百万台服务器。"云"能赋予前所未有的超级计算能力。

2.虚拟化。云计算支持用户在任意位置、使用各种终端获取服务，所请求的资源来自"云"，而不是本地的存储实体。应用程序在"云"中某一点运行，而用户无法也无须了解程序运行的具体位置，只需要一台电脑就可以通过网络获取各种服务。

3.高可靠性。云计算技术通过数据的多副本容错、计算节点同一架构可相互转换等各种措施来保护云的可靠性，使用云计算比使用本地计算更放心。

4.通用性。"云"不针对任何特定的应用，用户可以构造任何不同的应用，同一片"云"可以同时支持不同的应用。

5.高可伸缩性。"云"的规模可以动态伸缩，满足应用程序和用户规模增长的需要。

6.按需服务。"云"是一个庞大的资源池，用户按需购买、按需计费。

7.极其廉价。"云"的特殊容错措施使其可以采用极其廉价的节点来构成，"云"的自动化管理使数据中心的管理成本大大降低，"云"设施建在电力资源丰富的地区以降低能源成本。

随着云时代的到来，人们越来越认识到云计算的优越性，各行各业逐渐出现基于云计算的技术革新，媒体行业也不例外。

第一，基于云计算的分布式数据并行处理机制。

媒体机构内部可以基于这种机制避免大量的音视频文件的迁移制作，降低内部制作网络的压力，缩短制作时间，提高节目生产效率。

第二，虚拟机技术。

媒体机构采用虚拟机技术提高了设备处理能力的利用率，逐步摆脱一台服务器只支持单一应用的模式，避免了资源浪费，提高了制作和发布环节的整体处理能力。

第三，在云计算背景下媒体行业的转变。

云计算正在掀起一场媒介融合的革命，传播渠道空前丰富，各种媒介之间的界限逐渐模糊，传播者与受传者的身份不再固定不变。

在媒体产业走向内容海量化、高清互动化、体验个性化、终端多样化的过程中，要充分利用云计算带来的技术革命，不断降低媒体网络的建设和管理成本，不断增强用户体验，最终达到最好的传播效果。

（二）"云计算"在全媒体发展中的应用

1. 媒体云

媒体云基于云计算架构，通常应用于网络电视台采用语音识别等技术对海量电视节目素材进行基于内容的片段化处理。通过精确标签建立各种索引，把电视中播放的新闻节目素材转换成可专题化、可检索和易于管理的新媒体素材内容，并在网络电视中播放。用户可通过互联网平台、广播平台和移动平台的任何终端，基于 Web 浏览器技术，搜索、点播网络电视台精确专题化的电视内容。

面向网络电视台的新媒体云如图 9-1 所示。

图 9-1　面向网络电视台的新媒体云

在媒体云中，语音识别技术不可或缺，主要包括特征提取技术、模式匹配准则和模型训练技术。一个典型的语音识别系统的实现过程如图 9-2 所示。

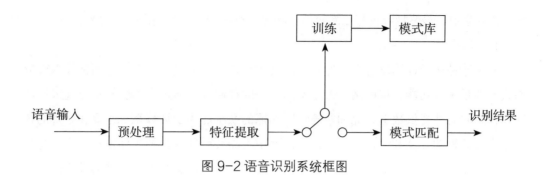

图 9-2 语音识别系统框图

图 9-2 中，预处理包括语音信号采样、反混叠带通滤波、去除个体发音差异和设备、环境噪声的影响，并涉及语音识别基元的选取和端点监测问题；特征提取用于提取语音中反映本质特征的声学参数，如平均能量、平均跨零率、共振峰；模式训练是指按照一定准则，从大量已知模式中获取表征该模式本质特征的模型参数。训练在识别前进行，通过让讲话者说出一些句子，有时需要多次重复某些语音，从原始样本中去除冗余信息，保留关键数据，再按照一定规则对数据加以类聚，形成语音模式库；模式匹配是核心，是根据一定准则（如某种距离测度）和专家知识（如构词规则、语法规则、语义规则等），计算输入特征与库存模式之间的相似度（如距离匹配、似然概率等），判断出输入语音的语义信息。

2. 新媒体云平台

新媒体中有很多视频素材内容都来自电视节目，新媒体云平台采用先进的音频识别技术对电视节目进行主题识别、语义标注和智能检索。

新媒体云平台采用云计算技术，由授权用户通过网关接入云门户，其中网关起到在不同体系结构或协议的网络之间进行互通的作用。云还包括负载均衡服务器和用户管理服务器，其中负载均衡服务器是把大量的并发访问或数据流量分担给多台服务器分别处理或把单个重负载的运算分担给多台服务器并行处理，整个系统的处理能力能大幅提高；用户管理服务器具有用户管理、计费和安全认证等功能。云还有采用虚拟化技术、分布式和并行计算来处理视音频素材内容的大量存储服务器和计算服务器。云的每个计算节点，根据负载均衡服务器分配的任务进行音视频处理计算。

对海量的电视内容，传统的方式是采用人工进行剪辑，实现视频主题划分、剪切等操作，人力成本较高，处理效率较低。

有了基于语音识别技术新媒体云平台，网络电视台不再需要单独配备大量人员就能实现对海量音视频内容进行批量的全流程自动化处理，实现精确的主题划分、打标签、建立索引，最终把处理好的新媒体内容提供给各种用户终端进行搜索及点播。

3. 云储存

云存储是在云计算概念上延伸和发展来的，是一个通过集群应用、网格技术或分布式文件系统等功能，将网络中大量不同类型的存储设备通过应用软件集合起来协同工作，共同对外提供数据存储和业务访问功能的系统。当云计算系统运算和处理的核心是大量数据的存储和管理时，云计算系统中就需要配置大量的存储设备，则云计算系统就转变成一个云存储系统，因此，云存储是一个以数据存储和管理为核心的云计算系统。

二、移动应用技术

移动即移动技术和移动终端，应用即围绕移动技术和移动终端而产生的各种程序，用户使用移动技术和移动终端可以不受时间、地点的限制进行娱乐、购物、交易、支付、学习等各种活动。

随着广播电视网络、计算机网络和通信网络的融合，三网功能逐步趋同，用户利用融合网络可以自由、便捷地访问各种应用。网络不再是一个简单的连接工具而是一个分享和交互的平台，网络融合推动了移动设备（智能手机、平板电脑等）的发展，移动应用正在成为一种重要的媒体传播方式，成为继电视、广播、报刊、互联网之后的全新媒介形式，成为全媒体的一个重要组成部分。

（一）移动视听

移动视听应用可分为移动视频应用和移动音乐应用两大类。

移动视频应用是指通过移动网络和移动终端为用户提供视频内容的新型应用，其主要特征在于传送的内容比文本、语音更加高级。

移动音乐应用是指用户可以通过网络及移动终端得到的数字音乐服务，主要应用于手机铃音、手机彩铃、手机音乐点播、音乐下载和在线收听等服务。

中国移动多媒体广播（CMMB，俗称手机电视）通过卫星和无线数字广播电视网络，向七寸以下的小屏幕手持终端，如手机、PDA、MP4、MID、数码相机、笔记本电脑及车船上的小型接收终端等，随时随地提供广播电视服务，是一个集视频、音频、图像、文字"四位一体"的"全媒体"系统，是一种典型的移动视听应用。

（二）移动教学

移动教学是指随着移动互联网技术及移动终端的发展，学习者可以在需要学习的任何时间、地点通过无线网络及移动终端获取教学信息、资源和服务的一种新型学习形式。

移动教学具有移动性、便捷性、教学个性化、交互丰富性、情景相关性等特点。

（三）移动支付

移动支付是指为了某种货物或服务，交易双方使用移动终端设备为载体，通过网络实现的商业交易。移动支付使用的终端可以是手机、PAD、PDA、移动 PC 等。

移动支付的应用模式可分为移动刷卡支付模式、基于 WiFi 的移动支付、基于图像识别技术的移动支付、基于超声波技术的移动支付、基于 NFC（近场通信）的移动支付、基于条形码和二维码的移动支付。

（四）移动定位

移动定位服务又称移动位置服务（LBS，Location Based Service），是指移动网络通过特定的定位技术来获取移动终端用户的位置信息（经纬度坐标），在电子地图平台的支持下，为终端用户提供某些服务的一种增值业务。移动定位不但能帮助个人用户查询自己和他人的位置信息，而且还能提供基于位置的附加信息，如所查位置周围的商店、餐馆、银行、书店、医院、宾馆等。

移动定位的技术实现方法主要有：网络独立定位法，包括 CELL-ID、TOA/TDOA 等技术；手机独立定位法，包括 GPS、EOTD 等技术；联合定位法，即手机定位与网络定位结合，典型的技术是 A-GPS。

（五）街景服务

街景服务是指拍摄街道两旁 360 度的照片，然后将这些照片经技术合成上传到网站，供访问者浏览的服务。街景地图是利用网络技术在互联网上还原的真实的场景，并具有较强的互动性，用户使用鼠标就能控制环视的方向，上下左右、远近大小、360 度的街道全景图像让用户获得了身临其境的地图浏览体验。街景开创了一种全新的地图阅读方式，也开启了一个实景地图体验的模式。

三、互联网电视

互联网电视（Internet Television）是以互联网为传输媒介，以交互式音视频为主体，集互联网、多媒体通信等技术为一体的服务集合体，是网络媒介与电视媒介相互融合的产物。互联网电视可以利用电视机顶盒、电脑、手机三种终端设备接入宽带网络，实现数字电视、时移电视、互动电视等服务，向用户提供以音视频节目为主，同时包括资讯、图片、游戏等多种数字内容的业务形式。

互联网电视不同于 IPTV、DTV。IPTV，全名是网络协议电视（Internet Protocol Television），是指交互式网络电视，是一种利用宽带网络，基于电脑／网络机顶盒＋电视机的方式，集互联网、多媒体、通信等技术于一体，向家庭用户提供包括数字电视在内的多种交互业务新技术；DTV，即数字电视（Digital Television），是采用数字信号传输图像和伴音的电视系统，是指从电视节目的采集、制作、编辑、播出、传输、接收的所有环节都使用数字编码和数字传输技术的新一代电视。

三者的区别与联系如图 9-3 所示。

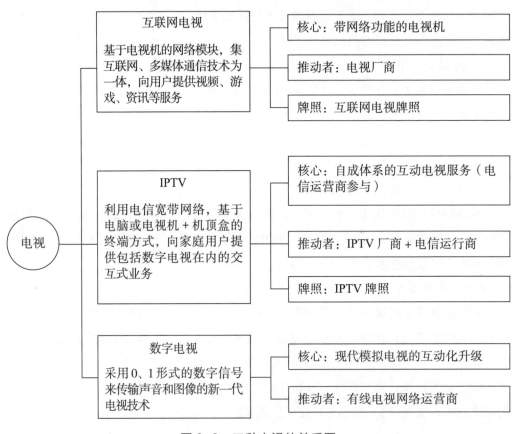

图 9-3　三种电视的关系图

互联网电视以 OTT 模式运行，又称 OTT TV（Over The Top TV），是指基于开放互联网的视频服务，接收终端可以是电视机、电脑、机顶盒、PAD、智能手机等。

互联网电视主要运行的工作模式一般分为 C/S 和 B/S 两种。C/S 模式即客户机／服务器模式，用户通过运行预先安装的客户端软件，接入专门的网站播放平台；B/S 模式即浏览器／服务器模式，用户通过浏览器接入互联网。两种工作模式如图 9-4 所示。

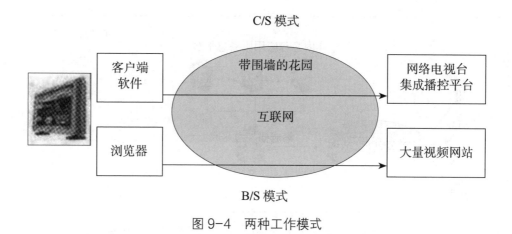

图 9-4 两种工作模式

中国国际广播电视网络台（China International Broadcasting Network，CIBN）建设的互联网电视技术平台包括终端软件、传输分发网络、内容播控平台、运营支撑系统，如图 9-5 所示。

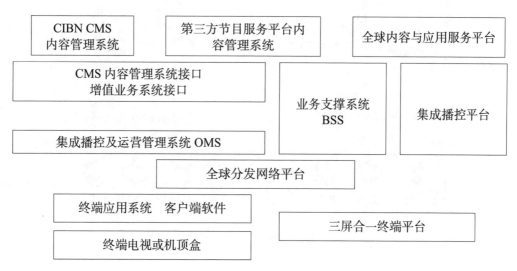

图 9-5 CIBN 互联网电视总体技术架构

CIBN 互联网电视总体组织架构为两级架构，支持多级架构。两级架构中第一级为北京总平台，第二级为各大洲分平台，如图 9-6 所示。

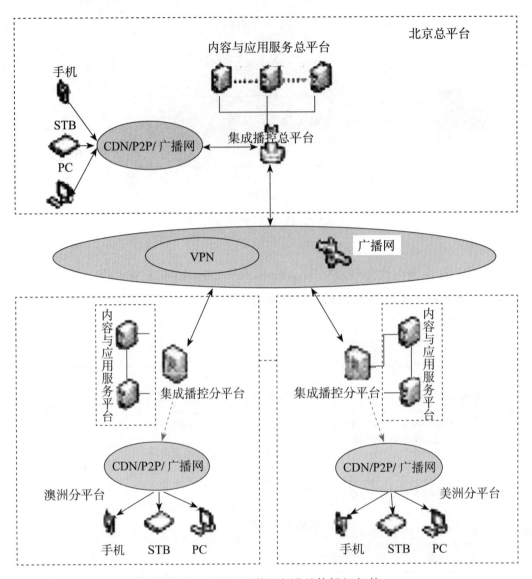

图 9-6　CIBN 互联网电视总体组织架构

　　CIBN 互联网电视技术平台的各个同构或异构系统必须互联互通，首先要求各个系统必须开放，其次要求系统间的调用或被调用必须通过业界公认的公开标准接口规范进行，面向服务架构（SOA，Service-Oriented Architecture）就是一种开放式架构。

四、3D 影像技术

　　3D 影像技术的原理很简单，通过两台摄像机模拟人的眼睛，可分别拍摄左眼和右眼的画面。常见的两台摄像机的排列方式有两种：一种是水平并排，另一种是垂直叠

排。两台摄像机的距离一般跟人的两只眼睛的距离差不多（5—7cm），拍摄时要保证
两台摄像机的光圈、焦距和亮度一致，否则拍出来的两个画面的明暗和反差都不一样，
会使人看起来不舒服。拍摄运动物体时要保证在拍摄时间内两台摄像机都能看到物体，
否则会漏拍，影响画面叠加。

人眼的视差有三种：零视差、正视差、负视差。零视差使人的左眼和右眼看到相
同距离的画面呈现在屏幕上；正视差使画面呈现在屏幕后方；负视差使画面呈现在屏
幕前方。三种视差效果如图 9-7 所示。

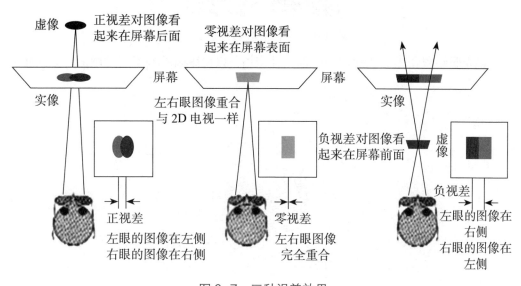

图 9-7　三种视差效果

观看 3D 画面有两种方式：一种是戴眼镜的；另一种是不戴眼镜的，又称裸眼 3D。

（一）3D 眼镜

3D 眼镜有四种：有色眼镜、快门式眼镜、偏光眼镜、头戴式眼镜。

有色眼镜利用色光的互补原理，先将两只眼睛对应的图像在颜色上做一些技术处
理，再将两幅图像叠加在一起，通过有色眼镜观察就是立体图像。常见的有色眼镜分
为红绿和红蓝两种，也可以有其他颜色搭配，如红与青绿、绿与洋红等。

快门式眼镜的两只镜片能够快速开启、闭合，在显示屏上会以两倍的频率交互显
示左右眼不同的视频图像，而镜片也会按照这一频率开启、闭合。在屏幕上显示左眼
图像时，右眼镜片闭合，左眼镜片开启，左眼能看到图像；在屏幕上显示右眼图像时，
左眼镜片闭合，右眼镜片开启，右眼能看到图像。如此反复，人眼就能看到立体图像
了，如图 9-8 所示。

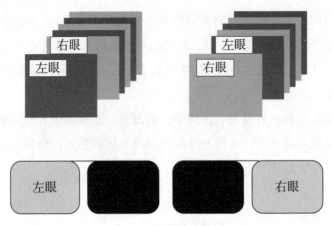

图 9-8　快门式眼镜观看效果

　　偏光眼镜根据光的波动性进行选择性遮挡，以使眼睛看到不同的画面，如图 9-9 所示。

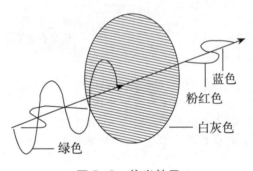

图 9-9　偏光效果

　　图 9-9 中，白灰色圆圈类似于偏光眼镜，蓝色箭头表示光的方向，粉红色曲线表示光在水平方向振动，绿色曲线表示光在垂直方向振动。偏光眼镜观看效果如图 9-10 所示。

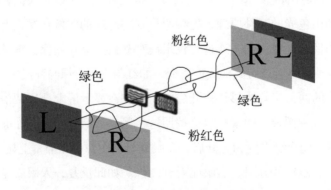

图 9-10　偏光眼镜观看效果

　　头戴式眼镜是在两只眼睛的正前方分别放置一块显示屏，如图 9-11 所示，使人的两只眼睛能看到两个不同的画面，形成立体感，这种立体效果最好。

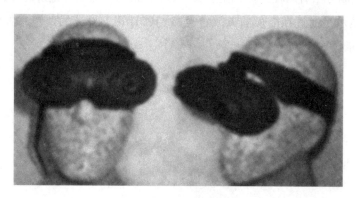

图 9-11　头戴式眼镜

（二）裸眼 3D

　　裸眼 3D 技术分为两大类：一类是用一般的平面显示器；另一类是用特殊的装置。

　　平面式裸眼立体显示系统通过精密的计算、控制，使不同画面的光线只射向对应的眼睛，称为"空间多工"法，即在同一个画面以像素交错的方式同时显示左右眼的图像，然后再用特殊的光线控制技术使两眼看到不同的画面。

　　一种交错式排列方法如图 9-12 所示。

图 9-12　交错式排列方法

　　图 9-12 中，上方的 L、R 代表一般屏幕显示两眼的原始图像，中间的图像被分割

成若干列，用奇数列表示左眼图像，用偶数列表示右眼图像，下方的图像是同时显示的左右眼图像。

光线的控制方法有两种：一种是透镜（Lenticular），另一种是屏障（Barrier）。

透镜式显示是通过在面板前方放置经过精密计算、设计的透镜来控制光线方向，如图9-13所示。

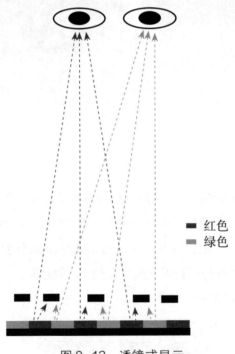

图9-13 透镜式显示

图9-13中，下方是屏幕，屏幕上的红色点和绿色点分别代表右眼和左眼的像素，屏幕前方是经过精密计算的透镜，用来改变光线的方向。由左眼像素发出的光，经过透镜折射，全部进入左眼；由右眼像素发出的光，经过透镜折射，全部进入右眼，最终产生立体效果。

屏障技术也被称为光屏障式3D技术或视差障栅技术，其原理和偏振式3D较为类似，如图9-14所示。

实现方法是使用一个开关液晶屏、一个偏振膜和一个高分子液晶层，利用一个液晶层和一层偏振膜制造出一系列的旋光方向成90°的垂直条纹。这些条纹宽几十微米，通过这些条纹的光就形成了垂直的细条栅模式，称之为"视差障栅"。在立体显示模式时，哪只眼睛能看到液晶显示屏上的哪些像素，就由这些视差障栅来控制。应该由左眼看到的图像显示在液晶屏上时，左边背光源发亮，不透明的条纹会遮挡右眼；同理，应该由右眼看到的图像显示在液晶屏上时，右边背光源发亮，不透明的条纹会遮挡左眼。如果把液晶屏开关关掉，显示器就能成为普通的二维显示器。

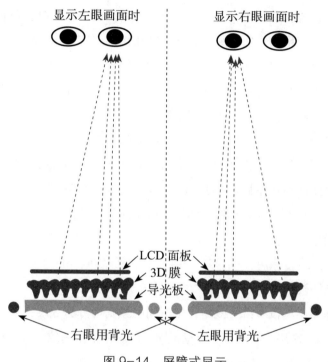

图 9-14　屏障式显示

（三）360 度全息摄影

全息学是激光仪器与光学的有效结合而产生的，基本机理是利用光波干涉法同时记录物光波的振幅和相位，由于全息再现像光波保留了原有物光波的全部振幅和相位信息，因此再现像与原物体有着完全相同的三维特性。全息才是真正的三维图像，前述各种立体图像只是准三维图像（无垂直视差感觉）。20 世纪 90 年代，随着高分辨率 CCD 的出现，人们开始用 CCD 代替传统的感光胶片或新型光敏介质记录全息图，并用数字方式通过电脑模拟光学衍射来显示影像，实现了全息图的记录和再现数字化。数字全息技术的成像原理是通过 CCD 等器件接收参考光和物光的干涉条纹场，由图像采集卡将其传入电脑记录数字全息图。

五、物联网技术

物联网（Internet of Things）的早期定义非常简单：把所有物体通过射频识别（Radio

Frequency Identification，RFID）等信息传感设备，按照约定协议与互联网连接起来，从而构成物物相连的互联网，实现智能化识别和管理。

随着技术和应用的不断发展，物联网的内涵也在不断开展。目前，业界普遍公认的定义为：物联网是指通过射频识别、红外感应器、全球定位系统（Global Positioning System，GPS）、激光扫描器等信息传感设备，按约定的协议，把任何物体与互联网连接起来，进行信息交换和通信，从而实现智能化识别、定位、跟踪、监控和管理的一种网络架构。这里有两层含义：一是物联网的互联核心和基础仍然是互联网，是在互联网基础上延伸和扩展的网络；二是物联网是物与物之间的信息交互和通信。

具体来说，物联网由前端传感、网络传输、终端处理三个部分组成。前端传感利用射频识别、红外感应器、全球定位系统、激光扫描器等信息传感设备实现实时全方位的数据采集；网络传输将物体的信息实时准确地通过网络进行交互和通信；终端处理是指硬件运算处理和软件服务管理，即利用云计算、反馈控制等各种智能处理技术，对海量信息进行分析和处理，同时使物体能够依照环境状况自动分析、判断所获取信息并执行相应操作。

物联网基于无线传感网、2G、3G、4G、5G、互联网、电信网、广播电视网等信息载体，容所有能够被独立寻址的普通物体实现互联互通。

物联网的体系结构没有统一规定，按不同的原则可分为3层、4层、6层、8层及其他等，最多的有28层。尽管分层数量不同，但总体框架一致。按最简单的方式，物联网可分为3层：感知层、网络层、应用层，如图9-15所示。

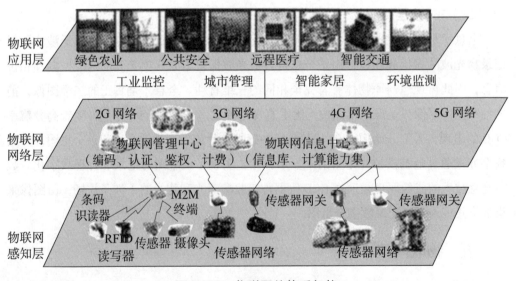

图9-15 物联网的体系架构

物联网感知层有条码识读器、RFID 读写器、传感器、摄像头、M2M（人机对话）终端、传感器网络、传感器网关；网络层有 2G、3G、4G、5G 网络，物联网管理中心（编码、认证、鉴权、计费），物联网信息中心（信息库、计算能力集）；应用层有绿色农业、工业监控、公共安全、城市管理、远程医疗、智能家居、智能交通、环境监测等。

物联网的核心技术有：射频识别（RFID）技术、互联网协议（IPV6）新技术、蓝牙技术、红外线技术、无线网际网络（WiFi）技术、无线传感器技术、智能嵌入技术、二维码技术、GPS 技术、3G（4G、5G）技术、人工智能技术、纳米技术、人机对话（M2M）技术、云计算技术等。

物联网在全媒体发展中的应用还有交互视频、多媒体通信、视频监控、智能家居等。

六、未来媒体技术

未来媒体技术有：下一代网络技术、光传输技术、纳米技术。

（一）下一代网络技术

下一代网络是一个综合性的网络平台，它以 IP 技术、分组网络技术为基础，致力于成为综合接入能力强、能运行各类通信业务和媒体业务的多业务网络。下一代网络大致分为三种形态：NGN（Next Generation Network）、NGB（Next Generation Broadcasting Network）、NGI（Next Generation Internet）。

NGN 是一个分组网络，以软件交换为核心，采用能够提供语音、数据、视频和多媒体业务的基于分组技术的综合开放的网络架构。

NGB 以有线电视网数字化整体转换和移动多媒体广播电视（CMMB）的成果为基础，以自主创新的"高性能宽带信息网"核心技术为支撑，构建适合我国国情的、"三网融合"的、有线无线相结合的、全程全网的下一代广播电视网络。NGB 的核心传输带宽将超过每秒 1 千千兆比特、保证每户接入带宽超过每秒 40 兆比特，可以提供高清晰度电视、数字视音频节目、高速数据接入和话音等"三网融合"的"一站式"服务，使电视机成为最基本、最便捷的信息终端，使宽带互动数字信息消费如同水、电、燃气等基础性消费一样遍及千家万户。同时 NGB 还具有可信的服务保障和可控、可管的网络运行属性。

NGI 以提高网络接入速率为目标，突破网络瓶颈的限制，解决交换机、路由器和局域网络之间的兼容问题。NGI 的核心技术有：IPV6、全光网络、移动互联网。

（二）光传输技术

光传输是发送方与接收方之间以光信号形态进行传输的技术。光纤的全称是光导纤维，一般由三部分组成：纤芯、包层、保护层，保护层以颜色区分。

光传输是以光波为载波，以光导纤维为传输介质的信息传递过程或方式。

光传输利用半导体激光器或发光二极管作为光源，将电信号变成光信号并耦合进光纤中进行传输，在接收端使用光检测器，如光电二极管或雪崩二极管等，将光信号还原成电信号。

（三）纳米技术（Nanotechnology）

纳米是一个微小的长度单位，1 纳米等于 10 亿分之一米。纳米科学、纳米技术在 0.10—100 纳米尺度的空间内研究电子、原子和分子运动规律及特性。纳米科学技术是以许多现代先进科学技术为基础的科学技术，它是现代科学（混沌物理、量子力学、介观物理、分子生物学）和现代技术（计算机技术、微电子和扫描隧道显微镜技术、核分析技术）结合的产物。纳米科学技术又将引发一系列新的科学技术，例如：纳米物理学、纳米生物学、纳米化学、纳米电子学、纳米加工技术和纳米计量学等。

纳米技术决定相关产品的体积越来越小，集成度越来越高。纳米存储设备可依靠小巧的体积解决超大容量存储问题，海量采集到的高清音视频和图片等都可以更好地存放，纳米 CPU 可以为计算机带来更高运行速度，纳米技术的发展将为下一代多媒体技术产生巨大的推动作用。

未来媒体技术在全媒体发展中的应用有：网络技术之全业务运营、虚拟桌面、增强现实、手机网络游戏、人机互动；光传输之视频网站、电子商务；纳米技术之直播报道、海量存储和能耗降低。

七、版权管理技术

数字版权管理技术（DRM，Digital Right Management）的目标是保护数字作品的版权，实现对数字作品的创建、处理、分发、消费的管理，保证数字作品的提供者、分销商、零售者和消费者多方的权益。

如果将数字版权管理系统中一系列的需求与不同的角色进行映射，每一个角色在 DRM 中都有不同的作用，如图 9-16 所示。

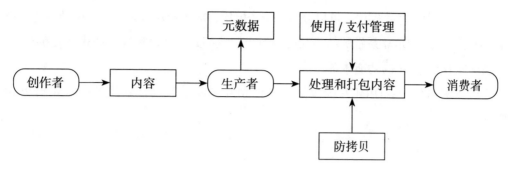

图 9-16　创作者到消费者的内容流

任何 DRM 系统都包括三个基本要素：加密的内容、授权和内容密钥。只有客户端得到了加密的节目、授权文件和相关的内容密钥才能收看节目，三者缺一不可。

DRM 的基本原理就是通过对明文的媒体文件进行加密，然后通过安全的技术手段将解密密钥及解密后的媒体文件传送给正确的用户终端，用户终端需要授权才能使用解密密钥解密媒体文件。

DRM 系统的结构多种多样，典型的 DRM 系统都有几个逻辑子系统：内容加密系统、版权发布中心、密钥管理系统、内容传送系统、终端接收解密系统等。

从功能结构上，DRM 系统应包括三大模块，其中最高层模块包括知识产权内容的创建模块、管理模块和使用模块，如图 9-17 所示。

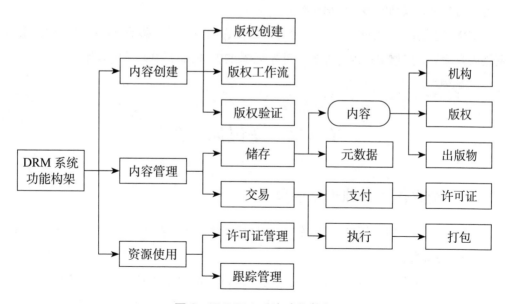

图 9-17 DRM 系统功能构架

图 9-17 中，每个模块又可以分为若干子模块，各子模块分别担任不同的角色。三个主要模块提供 DRM 系统的核心功能，每个模块都必须使用标准的格式、交互操作，共同形成 DRM 系统的功能体系。

从技术角度上，DRM 系统包括一系列相互关联的技术，其技术模型如图 9-18 所示。

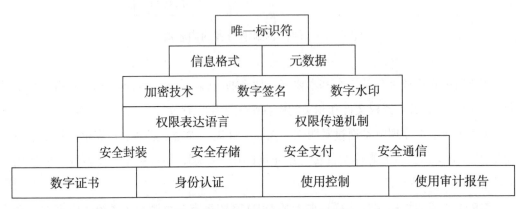

图 9-18　DRM 系统的技术模型

模型中许多技术属于通用技术，如唯一标识符、数据格式、元数据、解密、身份认证、安全通信和安全支付等，其中，关键技术有内容加密、数字权限的描述、数字内容使用控制、权利转移、可信执行。

DRM 的应用有：电子书保护、流媒体保护、图像保护、移动领域内容保护、家庭网络内容保护、广播电视内容保护、对等网络 P2P（Peer To Peer）内容保护。

第 3 节　全媒体平台

一、全媒体的基础支撑平台

全媒体的基础支撑平台包括互联网络、广播网络、网络融合、信息安全、数据中心。

（一）互联网络

无论是无线网、局域网、广域网还是全球网，都建立在基础网络拓扑结构之上，主要结构有星型结构、树型结构、扁平化网络结构、分布式结构、混合型结构，如图 9-19 所示。

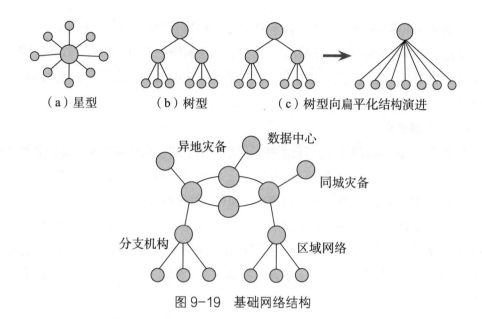

（a）星型　　　　（b）树型　　　　（c）树型向扁平化结构演进

图 9-19　基础网络结构

现有互联网络协议是 IPV4，下一代互联网络协议是 IPV6。

无线网络为新媒体应用提供了方便，如手机电视、手机视频聊天、手机网络游戏、手机视频会议、家庭数字网络、无线传输视频和图片等大文件、无线网络硬盘、电子邮件等。

（二）广播网络

NGB 包括业务支撑技术、承载技术、管理支撑技术、核心共性技术。业务支撑技术包括融合业务平台、业务运行平台、业务互通平台、业务分发平台、业务交换平台、业务运营环境；承载技术包括骨干网技术、城域网技术、接入网技术、终端技术、核心传输技术、核心设备；管理支撑技术包括网络状态监管、域内业务合法性监管、跨域业务服务质量监管、域内业务监管、内容监管、安全管理、码号和地址管理、域名和证书管理；核心共性技术包括高速有线和无线传输技术、新一代有线和无线接入及组网技术、NGB 异构组网和跨层设计、NGB 网络体系结构、数字媒体内容处理技术、NGB 的 QOS 保障技术、NGB 网络安全技术、中间件技术、移动性管理技术。

（三）网络融合

未来网络是集合了广播网、电信网、互联网三大主流信息网络以及新兴热点网络功能的融合网络，应同时提供公共业务服务、个人业务服务以及行业应用服务等多元化的信息服务；应支持语音、数据、视频、移动多媒体业务等多形态的信息服务；应具备数据挖掘分析、智能识别、热点推荐、用户个性化推荐等功能。未来网络是具有较高的传输带宽的可靠、可信、可管控的安全网络，是一种智能融合媒体网。

智能融合媒体网基于"单向广播＋双向网络＋智能引擎"的立体架构。

智能融合媒体网还可以实现有线、无线、卫星的统一架构，构建有线＋无线＋卫星的立体化混合网络，建立天地一体、全网协同传输的机制，形成真正意义的全覆盖网络。

（四）信息安全

信息安全的实质是要保护信息系统或信息网络中的信息资源尽可能免受各种类型的威胁、渗透和破坏，即保证信息的安全性。根据国际标准化组织的定义，信息安全性的含义主要是指信息的完整性、可用性、保密性和可靠性。

安全体系总体架构包括网络信息系统本身的安全及其承载的信息、数据的安全，需要采用硬件和软件两种技术措施。按照计算机网络系统体系结构，信息安全体系也可分为七个层面：物理安全、平台安全、数据安全、传输安全、应用安全、运行安全、管理安全。

传统的网络安全系统防范措施有：防火墙技术、基于服务器的安全措施、加密技术、其他安全措施。全媒体对网络安全系统提出了新的要求：数据传输中的加密与认证、整体网络安全监控。

安全管理中心（SOC）是一种安全集中管理的形式，由安全管理中心技术平台、安全运维组织架构、安全管理中心运维流程组成。安全管理平台通过基于服务的分布式核心提供多种分布式的技术去支撑"安全体系结构"中的各种安全组件（安全子系统）协同运行，这些安全组件在分布式平台中以面向服务概念的虚拟化存在称为"安全中间件"，因此整个信息系统可以通过加载和开发各种不同的安全中间件（或安全引擎），能方便地加入新的安全产品和技术。

信息内容安全监管中有以下关键技术。

1. 文字信息内容检测。利用短语和关键词的匹配检索进行安全检查，即在文本中进行比对和查找违反信息内容安全规定的短语或词语，以发现不良信息。

2. 分级管理信息内容。给信息对象添加一个由权威机构认可的相应的分级标签，并根据此标签在接下来的信息利用和传递过程中进行满足策略的过滤或其他处理。

3. 智能识别。包括语音识别和图像检索，语音识别技术可直接处理网络中的语音信息或将其转换为对应的文字信息进行处理；基于内容的图像检索（CBIR）技术通过对图像的视觉特征，如形状、纹理、颜色、脸部等局部进行特征提取和表达，同时采用多维度的索引等方法进行识别处理。

全媒体内容安全监管的范围从网络与内容安全向个人隐私和商业秘密保护、消费者权益保护、知识产权保护、道德与传统文化冲突等方面扩展。需要不断开发相关安全技术，并制定完善监管法律、法规、政策、制度，完善互联网内容安全立法，建立互联网内容安全应急处理机制，进一步推进行业协会的建设与发展，推行自我审查和行业自律，加强内容监控软件的部署和研制，加快内容分级标准的制定和推广，以形成有效的监管机制。

（五）数据中心

数据中心的作用是存储文字、图片、音频和视频等海量全媒体内容，便于访问查询。数据中心可分为集中式和分布式两大类。

集中式数据中心包括物理集中、硬件/数据整合、应用整合三个层面。物理集中是指将 IT 资源集中到几个数据中心，进行实时管理，数据中心的服务器、存储器和网络等资源更易于维护和管理；硬件/数据整合是指减少网络设备和服务器数量，实现集中存储，平衡系统资源，帮助客户更高效地使用 IT 环境，提高性能和提升应用可用性、增强数据和网络的可用性；应用整合是指打破原有的信息孤岛格局，将分散的应用模块整合到一套应用系统中，以便更好地利用容量。

分布式数据中心是指在地域空间上分布在同一城市的相距较近的多个数据中心或超出同城范围的相距较近的多个数据中心。分布式数据中心包括数据元中心、Webservice、网络等。传统的数据中心是将真实的数据存储在数据库中，并直接对数据库进行数据搜索与下载。数据元中心存储的只是对下级的各个服务器请求进行处理，建立不同空间地域的数据间交换等服务；Webservice 对外发布 API 及其接口描述信息，不必关心下级数据中心的具体实现及平台特性；网络提供基本的 Web 服务功能和数据提取服务。

分布式数据中心可采用网状和树状结合的技术结构，网状连接中任何两个数据中心之间可互相连接，树状连接中各数据中心有主次关系，如图 9-20 所示。

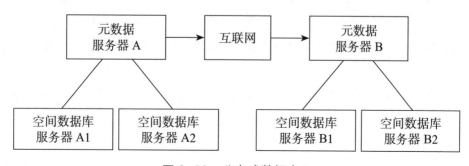

图 9-20 分布式数据中心

图 9-20 中，A1 数据中心有空间数据库服务器 A1，需要提供对 A1 数据库访问的

Web 服务；B1 数据中心有空间数据库服务器 B1，需要提供对 B1 数据库访问的 Web 服务。A1 数据中心数据库服务器和 B1 数据中心数据库服务器之间没有任何关系，需要通过元数据服务器 A、B 来协调通信，从而建立 A1 与 B1 之间的逻辑连接，进而实现数据更新。在实际工作中，各级数据中心先将需要发布的数据在元数据服务器中处理请求，再将数据发送出去。

分布式数据中心的元数据服务器与下属数据服务器需要建立一定的关联，一种关联是上级到下属数据中心订阅信息，这就需要在下属数据库服务器中添加元数据中心的订阅访问数据；另一种是下级数据库服务器访问上级元数据库服务器，这就需要各数据中心元数据服务器添加本数据中心需要订阅的数据，其中关键是将需要下级订阅的数据与数据来源进行关联。如在市级数据中心发布、县级数据中心订阅，从而实现双向更新数据，即数据可以在不同的数据中心进行更新，更新方式为异步。

二、全媒体的技术应用平台

全媒体的技术应用平台又称全媒体内容生产系统技术平台，主要完成日常节目生产业务，如采编播存等业务，应实现信息的一次采集多次利用，并实现跨平台多终端播出发布。全媒体内容生产系统应建立以媒体资产管理为内容支撑的集信号收录、上载编目、分布式媒体资产管理、新闻、节目及演播室播出、广告插播、总控、节目发布等涵盖全台内容生产整体业务的一体化网络系统，并与运营管理平台以及基础支撑平台连接。运营管理平台完成全台内容生产以外的其他业务，如内部资源管理、版权管理、受众管理等；基础支撑平台为全台提供统一的系统平台服务，如数据中心、虚拟化系统、全台系统运行监控管理等。

与广播、电视、印刷品等传统媒体相比，全媒体涵盖了广泛的传播方式。全媒体综合运用文、图、声、光、电等表现形式，可一次采集多元发布，也可多次采集一次发布，可生产出文本、图像、影像、声音、图形、动画等多种媒体内容产品，供不同介质媒体发布。全媒体产品可以包括传统媒体集群、网络媒体集群、移动媒体集群三大系列。

全媒体内容生产系统技术平台由多渠道信息采集、全媒体制作、媒体资产管理、多平台发布、内容交易管理、多终端应用等组成。

（一）多渠道信息采集平台

多渠道信息采集平台是全媒体内容生产系统的入口，要采集的信号和数据有传统的电台、电视台播出的音视频信号，也有演播室输出的视音频信号，还有互联网或移动互联网传输的图文和视音频等数据信息，这些信号或数据的来源也多种多样，如演播室、有线电视网络、SDH、卫星、互联网、移动互联网等。

多渠道信息采集平台建立在单以太网或双以太网基础上，一般有视音频设备集群、管理服务器、数据库服务器集群、存储集群以及采集转码服务器集群、文件采集服务器集群、远程回传服务器集群等。

多渠道信息采集平台的主要功能模块有信号接入和信息采集接口、视音频信号的收录约单、外采信息快速回传、演播室信息采集、互联网信息抓取、内容管理及编目、监控管理。

（二）全媒体制作平台

全媒体内容制作根据种类可分为两种方式：一种是可共享的节目内容，这些内容可以在全台制作平台中集中制作并共享，包括视频、音频、图片、简单包装等；另一种是不需共享或有特殊要求的节目内容，如节目包装、3D 视频制作、超高清（4K、8K）专题片制作、高清广告制作、画面调色、网页制作等，这些内容可在相对独立的有特殊配置的小型制作网上制作，并在统一的管理系统下通过松散的模式与全台制作平台互联互通。

制作完成后的节目内容通过转码服务器生成各个业务系统需要的节目格式，如IPTV、互联网电视、移动电视、手机视频、平面媒体、网页、广播等，然后分发给各个业务系统使用。

1. 可共享内容的集中制作

可共享内容的集中制作是指节目内容中有一部分内容是各业务部门都可以利用及共享的，由各业务部门在一个统一的、紧密联系的平台上制作完成后存储起来供用户调用的内容。其典型代表是新闻节目，每天实时更新的新闻是最适宜于集中制作并存储共享的节目内容。

2. 不同业务内容的独立制作

全媒体制作平台的关键技术是云技术和元数据。

元数据是描述数据的数据，全媒体数据是指视频、音频、图片等素材，元数据就是用来说明这些素材的，是描述原素材或原素材信息属性的数据，也就是与视音频相关的信息。

元数据包括基本元数据、访问元数据、参数元数据、制作元数据、关系元数据、空间元数据、描述元数据、自定义元数据。基本元数据用于原素材编解码；访问元数据用于提供和控制原素材的检索与调用；参数元数据用于识别原素材的一般参数；制作元数据用于判断原素材在一个节目中的状态、调用次数等；关系元数据用于解决原素材中不同元素间的同步问题；空间元数据用于获取原素材的物理位置；描述元数据用于原素材的管理、编目、检索和再利用；自定义元数据用于用户根据具体应用对元数据进行定义。

（三）媒体资产管理平台

从管理的角度看，媒体资产管理系统可分为几种模式：内容库管理模式、内容共享的生产模式、资产库管理模式。

媒体资产管理系统的关键技术有网络结构与存储结构、多媒体资源统一采集与归档、面向传统媒体业务和新媒体业务的节目生产、多媒体文件网间交互、灵活的工作流引擎、支持主流的多媒体文件格式。

（四）多平台发布

多平台发布系统包括传统广播电视节目播控系统和互联网电视、移动应用等新媒体分发系统，下面主要介绍节目整备、分发传输、播出与发布三个子系统。

1. 节目整备

节目整备系统位于广播电视播出系统和新媒体发布系统之前，是一个为播出、发布进行节目准备和信号调度的信息系统。节目整备系统根据总编室提供的播出节目单，从新闻制播系统、综合制作系统、媒资系统等获取待播出节目并进行处理和检测，再按照一定的时间规则，向播出系统、发布系统统一提供待播节目。

节目整备系统通常基于 SOA 架构设计，支持 ESB+EMB 双总线结构，降低相关系统间的耦合度，支持异构系统互联。应基于任务驱动型的标准化模型，实现节目上载、管理、审核、转码、迁移等业务环节的无缝连接，提高节目整备效率。

通过检测音视频质量、文件完整性、文件格式合法性、响度控制等多种质量监控手段，配以人工复检和 MD5（Message-Digest Algorithm 5，信息—摘要算法）校验，可以提前发现待播节目文件在打包生成、上载采集、转码、迁移过程中出现的问题，确保播出发布安全。

2. 分发传输

传统广播的传输方式有中短波调幅广播和调频广播，传统电视的传输方式有卫星、地面无线、有线电视网络等。通常意义上的新媒体传输方式有互联网站、互联网电视、手机电视、CMMB 和 CDR（China Digital Radio，数字音频广播）等。还有通过合作电台、电视台交换和播出节目的渠道，或与第三方合作、借助外方网络音视频传输平台播出，包括手机电视、网络广播、网络电视等。

多渠道的分发传输系统负责各内容提供平台与各新媒体播发平台之间通过网络进行安全的内容交易和交换，确保内容端到端的保护，确保内容从分发到发布全过程的安全。

分发传输系统支持内容选择性分发到各新媒体播发平台，支持同一节目（包括连续剧）往不同新媒体播发平台分发不同的海报、不同码率及编码格式的媒体文件。

视音频媒体文件的分发传输应支持多终端：支持 PC、iPhone、Android、iPad 等终端使用到的协议加速；支持对不同内容提供商按照需求，划分区域范围，针对性地提供加速服务；CDN（Content Delivery Network，内容分发网络）与 P2P 自适应；多重加速模式同步支持，与播放器配合实现 P2P 到 CDN 自动切换，在用户观感透明的情况下完成复杂技术切换；P2P 以客户端形式存在，众多浏览器逐步缩小网页插件的安全权限，相比网页插件，以客户端形式存在的加速器更稳定、更高效、更能确保加速结果。

3. 播出与发布

播出分为广播电台播出和电视台播出，发布主要是新媒体平台发布。

（1）广播电台播出

广播电台的播控系统接收来自各种不同路由、不同格式的模拟或数字音源，进行转换和调整后，统一采用 AES/EBU 信号格式和标准的工作电平，通过光纤、电缆与播出机房、录制机房互联，对音频信号进行交换和调度。同时，利用数字广播技术和 IT 信息技术，实现广播节目音频传输、交换、分配、调度、监听、监测、应急播出以及相关辅助功能的网络化管理控制。

播出分为直播和录播两种方式。

直播节目制作以电台直播间系统为核心，主持人在直播间内播音，随时可以调用和播放播出工作站中的个性化播出节目单的内容，或是通过调音台的各类接口播放外来的电话连线、外采现场声音等信号内容，通过播出矩阵进行其他外来信号的切换后播出。

录播节目制作以电台录制室系统为核心，播音员通过音频工作站完成录音后，按照定制好的播出节目单要求打包上传至相应的播出服务器，再经过音频调度矩阵进行播出。

音频制作网和音频播出网之间通常采用网闸，以数据摆渡的方式进行播出文件上传。音频播出网的安全级别最高，为了实现音频制作网和音频播出网之间的单向数据传输，要对数据交换区中的网闸进行严格控制。

（2）电视台播出

电视台播出系统主要包括信号源、切换系统、信号输出三个部分。通常通过计算机控制视频播出服务器播放、切换台切换，实现自动播出。其中，视频服务器作为核心设备，通常使用大容量存储硬盘，实现多通道硬盘播出。

（3）新媒体平台发布

新媒体内容的来源相对于电视台来说更广泛，除自拍节目外，还有卫星传输的

TS 流信号、视音频磁带、VCD/DVD 光盘、P2 卡、蓝光盘、互联网下载的内容、用户生成的内容（UGC）、同行间交换的内容、购买的内容等。不同内容来源的存储介质、信号格式、编解码格式、视音频码率、图像分辨率、帧率、制式等可能都不一样，新媒体内容生产系统需要将这些内容汇集起来，并按照应用平台的要求进行相应的处理。

新媒体发布系统对强大的编解码技术、图形图像处理技术、海量数据存储及管理技术、数字内容保护技术、网络传输技术、工作流技术、互联互通技术等都有较高要求。

不同的应用平台需要的视音频格式、码率不一样，在发布前需要进行转换，要求系统具备快速转码能力。

新媒体和传统媒体的关键区别在于新媒体更关注特定的目标群体，能够提供一个与目标用户互动的平台。用户不再是内容的被动接收者，而是内容的定制者，甚至是创建者。

新媒体的采集和制作会分布在多个地区，内容生产也可能由多个机构共同完成，需要实现一点上传多点共享，要求具有跨地域内容生产、分发、共享的能力，对某些特殊应用还要有多语种支持能力。

无论是广播电视播出还是新媒体分发，都要进行播前质量控制、播后监控、网络管理。

播前质量控制有如下几种常见的技术手段。

自动技审：通过软件自动分析被检素材的每一帧视频信号和音频信号，并将解析出的数据与相关标准进行对比，从而确定被检素材是否有黑场、静帧、彩条、静音等技术问题，并在认为有问题的地方打上标记，供人工复检使用。

人工复检：对自动技审发现的问题进行复查，确认问题是否属实。

响度控制：将各个系统中生成素材的音频响度控制在一定范围内，使用户得到最佳的听觉享受。

MD5 校验：可以解决文件迁移中的数据损坏，同时还有一定的防病毒功能，并可以避免阵列中的文件被恶意替换。经过 MD5 校验的文件准确率很高，可以不用人工复检。

头尾检测：大部分视频服务器在文件进入后就将文件拆包，不能进行 MD5 校验，这就要求素材在视频服务器中就位并准备播出前还需要一次头尾检测，主要检测文件在拆包过程中是否异常。

信号技监：在播出过程中使用专业信号测量设备对播出信号进行技术质量测量。

播后监控管理实现节目播后单及已发布节目信息管理功能，完成已播出和发布的节目与播前节目单和节目信息进行对照，业务人员能够直观地了解播前和播后节目状态的差别，哪些节目正常播出发布，哪些节目没有正常播出发布。

播出系统在网络层面只与互联平台连接，元数据/控制数据与媒体文件数据分开管理，媒体数据链路只开私有端口，媒体数据传输安全采用 MD5 数字签名验证，重点从应用层面保证播出核心安全。电视台节目生产过程中，针对外部素材使用频率不断增加的情况，依托端口过滤、三重杀毒、文件格式深度检测等安全措施，提供自动转码、自动导入等功能，实现媒体文件高安全交换。

新媒体播控网的汇聚交换机通过防火墙连接核心路由器，通过核心交换完成节目内容推送。在新媒体播控网内部署播控平台接入路由器，通过专线连接互联网站、互联网电视、手机电视、CMMB、CDR 的 CDN 平台或运营商平台，在防火墙配置适当安全策略，保证新媒体播控域外网络安全。

（五）内容交易管理平台

传统媒体以广告为核心收入来源，免费提供节目内容，且内容自给自足，缺乏一个完善的内容交易体系，内容流通性差，内容的价值没有得到充分体现。互联网强调传输民主化，也造成内容极大贬值。两者都忽视了内容生产者的权益以及内容本身的价值，这种根本性问题在现有内容管理和交易模式下很难解决。

要实现内容本身的价值，真正做到"内容为王"，则需要构建全媒体内容交易管理平台，对内容进行有序管理并保护内容生产者的权益和内容版权。

全媒体内容交易管理平台基于内容集中管理的重心后移、交易权力下放的思路进行设计，即内容的获取、集成、监控、分发都可在平台上完成，实现资源共享和高效利用。交易权利下放到全社会，各种类型的媒体机构或个人都可以通过平台进行内容交易，扩大内容交易规模，形成海量内容互联互通、可管可控的大内容体系。

全媒体内容交易管理平台包括内容集成体系、内容管理体系、内容交易体系。

（六）多终端应用

按照载体不同，播出和发布是分离的。广播电视节目通过有线网络、无线电波、卫星通道播出，网站内容在国际互联网的某一个节点发布，报纸、杂志内容在一定周期内通过纸面发布。对应这些播出、发布方式，受众可以选择相应的终端载体接收信息，如收音机、电视机、电脑、手机、报纸、杂志等。

传统的播出、发布（Web1.0）方式都有一个特点，即播发主体相对主动，而受众相对被动，两者之间缺乏互动。在新媒体和全媒体时代，播发平台开始融合，终端应用和终端本身也在融合，"三网融合"就是证明。4G、5G、无线宽带的应用，平板电脑、智能手机的普及，推动了移动互联网的发展，也为承载移动流媒体提供了基础条件，因此，基于各种便携移动终端的音视频业务将成为传统广播电视的发展之路。

多终端服务平台能满足多终端应用，如电视终端应用（数字电视、IPTV、互联网电视）、Web 应用、智能移动终端应用等。

三、全媒体的运营管理平台

在移动互联网时代，利用现代企业管理理念和信息化手段，结合媒体机构的实际情况，构建全媒体的运营管理系统有助于媒体机构产业化转型。

全媒体的运营管理按照所辖范围可以划分为媒体内部运营管理和外部经营管理，全媒体的运营管理系统应将媒体机构内部的运营管理和外部的经营管理有机地结合在一起，服务于媒体机构的战略目标。

媒体机构内部的运营管理系统主要提供科学高效的管理方法，有机地将媒体机构的人力、物力、财力资源结合起来，为媒体内容的生产提供有力的支撑，并对内容的生产过程进行全流程闭环管理，为媒体机构内部高效运转提供依据。

媒体机构外部的经营管理系统着重打造媒体内容品牌，实现全方位整合营销，并及时掌握用户和受众的反馈信息，从而对媒体内容的生产与分发提供依据。

此外，数字版权保护系统作为媒体运营管理系统不可或缺的一部分，贯穿于整个媒体内容的生产与发布过程中。全媒体的运营管理系统应包括：内部资源管理、内容生产管理、传播渠道管理、品牌营销管理、受众需求管理、数字版权管理以及运营绩效评价七个模块。

（一）内部资源管理

内部资源管理主要实现媒体机构内部各种资源的管理、整合、调度等功能，其主要功能模块包括人力资源管理、财务管理、物资管理和技术资源管理。

人力资源管理系统主要实现人员绩效考核，优胜劣汰，发挥人才优势；财务管理系统主要按照预算和指标、融资和投资的现代化企业财务管理模式，在遵循市场竞争机制的基础上，改变生产方式，提升实力，进而扩大效能、节约成本；物资管理系统主要为媒体机构的日常正常运转提供必要的设备物资支持；技术资源管理系统主要通过建立技术资源数据库，实现按照不同资源的特点进行分类管理，同时实现可调度技术资源的入库管理、借出/归还管理、维修管理、报废管理、节目预算管理、预约管理、调度管理、计费管理、成本核算、技术资源规划管理、决策支持管理等功能，并通过技术资源监控跟踪各类技术资源的使用状况，实现对各类技术资源的有效合理使用。

（二）内容生产管理

内容生产管理系统通过媒体节目内容生产过程的流程化、模块化，实现节目规划、采集、制作、审查、编排、备播、播出、播后全流程的规范管理和控制。

内容生产管理系统包括内容计划管理、生产经费管理、生产过程管理、生产任务管理、播出发布管理、综合统计管理。

内容计划管理实现媒体各播出渠道、频率/频道、栏目/版块、内容生产、内容引进、生产资源等计划的制订、审批功能，并根据内容生产计划产生生产资源计划，统一安排生产过程中需要的人力资源、技术资源和物资资源。

生产经费管理实现经费模板管理，对不同生产过程的节目可采用不同的经费模板，对不同类型的节目设定其费用模型，包括费用种类、费用额上限、不同种类的费用配置比例等，在申请节目预算时，按设定好的模型指导申请者填写合理的费用计划。在生产内容计划的指导下，生产单位参照预先设定好的各类生产经费模板，对每期节目的各项生产费用进行预估、合理性审批、调整及执行。同时，生产经费管理须与财务管理系统同步，将相关预算经费信息传送到财务管理系统中，实现对生产成本的合理控制。

生产过程管理包括节目内容管理、生产流程管理两个部分。节目内容管理将为节目内容发放统一的节目代码，作为节目唯一的身份标识，节目代码涵盖节目类别、栏目、发布渠道等信息，存在于节目制作、播出、播后的整个生命周期中，与节目代码相关的信息还有节目预算数据、成本数据、内审数据、技审数据、报播数据、编排数据、播出数据、播后数据等。生产流程管理将根据节目内容类型对节目内容生产流程进行分类管理，对生产任务进行跟踪和控制管理。

生产任务管理包括常规任务管理、非常规任务管理、任务模板管理、任务下达管理、任务执行管理、任务关闭管理等，实现从生产计划到生产结束的全程管理。

播出发布管理实现媒体节目最终播出和发布状态结果的管理和统计等功能，对各类节目在不同播出发布平台的最后播出情况进行记录统计，并方便生成各类统计报表。

综合统计管理将通过各种方式综合查询和统计节目生产相关数据，包括生产过程相关的数据，如生产任务目标、资源、完成状况等；资料信息，如节目信息、节目组成员信息等；经费信息，如栏目预算、节目预算等，涵盖了节目生产过程中财务、人事、技术设备、播出、播后的各种数据。

（三）传播渠道管理

为实现全媒体、全天候传播，使任何人在任何时间、任何地点都能得到需要的任何信息，必须通过渠道管理实现多个播发平台——数字平台、网络平台和移动平台的融合。

传播渠道管理主要承担对多渠道多平台的内容分发情况的管理以及对各种反馈情况的管理，优化品牌营销和广告投放策略。传播渠道管理包括传输分发管理和广告管理。

传输分发管理主要实现对传统广播、传统电视、互联网电视（IPTV）、手机电视、互联网网站、CDR、CMMB 等多种播发渠道和平台的数据进行采集，采集数据的内容包括广播节目单、电视节目单、发布内容、点击率等，还有业务管理系统的数据包括节目内容生产数据、内容引进数据、技术资源数据、版权数据、广告数据、人力资源数据、财务数据、物资数据等。还有第三方或最终用户的数据包括电视收视率、覆盖率、评价等。

广告管理主要实现媒体的不同传播渠道和分发平台的广告收益优化、灵活计费等，并提供多维度的精细的数据分析和报表服务，包括广告业务销售管理系统、广告编播与监控系统、广告综合统计分析系统。

（四）品牌营销管理

品牌营销是指通过组织或个人对以品牌为核心的相关思想、货物与劳动的构思、定价、促销和渠道等方面的计划和执行，以实现品牌以资产形式创造效益的交换过程。品牌的功能在于最大限度地减少消费者选择产品或服务时用来分析商品的时间与劳力。消费者选择知名或信任的品牌，是省时并可靠的决定。品牌营销的目的在于，在营销中提高品牌的知名度与信誉度，以使该品牌提高市场竞争力和市场占有率。

品牌管理对一个企业维护企业形象，增加品牌资产，提高品牌信誉有着不可忽视的作用。那么，在进行品牌管理时，应该重视以下四个方面：建立好的信誉、争取社会对企业广泛的支持、要与客户建立亲密的关系、增加消费者能够亲身体验的机会。

（五）受众需求管理

受众需求管理是指对受众或用户的行为检测、受众体验及受众需求发现的管理。

1.受众行为检测

通过受众行为检测获得的数据，进行精准的数据分析，全面了解受众需求，提升营销效果。包括受众来源的监测、受众获取内容行为的监测、受众回访行为的监测。

2.受众体验

受众体验包含受众在访问一个网站时或使用一个产品时的全部体验，包括他们的印象和感觉，是否成功，是否享受，是否还想再使用，是否存在问题，是否能够忍受问题、疑惑和 BUG（缺陷、漏洞）的程度。

3.受众需求发现

利用数据挖掘和推荐系统从大量的实际应用数据中提取隐含信息，利用数据库、人工智能和数理统计等技术进行深层次的数据分析,研究受众模型和受众喜好,引导受众发现需要的结果,为受众提供个性化服务。

(六)数字版权管理

数字版权管理系统包括版权登记管理、版权使用管理、版权清算、版费核算、版权审核管理、版权输出管理、版权元数据管理、综合统计等功能。

版权登记管理实现内容引进、自主制作和委托制作等多种渠道的版权登记功能,并为登记的节目内容分配唯一的版权代码,对自制节目则沿用节目生产管理系统分配的节目代码;版权使用管理包括素材使用登记、版权编排提示、版权入库提示等功能;版权清算包括自动合同比对和版权清理查询等功能;版权核算基于多种支付模型,通过各种方式进行统计并计算版权费用;版权审核管理为业务人员提供节目内容的版权审核功能;版权输出管理包括版权交易管理、版权销售管理和播出使用管理等功能;版权元数据管理实现权利元数据、版权元级别、部门管理、台内人员管理、语言组管理、栏目管理、代码管理等功能;综合统计为用户提供一个版权数据综合查询及统计的平台,方便用户根据自定义条件对外购版权、自制版权、音乐版权、版权等级、各部门版权、版权交易、版权销售、播出使用等进行查询统计,并以图形或报表形式输出。

(七)运营绩效评价

运营绩效评价建立在节目生产管理系统、财务管理系统、人力资源管理系统、物资管理系统等基础上,从中定期抽取有用数据进行各种统计和智能分析,向各级管理者提供决策支持服务,包括 KPI 绩效考核、多维分析、固定报表等功能。

运营绩效评价模块包括运营数据采集管理、评价指标管理、评价模板管理、节目综合评价、品牌价值管理、决策数据分析、成本分析、报表展现等。

四、全媒体融合平台

全媒体时代,传统广播电视单一的发布渠道和内容形态已经难以满足观众的需求,开展多渠道传播、实现全媒体融合是必然的发展要求。

全媒体融合生产和发布既是广播电视集团化、全媒体化发展过程中,资源集约共享的需要,也是大型综艺节目及大事件报道的需要。通过全媒体融合生产和发布,电视屏和新媒体屏可以互相借力、互相补充,进行立体化传播,增强电视台对用户的吸引力。

全媒体融合最终体现为用户使用体验的融合,而客观上则需要实现内容和生产工艺的融合。基于电视制播工艺和新媒体传播技术的全媒体融合生产平台,有利于传统广播电视向全媒体融合转型。

全媒体融合生产平台通过媒体云构建,以全媒体融合资源库为核心,支持全媒体资源的统一聚合和筛选加工，并以事件或专题为中心对内容资源进行合理有效的组织；各专业化的制播系统通过资源交换总线与融合资源库对接，获取所需的内容资源，实现了多渠道并行生产和播出。此外，平台预置了大量的生产和发布工具，可实现随时随地的内容生产和发布。

媒体云采用混合云架构，包括基于私有云架构的基础计算平台、构建在公有云上的媒体服务、统一的全媒体资源环境，以及面向媒体加工处理的能力组件及应用工具。

媒体云提供计算和存储服务、随时随地访问的数据资源服务、灵活高效的媒体数据加工服务及多渠道多终端的媒体分发服务。基于媒体云，可以自由构建广播电视全媒体资源汇聚、加工制作、存储管理、分发传输等业务系统。

全媒体融合生产平台有以下功能。

（一）基于融合生产门户的一站式生产

在传统的节目制作和播出系统中，应用软件种类繁多，用户登录、使用、管理十分烦琐。全媒体融合生产平台构建了统一的融合生产门户，将节目生产中涉及的各种应用软件、数据资源和互联网资源集成到一个平台之上，并以统一的用户界面提供给用户，使用户可以统一管理、统一登录、统一使用，实现一站式生产，快速地进行节目制作和播出。

除此之外，融合生产门户还可以为用户提供诸如数据存储、网络传输、即时通讯、任务管理等多种日常应用服务，有效支撑全媒体融合生产业务的开展。

（二）全媒体多渠道的海量信息聚合

在全媒体时代，信息的来源更加多样化，海量信息通过不同的途径飞速传播，想要全面地获取某一事件的最新情况和各方视角，媒体工作者可能需要不停地关注多个相关网站、论坛、微博、微信等。如何获取海量的新闻线索，并且从中快速、有效地选出对自己有用的线索，就成了媒体工作者的最大困扰。

全媒体融合生产平台中的资源汇聚系统，可以通过网络抓取、微信采集、微博获取、信号收录、用户爆料、外场回传等多种汇聚手段，将海量的信息聚合并统一展现，方便用户随时随地挑选出有用的内容。

（三）公有云大数据收集与分析服务

当前，基于受众的数据收集和多维度数据分析，即大数据应用，已经开始成为电视媒体应对竞争挑战的工具。通过大数据分析用户可以在节目制作前进行内容挖掘与策划；可以在节目播出过程中进行内容衍生和调整；也可以在节目后期进行内容优化提升及效果评估。有效利用大数据分析工具，可以使舆论引导、节目内容和广告营销在新的市场竞争环境中占据有利先机。

大数据采集分析系统针对互联网的数据进行大规模采集，经过语义分析和分类整理后，可以帮助用户在节目制作前通过数据策划新节目，用数据分析结果吸引广告投放；在节目制作中提供背景、脉络、时间相关性等有深度的数据分析，提高节目内涵和关注度；在节目播出后为节目的后续提升提供决策依据。

（四）融合的全媒体资源管理与挖掘

全媒体环境下资源的类型更加多样，除了传统的视音频资源外，还包括大量的网页、图片、微博、微信、爆料资源，对资源的管理和再利用方式提出了新的要求。

全媒体融合生产平台可以对广播电视业务中的线索、文稿、通稿、图片、视频、微博、微信、网页等各个来源、多种形态的资源进行统一管理和个性化展现；可以基于资源的内容属性、时间属性、栏目属性、主题属性、来源属性等进行分类管理；可以通过自动聚类或人工关联的方式，以专题或事件为中心来组织和管理资源，便于制播系统查找和使用。

（五）触手可及的移动生产创意工具

随着通信业与 IT 业的高速发展，移动办公已经成为继电脑无纸化办公、互联网远程化办公之后的新一代办公模式。用户通过在移动终端上安装应用软件，使其也具备了和电脑一样的办公功能，而且还摆脱了必须在固定场所、固定设备上进行工作的限制，不仅使得办公变得随心、轻松，而且借助移动终端的便利性，使用户无论身处何时何地，都能高效迅捷地开展工作。

基于移动终端的应用工具包括：负责视频处理的编辑和审核工具，负责编写稿件、审核稿件的文稿工具，负责文件高效传输的速传工具等。多种工具的配合使用，为每一位用户提供完整的移动办公解决方案。

（六）随时随地与用户互动的制播模式

随着微博、微信等社交媒体的迅速普及，一些栏目尤其是大型栏目在节目宣传、节目互动上也越来越希望可以利用这些平台来吸引用户，提高节目收视率。

全媒体融合生产平台与台内的播出系统、演播室系统、新媒体发布系统以及微博、微信社交媒体等都实现了对接，可以在各个业务环节将节目资讯、节目片花、精彩集锦、成品节目发布到相应的播出系统和社交媒体，同时还可以发起热点调查、话题讨论、观众投票等，根据用户的互动反馈来优化节目的生产，让生产过程更加开放和高效。

（七）面向个人的贴身服务与协同工作

全媒体融合生产平台为用户提供了可随时随地访问的个人空间，并将个人空间与应用进行无缝整合，用户不论何时何地、不论使用什么应用工具，都可以快速打开个人空间并访问其中的资源。

此外，用户也可以将个人的资源或资源包共享给指定的用户或用户组，同时可设置资源的可见范围及操作权限，通过流程自动化调用、协同工作。

（八）安全高效的混合制播云架构

全媒体融合生产需要更加灵活、安全、高效的基础架构，从而能够适应随需应变的全媒体业务发展要求，混合制播云无疑是最佳的选择。

混合制播云基于多租户的工作模式，面向电视台内部可提供非编集群渲染、高效打包合成、快速格式转换以及虚拟主机、虚拟存储等私有云服务，同时可将信息汇聚、用户爆料、远程传输、日常办公等非核心业务部署在公有云上，通过私有云与公有云的安全对接，可实现计算资源、数据资源的随需随用，为全媒体业务的开展提供强大支撑。

第4节　全媒体制播系统

全媒体制播系统以全媒体内容库为核心，包括移动生产、内容源汇聚、全媒体生产系统、电视节目制播、互联网分发等。

一、系统架构

以全媒体内容库为整个系统核心，支撑所有外部内容信息的收集交互、生产业务的内容支撑以及多渠道的内容分发。

二、系统功能

（一）多渠道汇聚

内容来源多样化（互联网、线索服务、用户上传、PGC、合作媒体等）、内容通路多样化（台内网络、互联网、移动网络），互联网、线索服务、生产网等多渠道自动汇聚媒体至全媒体内容库。

（二）生产外延化

从专业制播区域向办公网、互联网发展，从集中大型的工作区到记者站、外场系统、移动编辑大量采用。

（三）生产工具移动化

利用碎片化时间，生产碎片化内容，通过 B/S 节目编辑随时随地生产。

（四）统一的内容平台

支持多来源检索、标签检索、全文检索。

（五）丰富的工具

包括挑选报题工具、互联网多渠道发布工具、B/S 剪辑工具，快速完成视音频文件剪辑。

（六）多渠道发布

可以快速发布、多重定向，在微博、网站、新闻移动终端、微信发布。

三、新一代制播系统

新一代全媒体制播系统覆盖节目生产"采、编、播、管、存"全流程，实现多来源汇聚、多元化内容生产、多渠道发布。

系统采用开放式设计，兼容混合云架构（私有云 / 专业云 / 公有云），提供面向各种内容来源的挖掘、汇集工具（互联网、社交、UGC、第三方、台内资源等），提供基于大数据技术的内容分析、管理、呈现、检索工具，提供覆盖多环境、BYOD 类的内容加工生产工具（APP、B/S 工具等），提供面向多分发渠道的管理、审核、发布工具（互联网、移动互联网等），提供第三方内容服务增值工具（秒鸽、V 淘）。

第 5 节　全媒体演播室

传统广播电视正在通过云计算技术整合现有新闻资源，改变传统媒体"单一渠道采集、封闭式生产、点对面单向传播"的运作模式，向"全媒体汇聚、共平台生产、多渠道分发"的新型制播方式转变。

全媒体制播云平台能力体系建设要聚焦媒体汇聚、处理、生产、管理和发布等媒体处理能力，以及智能感知、调度、协同和安全保障等能力，在此基础上实现智能化、个性化、全媒体一体化协同制播，实现全媒体内容可随时随地制播，用手机随时随地看视频，摇一摇手机参与电视节目互动。

下面介绍一个实例。

一、总体要求

全功能多媒体高清直播平台要满足三网融合、NGB、CMMB、高清电视以及新媒体发展的需要，实现"高清为主、兼容标清、三网融合、三屏互动、全程直播、高效备份"的目标，建设一个以高清、双向、互动、跨域、互通、多业务为特征的新一代电视直播演播室，以视音频、图片、文字等数据信息和家庭及城市感知信息的传输、交换为基础。

系统能满足如下岗位几十人同时工作：切换导播、音频导播、栏目制片人、节目编辑、导播助理、电话桥接入、字幕员、3D 在线包装、短信、大屏控制、4G 视频处理、点评系统控制、摄像、灯光控制、技术控制、矩阵信号调度、3D 电子地图、交管网信号控制、视频会议系统等。

这是一个全媒体互动直播演播系统，运用高清视音频技术、互联网技术、通信技术，综合各种媒体的传播交流形式，如 4G 视频传输、网络播出和互动、视频会议、短信参与和互动等，将电视直播演播室从传统的广电网扩展到了电信（移动）网、互联网中实现节目的全媒体采集、制作与发布以及不同数字终端用户的广泛参与与互动，使得传统电视从固定的时间、地点，向全天候、全程化的方向发展。因此全媒体互动直播演播系统必须支持各媒体的技术和业务特点，具有直播互动、跨域互通、多业务等新一代电视直播演播室的特征。该演播系统满足以下要求：一个支持多媒体采集、多平台发布的全媒体互动演播室；一个高效备份，支持 7×24 小时全天候直播的全程直播演播室；一个支持移步换景的 360 度全景区演播室；一个支持高标清兼容的全信号格式演播室。

二、系统设计

（一）全媒体互动演播室：支持多媒体采集、多平台发布

全媒体互动演播室应用各种新媒体技术作为载体，以多种形式传达信息，支持多媒体采集、多平台发布。

直播演播室作为全媒体网络中的信息整合、节目制作、内容发布平台，它是这个网络中的核心单元。系统的信号源不仅来源于传统的广电域，更多的则是采集包括电信、移动 3G（4G、5G）、IP 互联网、城市监控网等网络中各种终端媒体的信号，同样地，系统的内容发布也应是多平台的。系统的节目信号不仅输送到传统广电网络中，同时还向 CMMB 网络以及移动和 IP 网络中的网络电视台和手机 WAP 网站发布，从而完成跨域的多媒体实时互联互通。

1. 创新设计全媒体互动中心

在全媒体直播互动演播系统中设计了相对独立、开放的全媒体互动中心。它实现对系统中各种新媒体的集中管控，同时它还是系统中新媒体接入的门户，方便不断推出新的新媒体的接入。

互动中心包含以下几个子系统。

（1）5G 接入系统

该系统可以实现最多 8 路 5G 视音频信号的接入，使得现场记者可以通过 5G 系统终端与演播室视频连线沟通。

5G 新闻直播系统依托 5G 移动数据通信平台，以 5G 移动数据网卡（包括 CDMA、WCDMA 等）为接入设备 CPE，通过分时机制实现多个 CPE 链路聚合，以提高整体传输速率。系统由视频采集设备、视频接收设备和视频输出和控制设备以及电信运营商提供的固网 IP 地址、5G 上网卡等组成。

（2）视频会议系统

该系统可以实现多达 20 个网友的网络互动参与，使得全国各地的网络观众可以多人共同参与到节目当中与演播室现场视音频互动。通过后台主持的控制，将演播室搬到无限扩大的网络中。

视频会议系统软件采用自主研发的视音频编解码 GTone MPEG4 和 Codec II pro（H.264）编解码技术，占用带宽比传统 H.323 视频会议系统更低。

（3）互动电脑平台

分别用于在 IP 互联网和移动通信网络中的视频聊天、短信、彩信、网站视频等网络资源的采集、互动和管理。可以使全国的观众通过各种即时通信视音频软件参与到节目当中，并可以及时分享上传自己的视音频文件，供演播室调用播出；可以实现网络素材、计算机媒体文件的处理，并供系统及时使用和播出。收集到的资讯如天气、股市、交通等外网的数据信息供系统的处理端如在线包装系统、字幕机、虚拟交通、点评系统使用。

（4）短信资讯平台

短信资讯系统是针对各应用单位大批量发送短信或广告文本开发的客户端软件资讯发布平台，也就是一种装载在电脑上的短信群发软件，一般具有短信的单发、群发、分组发等功能。它可以和字幕平台及在线包装系统联机进行股票信息及短信资讯的播出。

（5）3D 电子地图，交通实时地图

通过计算机连接外网服务器，访问相应的页面，实时读取相应数据，信号经过 VGA 矩阵调度，经 VGA-SDI 转换进入系统矩阵，供各系统调度。3D 电子地图为动画模型做成的城市立体地图，供节目使用，交通地图实时观测到城市各个主要干道的交通流量情况，并给出实时的路况文字信息，相应信息可以传送到字幕机上滚动播出。

（6）节目交流共享平台

电视的远距离节目传输主要用卫星传输和光纤传输，对地点要求较高，缺乏灵活性，设备繁杂，成本投入也较大。随着骨干网和桌面带宽的迅速扩大，以及视频压缩编码的效率和质量的提高，使得在广播电视新闻领域，应用现代互联网络传输时效新闻成为可能。

打造基于互联网的节目交流共享平台，一方面是为了广电内部工作人员或其他媒体单位跨地域、实时同步分享素材；另一方面也是使观众真正从主观上参与到传统电视节目中去，分享发布自己的视音频、文字等文件。

2. 城市交通信息实时接入监控系统

系统专门从交管局拉了5根光纤，包含3路可选路口监视图像信号，1路设在交管局的分演播室信号，1路从演播室发出的遥控信号。其中可选监视信号可以通过演播室的控制面板调整选择城市各道路上的监控探头，实时控制。信号经AD卡进入系统主矩阵，供各系统调度。

3. 多媒体发布

多媒体发布平台的节目不仅在传统的有线网内播出，还接入到了移动数字电视领域和互联网中播出。通过调整各编码器的压缩率和编码品质，使得不同的数字终端都可以接收到良好的画面效果。

（1）网络直播

该系统结合传统播出平台，通过转码服务器与直播编码器把直播演播室的直播信号编码成各低码率的流媒体文件，传送给网络电视台和手机WAP网站进行网络和手机点播与直播。该平台的节目在网络电视台全天候直播，通过MMS流媒体协议发布。

（2）通过网络与主流媒体进行节目交流

该平台与新华社一直进行节目交流互通。因此系统中还架设了推送服务器，将演播室的主视音频信号，通过编码，推送至新华社的服务器上，使其顺利接收，该服务器只接入网络内网，配置内网地址192.168.3.101，使其接入网络，推送至外网的新华社服务器上即可。

（3）网络互动

互动电脑对演播室视音频信号进行采集编码，以流媒体的形式上传到新浪、酷6等大型网站进行直播互动。

（二）全程直播演播室：高效备份、支持全天候不间断直播

实时、互动是新媒体业务的显著特点和竞争优势，该全媒体直播互动演播室将完成单个频道每天18小时的节目直播与互动。因此该演播室的应急备份设计与传统电视直播演播室相比，实现了设备互备、系统互备、场景互备、演播厅互备，系统全程无单一崩溃点。

创新的双切换台镜像备份＋矩阵的三重应急、二级切换体系支持全天候安全不间断直播。

1. 硬件平台采用双切换台镜像备份＋矩阵的三重应急体系

双切换台镜像备分设计相对于切换台—矩阵设计的好处是：矩阵只能备份切换台的信号源切换功能（即使安装键控器，也只能再备份一路字幕信号的叠加），而完全镜像的两张切换台则能备份另一张台子包括各种特技、各个键配置在内的所有功能。因此当主切换台发生故障时，导播仍能完全按照原定的工作模式在备切换台上继续工作。

同时矩阵作为切换台的备份，可以保证在切换台故障期间系统仍有完备的主备应急方式。考虑到极端情况的出现，将三维虚拟演播室的信号接入系统，这样虚拟演播室既作为直播演播室的级联，又可作为它的备份。

2. 工作流程采用二级切换工作模式

多媒体直播互动平台在直播中需要调入的各种信号源繁多，但是在某一栏目或时段中，信号源又相对固定，因此系统采用二级切换设计。副导播负责将每一栏目（时段）中必须用到的信号源通过矩阵调度给切换台，再由导播在切换台上完成最后的信号调度播出，从而降低导播在长时间高强度的切换中因在同一时刻要处理大量的信号调度而出错的概率。

3. 完善、灵活的制播网支撑每日直播所需的大量素材

整个网络架构沿用 FC＋以太网的双网结构。演播室系统由演播室播出服务器、演播室播出控制工作站和演播室打包迁移服务器以及精编工作站和回采工作站构成。

4. 基于 MVS 的监看系统，支持多信源、二级切换系统

导控室的主要监看是采用 10 个 46 英寸液晶屏，配合主矩阵、画面分割器（MVS）的方式。MVS 支持串行的 TSL 格式的切换指示信号和 UMD 功能，可以实时显示 TALLY 状态，并且随系统信号的调度做动态的源名跟随。这样监看系统的屏幕墙上某些显示单元显示的信号源就可以随矩阵的调度而改变，同时改变的还有源名和 TALLY 显示。

（三）360 度全景演播室：移步换景支持直播栏目无缝转场，实现 7×24 小时全程直播

全媒体互动直播高标清兼容演播系统作为一个支持全天不间断直播的平台，意味着演播室内各个不同风格的栏目，包括栏目之间的转场、衔接都必须实时播出。因此演播室内的制景采用 360 度全景式设计，针对不同角度、不同节目形式设计不同景区，

色调鲜明，明亮的白色和橘红色色调贯穿于演播室各角落，配上灰色调的金属色，充满现代感。采用高清摄像机拍摄，保证完美的画面表现力。各景区相对独立、功能完善，在自成一格的同时又浑然一体，镜头可在各景区之间平滑过渡，将4个主景区、4个辅助景区连成一个既有差异又有联系的有机整体。5台摄像机（一台摇臂）可以在该演播厅各场区灵活运用，实现单个或多个主持人的站播、坐播、移动播及多人座谈等多种节目形态。

利用整体布景、灯光集成、多媒体与动态背景大屏幕显示相结合的先进技术手段，设计出各种流动、站播、坐播、评论等民生类新闻背景，集单个和多个主持人、固定和流动主持人为一体的多功能演播室，适应全方位、多空间、多视点新闻资讯播报以及节目制作的未来发展趋势。

演播厅舞美制景设计采用 2×6 块 70 英寸 DLP 高清大屏幕显示墙作为主持区的主要背景，其他各种尺寸大屏错落有致多点布置，组成了功能强大的背景屏系统，配以灵活的背景屏系统信号调度。

背景屏信号调度系统灵活地将演播室内的各种信号源调度至高清动态大屏幕以及分布在各景区的等离子组合屏幕显示，极大地增强了新闻的交互性和选择性，给观众以强烈的视觉震撼效果。

（四）全信号格式演播室：信号高标清兼容，信号上下变换统一采用 Edge crop（切边）方式

作为一个全媒体直播演播室，其实也是一个全信号格式的演播室。系统输入端多种格式并存，如标清、VGA、DVI、高清；制作、调度中心统一变换为高清格式；输出端多种格式并存，有高清、标清以及各种码率的流信号等。

数字信号的上下变换统一采用 Edge crop（切边）方式，好处是：保证各种画幅没有变形；使用 4：3 电视机的观众能收看完整的电视画面；不影响高清 16：9 的记录。

▶▶▶ 思考与练习

1. 什么是全媒体？

2. 简述全媒体的特征。

3. 什么是全媒体技术？

4. 什么是云计算？

5. 简述云计算的作用。

6. 简述云计算的特点。

7. 什么是媒体云？

8. 简述语音识别技术流程。

9. 简述新媒体云平台的构成。

10. 什么是云存储?

11. 什么是移动视听?

12. 什么是互联网电视?

13. 简述互联网电视与 IPTV、DTV 的区别。

14. 简述 3D 影像技术原理。

15. 简述有色眼镜的工作原理。

16. 简述快门式眼镜的工作原理。

17. 简述偏光眼镜的工作原理。

18. 简述头戴式眼镜的工作原理。

19. 简述平面式裸眼立体显示原理。

20. 什么是屏障技术?

21. 简述屏障技术的实现方法。

22. 简述全息学的基本机理。

23. 什么是物联网?

24. 简述物联网的含义。

25. 简述物联网组成及各部分作用。

26. 简述物联网的 3 层结构及各层内容。

27. 简述物联网的关键技术。

28. 什么是 NGN?

29. 什么是 NGB?

30. 什么是 NGI?

31. 简述未来媒体技术在全媒体发展中的应用。

32. 简述数字版权管理技术的目标。

33. 简述 DRM 的基本原理。

34. 简述 DRM 的应用。

35. 简述 NGB 的业务支撑技术。

36. 简述 NGB 的承载技术。

37. 简述 NGB 的管理支撑技术。

38. 简述 NGB 的核心共性技术。

39. 简述智能融合媒体网的两种架构。

40. 简述信息安全的实质和含义。

41. 简述信息安全的关键技术。

42. 什么是数据中心？

43. 什么是物理集中？

44. 什么是硬件／数据整合？

45. 什么是应用整合？

46. 简述全媒体内容生产系统技术平台组成。

47. 什么是元数据？

48. 什么是全媒体数据？

49. 简述全媒体制作流程。

50. 简述全媒体的运营管理平台组成。